Robert Plato

Übungsbuch zur numerischen Mathematik

Aus dem Programm Numerische Mathematik

Nichtlineare Optimierung
von Walter Alt

Numerische Mathematik
von Matthias Bollhöfer und Volker Mehrmann

Finanzderivate mit MATLAB
von Michael Günther und Ansgar Jüngel

Grundlagen der Numerischen Mathematik und des Wissenschaftlichen Rechnens
von Martin Hanke-Bourgeois

Numerik linearer Gleichungssysteme
von Andreas Meister

Numerische Mathematik für Anfänger
von Gerhard Opfer

Numerische Mathematik kompakt
von Robert Plato

Übungsbuch zur Numerischen Mathematik
von Robert Plato

Keine Probleme mit Inversen Problemen
von Andreas Rieder

Numerische Mathematik
von Hans-Rudolf Schwarz und Norbert Köckler

www.viewegteubner.de

Robert Plato

Übungsbuch zur numerischen Mathematik

Aufgaben, Lösungen und Anwendungen
2., überarbeitete Auflage

STUDIUM

Bibliografische Information der Deutschen Nationalbibliothek
Die Deutsche Nationalbibliothek verzeichnet diese Publikation in der
Deutschen Nationalbibliografie; detaillierte bibliografische Daten sind im Internet über
<http://dnb.d-nb.de> abrufbar.

Dr. Robert Plato
Fachbereich Mathematik
Universität Siegen
Walter-Flex-Straße 3
57068 Siegen

E-Mail: plato@mathematik.uni-siegen.de

1. Auflage 2004
2., überarbeitete Auflage 2010

Alle Rechte vorbehalten
© Vieweg+Teubner | GWV Fachverlage GmbH, Wiesbaden 2010

Lektorat: Ulrike Schmickler-Hirzebruch | Nastassja Vanselow

Vieweg+Teubner ist Teil der Fachverlagsgruppe Springer Science+Business Media.
www.viewegteubner.de

Das Werk einschließlich aller seiner Teile ist urheberrechtlich geschützt. Jede Verwertung außerhalb der engen Grenzen des Urheberrechtsgesetzes ist ohne Zustimmung des Verlags unzulässig und strafbar. Das gilt insbesondere für Vervielfältigungen, Übersetzungen, Mikroverfilmungen und die Einspeicherung und Verarbeitung in elektronischen Systemen.

Die Wiedergabe von Gebrauchsnamen, Handelsnamen, Warenbezeichnungen usw. in diesem Werk berechtigt auch ohne besondere Kennzeichnung nicht zu der Annahme, dass solche Namen im Sinne der Warenzeichen- und Markenschutz-Gesetzgebung als frei zu betrachten wären und daher von jedermann benutzt werden dürften.

Umschlaggestaltung: KünkelLopka Medienentwicklung, Heidelberg
Gedruckt auf säurefreiem und chlorfrei gebleichtem Papier.
Printed in Germany

ISBN 978-3-8348-1212-4

Vorwort zur zweiten Auflage

Für diese Neuauflage habe ich Aktualisierungen, Korrekturen und stilistische Änderungen vorgenommen, außerdem sind einige Aufgaben und dazugehörige Lösungen hinzugekommen.

Frau Schmickler-Hirzebruch und Frau Vanselow vom Verlag Vieweg/Teubner möchte ich für die gewohnt gute Zusammenarbeit und Verbesserungsvorschläge danken. Hinweise zu diesem Lehrbuch erreichen mich nun unter der Email-Adresse plato@mathematik.uni-siegen.de.

Siegen, im Dezember 2009　　　　　　　　　　　Robert Plato

Vorwort zur ersten Auflage

In dem vorliegenden Buch werden Übungsaufgaben zur Numerischen Mathematik und die dazugehörigen Lösungswege vorgestellt. Dabei werden die folgenden grundlegenden Themen behandelt:

- Interpolation, schnelle Fouriertransformation und Integration,
- direkte und iterative Lösung linearer Gleichungssysteme,
- iterative Verfahren für nichtlineare Gleichungssysteme,
- numerische Lösung von Anfangs- und Randwertproblemen
  bei gewöhnlichen Differenzialgleichungen,
- und Eigenwertaufgaben bei Matrizen sowie Approximationstheorie.

Die in Vorlesungen oder durch ein Selbststudium erlernten Kenntnisse zu diesen Themen lassen sich durch die hier vorgestellten Übungsaufgaben vertiefen, und die dazugehörigen Lösungswege sollen eine Lernkontrolle ermöglichen.

In dem ersten Teil des Buches sind die Übungsaufgaben formuliert, darunter auch einige Programmieraufgaben. Außerdem werden in diesem ersten Teil noch Anwendungen der diskreten Fouriertransformation in der Audio- und Bildkompression vorgestellt.

Im zweiten Teil des Buches finden Sie dann vollständige Lösungen zu den im ersten Teil vorgestellten Übungsaufgaben. Die Ergebnisse zu den Programmieraufgaben sind allerdings aus Platzgründen zumeist nur teilweise wiedergegeben. Es ist noch zu beachten, dass diese numerischen Ergebnisse je nach verwendeter Hard- und Software geringfügig variieren können. Auf die Angabe der zugehörigen Codes (die meisten davon sind von mir in C oder MATLAB beziehungsweise OCTAVE erstellt worden) wird ebenfalls aus Platzgründen verzichtet. Diese finden Sie teilweise auf der zu dem vorliegenden Übungsbuch gehörenden Webpage

http://www.math.tu-berlin.de/numerik/plato/viewegbuch.

Dort wird auch eine Liste der eventuell anfallenden Korrekturen zu diesem Übungsbuch erstellt.

Die vorgestellten "theoretischen Übungsaufgaben" (damit sind alle Aufgaben bis auf die Programmieraufgaben gemeint) sind in erster Linie für Studierende der Mathematik-, Physik- und Informatik-Studiengänge an Universitäten gedacht. Bei einigen der Aufgaben handelt es sich um reine Rechenaufgaben, die auch für andere Studiengänge geeignet sind. Die verwendeten Notationen und Lösungshinweise orientieren sich an dem Buch [26]. Allerdings handelt es weitgehend um standardisierte Bezeichnungen, so dass die Übungsaufgaben und deren Lösungen auch gut in Begleitung zu anderen einführenden Monografien über Numerik einsetzbar sein sollten.

Die meisten der hier vorgestellten Übungsaufgaben sind von mir als betreuender Assistent in Numerikvorlesungen an der TU Berlin verwendet worden. Einige dieser Aufgaben habe ich dabei aus früheren Lehrveranstaltungen übernommen und stammen nicht von mir. Ein paar der in diesem Buch verwendeten Übungsaufgaben sind dann noch an der Christian-Albrechts-Universität zu Kiel entstanden, wo ich in den Jahren 2000 bis 2002 Numerikvorlesungen gehalten habe.

Ich möchte abschließend Dipl. Math. Oliver Pfeiffer danken, der das Manuskript gelesen und viele wertvolle Verbesserungsvorschläge gemacht hat. Selbstverständlich sind aber alle in diesem Übungsbuch auftretenden inhaltlichen und stilistischen Mängel mir anzulasten. Dem DFG-Forschungszentrum "Mathematik für Schlüsseltechnologien" (FZT 86) in Berlin danke ich für Unterstützung und Frau Schmickler-Hirzebruch sowie Frau Rußkamp vom Vieweg Verlag für die angenehme Zusammenarbeit.

Berlin, im August 2004   Robert Plato

Inhaltsverzeichnis

Vorwort v

I Aufgaben 1

1 Polynominterpolation – Aufgaben 1

2 Splinefunktionen – Aufgaben 5

3 Diskrete Fouriertransformation 8
   3.1 Aufgaben 8
   3.2 Diskrete Cosinustransformation 12
   3.3 Audiokompression 13
      3.3.1 Audiosignale, Abtastung 13
      3.3.2 Speicherplatzbetrachtungen 14
      3.3.3 Audioaufzeichnung in komprimierter Form 15
      3.3.4 Die Dekodierung 17
      3.3.5 MP3-Dateien 17
   3.4 Zweidimensionale diskrete Fouriertransformation 18
   3.5 Zweidimensionale diskrete Cosinustransformation 21
   3.6 Kompression digitaler Bilder 22
      3.6.1 Speicherplatzbetrachtungen 22
      3.6.2 Das Komprimierungsformat JPEG 23
      3.6.3 Ein Beispiel 23
   3.7 Kompression digitaler Videodateien 24

4 Lineare Gleichungssysteme – Aufgaben 26

5 Nichtlineare Gleichungssysteme – Aufgaben 34

6 Numerische Integration – Aufgaben 37

7 Einschrittverfahren für Anfangswertprobleme – Aufgaben 39

8 Mehrschrittverfahren für Anfangswertprobleme – Aufgaben 43

9 Randwertprobleme bei gewöhnlichen Differenzialgleichungen – Aufgaben . . 51

10 Gesamtschritt-, Einzelschritt- und Relaxationsverfahren zur Lösung linearer Gleichungssysteme – Aufgaben 56

11 Verfahren der konjugierten Gradienten, und GMRES-Verfahren – Aufgaben . 61

12 Eigenwertprobleme – Aufgaben 63

13 Numerische Verfahren für Eigenwertprobleme – Aufgaben 66

14 Peano-Restglieddarstellung – Aufgaben 69

15 Approximationstheorie – Aufgaben 71

II Lösungen **73**
1 Polynominterpolation – Lösungen 73
2 Splinefunktionen – Lösungen 84
3 Diskrete Fouriertransformation – Lösungen 90
4 Lineare Gleichungssysteme – Lösungen 99
5 Nichtlineare Gleichungssysteme – Lösungen 120
6 Numerische Integration – Lösungen 127
7 Explizite Einschrittverfahren für Anfangswertprobleme bei gewöhnlichen Differenzialgleichungen – Lösungen 133
8 Mehrschrittverfahren für Anfangswertprobleme bei gewöhnlichen Differenzialgleichungen – Lösungen 139
9 Randwertprobleme bei gewöhnlichen Differentialgleichungen – Lösungen . 159
10 Gesamtschritt-, Einzelschritt- und Relaxationsverfahren zur Lösung linearer Gleichungssysteme – Lösungen 172
11 Verfahren der konjugierten Gradienten, und GMRES-Verfahren – Lösungen . 185
12 Eigenwertprobleme – Lösungen 188
13 Numerische Verfahren für Eigenwertprobleme – Lösungen 196
14 Peano-Restglieddarstellung – Lösungen 203
15 Approximationstheorie – Lösungen 206
Literaturverzeichnis 210
Index 212

Teil I Aufgaben

1 Polynominterpolation – Aufgaben

Aufgabe 1.1. Für drei gegebene Funktionen $f, g, h : \mathbb{R}^N \supset \mathcal{D} \to \mathbb{R}$ und einen Häufungspunkt $x^* \in \mathbb{R}^N$ von $\mathcal{D}$ zeige man Folgendes:
(a) $f(x) = o(g(x))$ für $\mathcal{D} \ni x \to x^* \implies f(x) = \mathcal{O}(g(x))$ für $\mathcal{D} \ni x \to x^*$.
(b) $f(x) = \mathcal{O}(g(x))$ und $g(x) = \mathcal{O}(h(x))$ für $\mathcal{D} \ni x \to x^*$
$\implies f(x) = \mathcal{O}(h(x))$ für $\mathcal{D} \ni x \to x^*$.
(c) $\mathcal{O}(f(x))o(g(x)) = o((fg)(x))$ für $\mathcal{D} \ni x \to x^*$.
(d) $\mathcal{O}(o(f(x))) = o(\mathcal{O}(f(x))) = o(f(x))$ für $\mathcal{D} \ni x \to x^*$.

Aufgabe 1.2. Man zeige Folgendes: Für gegebene paarweise verschiedene Stützstellen $x_0, x_1, \ldots, x_n \in \mathbb{R}$ ist die Abbildung $\mathbb{R}^{n+1} \to \Pi_n$, $(f_0, f_1, \ldots, f_n)^\top \mapsto \mathcal{P}$ linear, wobei $\mathcal{P}$ das jeweilige Interpolationspolynom bezeichnet.

Aufgabe 1.3 (Hermite-Interpolation). Man zeige: Zu paarweise verschiedenen reellen Zahlen $x_0, x_1, \ldots, x_r$ sowie nichtnegativen ganzen Zahlen $m_0, m_1, \ldots, m_r \in \mathbb{N}_0$ mit $\sum_{j=0}^{r} m_j = n + 1$ und vorgegebenen Zahlen $f_j^{(\nu)} \in \mathbb{R}$ für $\nu = 0, 1, \ldots, m_j - 1$ und $j = 0, 1, \ldots, r$ existiert genau ein Polynom $\mathcal{P} \in \Pi_n$ mit der Eigenschaft

$$\mathcal{P}^{(\nu)}(x_j) = f_j^{(\nu)} \quad \text{für} \quad \begin{aligned} \nu &= 0, 1, \ldots, m_j - 1, \\ j &= 0, 1, \ldots, r. \end{aligned}$$

Aufgabe 1.4. Zu paarweise verschiedenen reellen Zahlen $x_0, x_1, \ldots, x_n$ weise man für die induzierten lagrangeschen Basispolynome Folgendes nach:

(a) $\sum_{k=0}^{n} L_k(x) \equiv 1$;

(b) $\sum_{k=0}^{n} L_k(0) x_k^s = \begin{cases} 1 & \text{für } s = 0, \\ 0 & \text{für } 1 \leq s \leq n, \\ (-1)^n x_0 x_1 \cdots x_n & \text{für } s = n+1. \end{cases}$

Aufgabe 1.5. Gegeben seien $n+1$ paarweise verschiedene Stützstellen $x_0, x_1, \ldots, x_n$. Die *Stützkoeffizienten* bezüglich der ersten $m+1$ Stützstellen $x_0, x_1, \ldots, x_m$ (mit $0 \leq m \leq n$) seien durch

$$\kappa_k^{(m)} = \prod_{\substack{s=0 \\ s \neq k}}^{m} \frac{1}{x_k - x_s} \quad \text{für} \quad k = 0, 1, \ldots, m$$

definiert.
(a) Man weise für $m \geq 1$ die Identität $\sum_{k=0}^{m} \kappa_k^{(m)} = 0$ nach.

(b) Man weise für $m = 0, 1, \ldots, n-1$ die folgende Rekursionsbeziehung nach:

$$\kappa_k^{(m+1)} = \frac{\kappa_k^{(m)}}{x_k - x_{m+1}} \quad \text{für} \quad k = 0, 1, \ldots, m.$$

(c) Unter Ausnutzung der in (a) und (b) angegebenen Identitäten formuliere man einen Algorithmus zur Berechnung der Stützkoeffizienten $\kappa_k^{(n)}$ für $k = 0, 1, \ldots, n$. Außerdem bestimme man den dabei anfallenden Rechenaufwand in der Form "$an^q + \mathcal{O}(n^{q-1})$ arithmetische Operationen".

Aufgabe 1.6. Zu $n + 1$ Stützstellen $x_0, x_1, \ldots, x_n$ seien die zugehörigen Stützkoeffizienten mit

$$\kappa_k = \prod_{\substack{s=0 \\ s \neq k}}^{n} \frac{1}{x_k - x_s} \quad \text{für} \quad k = 0, 1, \ldots, n$$

bezeichnet. Die Stützstellen seien zudem äquidistant gelegen, $x_j = x_{j-1} + h$ für $j = 1, 2, \ldots, n$. Man zeige Folgendes:

(a) Es gilt

$$\kappa_k = (-1)^k \frac{h^{-n}}{n!} \binom{n}{k} \quad \text{für} \quad k = 0, 1, \ldots, n.$$

(b) Es gilt

$$\kappa_0 = \frac{h^{-n}}{n!}, \quad \kappa_k = -\kappa_{k-1} \frac{n-k+1}{k} \quad \text{für} \quad k = 1, 2, \ldots, n.$$

Aufgabe 1.7. Die Stützstellen $x_0, x_1, \ldots, x_n$ seien äquidistant gelegen, $x_j = x_{j-1} + h$ für $j = 1, 2, \ldots, n$. Für zugehörige Stützwerte $f_0, f_1, \ldots, f_n$ sind die aufsteigenden Differenzen $\Delta^k f_j \in \mathbb{R}$ der Ordnung k definiert durch

$$\begin{aligned}
\Delta^0 f_j &:= f_j, & j &= 0, 1, \ldots, n, \\
\Delta^k f_j &:= \Delta^{k-1} f_{j+1} - \Delta^{k-1} f_j, & j &= 0, 1, \ldots, n-k, \\
& & k &= 1, 2, \ldots, n.
\end{aligned}$$

Man weise nach, dass das Interpolationspolynom $P \in \Pi_n$ zu den Stützpunkten $(x_0, f_0), (x_1, f_1), \ldots, (x_n, f_n)$ die Darstellung

$$P(x) = \sum_{k=0}^{n} \frac{\Delta^k f_0}{k! h^k} \prod_{s=0}^{k-1} (x - x_s), \quad x \in \mathbb{R},$$

besitzt.

Aufgabe 1.8. Zu den drei Stützpunkten $(x_j, \tan^2(x_j))$ für $j = 0, 1, 2$ mit den Stützstellen $x_0 = \pi/6$, $x_1 = \pi/4$ und $x_2 = \pi/3$ berechne man unter Verwendung des Schemas von Neville das zugehörige Interpolationspolynom.

Aufgabe 1.9. Zu gegebenen paarweise verschiedenen Stützstellen $x_0, x_1, \ldots, x_n \in \mathbb{R}$ und Stützwerten $f_0, f_1, \ldots, f_n \in \mathbb{R}$ weise man für die zugehörigen dividierten Differenzen Folgendes nach,

$$f[x_0, \ldots, x_n] = \sum_{k=0}^{n} f_k \Big/ \prod_{\substack{s=0 \\ s \neq k}}^{n} (x_k - x_s).$$

Aufgabe 1.10. (Unabhängigkeit der dividierten Differenzen gegenüber der Anordnung der Stützpunkte) Seien $(x_0, f_0), (x_1, f_1), \ldots, (x_n, f_n) \in \mathbb{R}^2$ und (y_0, g_0), $(y_1, g_1), \ldots, (y_n, g_n) \in \mathbb{R}^2$ Stützpunkte mit zugehörigen dividierten Differenzen $f[x_0, \ldots, x_n]$ und $g[y_0, \ldots, y_n]$. Man zeige: Wenn

$$\{(x_j, f_j) : j = 0, 1, \ldots, n\} = \{(y_j, g_j) : j = 0, 1, \ldots, n\} \tag{1.1}$$

erfüllt ist, so gilt $f[x_0, \ldots, x_n] = g[y_0, \ldots, y_n]$.

Aufgabe 1.11. Man bestimme in der newtonschen Darstellung das Interpolationspolynom zu den folgenden Stützpunkten:

j	0	1	2	3	4
x_j	−5	−2	−1	0	1
f_j	17	8	21	42	35

Im Folgenden bezeichnet $C[a, b]$ die Menge der stetigen Funktionen $f : [a, b] \to \mathbb{R}$, und für $r = 1, 2, \ldots$ bezeichnet $C^r[a, b]$ die Menge der r-fach stetig differenzierbaren Funktionen $f : [a, b] \to \mathbb{R}$.

Aufgabe 1.12. Man zeige, dass es zu jeder Funktion $f \in C[a, b]$ und paarweise verschiedenen Stützstellen $x_0, x_1, \ldots, x_n \in [a, b]$ sowie für $\varepsilon > 0$ ein Polynom $\mathcal{P}$ gibt mit

$$\max_{x \in [a,b]} |\mathcal{P}(x) - f(x)| \leq \varepsilon, \qquad \mathcal{P}(x_j) = f(x_j) \quad \text{für} \quad j = 0, 1, \ldots, n.$$

Aufgabe 1.13. Seien $\varphi_0, \varphi_1, \ldots, \varphi_n : C[a, b] \to \mathbb{R}$ lineare Funktionale und $\mathcal{V} \subset C[a, b]$ ein $(n+1)$-dimensionaler linearer Teilraum.

(a) Man zeige, dass die verallgemeinerte Interpolationsaufgabe

$$\text{bestimme } v \in \mathcal{V} \text{ mit } \varphi_j(v) = \varphi_j(f) \quad \text{für} \quad j = 0, 1, \ldots, n \tag{1.2}$$

genau dann für jedes $f \in C[a, b]$ eindeutig lösbar ist, wenn die Funktion $f = 0$ nur $v = 0$ als verallgemeinerte Interpolierende besitzt.

(b) Sei die verallgemeinerte Interpolationsaufgabe (1.2) für jedes $f \in C[a, b]$ eindeutig lösbar und $\mathcal{L}_n : C[a, b] \to \mathcal{V}$ der zugehörige Interpolationsoperator, das heißt, $\mathcal{L}_n f = v$. Man weise nach, dass $\mathcal{L}_n$ eine lineare Abbildung ist und für $f \in C[a, b]$ gilt

$$\mathcal{L}_n f = f \iff f \in \mathcal{V}.$$

Aufgabe 1.14. Für paarweise verschiedene Stützstellen $x_0, x_1, \ldots, x_n \in [a,b]$ bezeichne $\mathcal{L}_n : C[a,b] \to \Pi_n$ den "Polynominterpolations-Operator", das heißt,

$$(\mathcal{L}_n f)(x_j) = f(x_j) \quad \text{für } j = 0, 1, \ldots, n \quad (f \in C[a,b]).$$

Man weise Folgendes nach:

$$\sup \left\{ \|\mathcal{L}_n f\|_\infty : f \in C[a,b], \|f\|_\infty = 1 \right\} = \max_{x \in [a,b]} \left\{ \sum_{k=0}^n \prod_{\substack{s=0 \\ s \neq k}}^n \left| \frac{x - x_s}{x_k - x_s} \right| \right\},$$

wobei $\|\psi\|_\infty := \max\{|\psi(x)| : x \in [a,b]\}$ die Maximumnorm bezeichnet.

Aufgabe 1.15. Es bezeichne $\mathcal{P} \in \Pi_2$ das Interpolationspolynom zur Funktion $f(x) = \ln x$ und den drei Stützstellen $x_0 = 1, x_1 = 11$ und $x_2 = 12$.

(a) Geben Sie eine möglichst gute Abschätzung für den größtmöglichen Interpolationsfehler an der Stelle $\bar{x} = 11.1$ an.

(b) Geben Sie eine möglichst gute Abschätzung für den größtmöglichen Interpolationsfehler auf dem Intervall $[10, 12]$ an.

Aufgabe 1.16. Die *Tschebyscheff-Polynome der zweiten Art* sind folgendermaßen erklärt,

$$U_n(\cos \theta) = \frac{\sin[(n+1)\theta]}{\sin \theta} \quad \text{für } \theta \in (0, \pi) \quad \text{für } n = 0, 1, \ldots.$$

Man zeige Folgendes:

(a) Für $t \in (-1, 1)$ gilt

$$U_0(t) = 1, \quad U_1(t) = 2t, \tag{1.3}$$

$$U_{n+1}(t) = 2t U_n(t) - U_{n-1}(t) \quad \text{für } n = 1, 2, \ldots. \tag{1.4}$$

(b) Eine Fortsetzung des Definitionsbereichs von U_n auf ganz $\mathbb{R}$ mittels der Setzungen in (1.3)-(1.4) liefert Polynome U_n vom genauen Grad n mit führenden Koeffizienten 2^n (für $n = 0, 1, \ldots$).

(c) Es gilt $T'_n(t) = n U_{n-1}(t)$ für $t \in [-1,1]$ ($n = 1, 2, \ldots$). Hierbei bezeichnet T_n das Tschebyscheff-Polynom der ersten Art vom Grad n.

(d) Es besitzt das Polynom U_n nur einfache Nullstellen, die zudem alle in dem Intervall $(-1, 1)$ liegen ($n = 1, 2, \ldots$).

(e) Für $n = 0, 1, \ldots$ berechne man jeweils die beiden Werte $U_n(1)$ und $U_n(-1)$.

Aufgabe 1.17 (Numerische Aufgabe). Mit einem Polynom vom Grad $\leq n$ interpoliere man die Funktion $f(x) := 1/(25x^2 + 1)$, $x \in [-1, 1]$,

- in äquidistanten Stützstellen $x_j = -1 + 2j/n$, $j = 0, 1, \ldots, n$,
- in den Nullstellen $t_{j, n+1}$, $j = 1, 2, \ldots, n+1$ des $(n+1)$-ten Tschebyscheff-Polynoms T_{n+1}.

Man wähle hierbei $n = 10$ und erstelle jeweils einen Ausdruck des Funktionsverlaufs.

2 Splinefunktionen – Aufgaben

Im Folgenden bezeichne
$$\Delta = \{a = x_0 < x_1 < \ldots < x_N = b\} \tag{2.1}$$
eine Zerlegung eines gegebenen Intervalls $[a, b]$.

Aufgabe 2.1. Im Folgenden bezeichnet $C^1_\Delta[a, b]$ den Raum derjenigen stetigen Funktionen $f : [a, b] \to \mathbb{R}$, die stückweise stetig differenzierbar sind. Gegeben sei eine Zerlegung (2.1) des Intervalls $[a, b]$ und Stützwerte $f_0, f_1, \ldots, f_N \in \mathbb{R}$, und s sei die zugehörige interpolierende *lineare* Splinefunktion. Man zeige Folgendes:
(a) Für jede Funktion $f \in C^1_\Delta[a,b]$ mit $f(x_j) = f_j$ für $j = 0, 1, \ldots, N$ gilt:
  (i) $\|f' - s'\|_2^2 = \|f'\|_2^2 - \|s'\|_2^2$.
  (ii) Für eine beliebige (bzgl. Δ) lineare Splinefunktion ψ gilt die Abschätzung $\|f' - s'\|_2 \le \|f' - \psi'\|_2$.

Hierbei wird für eine stetige Funktion $\psi : [a, b] \to \mathbb{R}$ die Notation
$$\|\psi\|_2 := \Big(\int_a^b |\psi(x)|^2\, dx\Big)^{1/2}$$
verwendet.

(b) Die interpolierende lineare Splinefunktion s löst das Variationsproblem
$$\|f'\|_2 \to \min \quad \text{für} \quad f \in C^1_\Delta[a, b] \quad \text{mit} \quad f(x_j) = f_j \quad \text{für } j = 0, 1, \ldots, N.$$

Aufgabe 2.2. Gegeben seien eine Zerlegung (2.1) des Intervalls $[a, b]$ sowie Stützwerte $f_0, f_1, \ldots, f_N \in \mathbb{R}$.
(a) Man weise nach, dass es für jede Zahl $f_0' \in \mathbb{R}$ genau einen interpolierenden *quadratischen* Spline s gibt, der der Zusatzbedingung $s'(x_0) = f_0'$ genügt. Man gebe einen Algorithmus zur Berechnung von s an.
(b) Gesucht ist nun die interpolierende quadratische Splinefunktion s mit *periodischen* Randbedingungen $s'(x_0) = s'(x_N)$. Man treffe Aussagen über Existenz und Eindeutigkeit von s.

Aufgabe 2.3. Gegeben seien eine Zerlegung (2.1) des Intervalls $[a, b]$ sowie zu interpolierende Werte $f_0, f_1, \ldots, f_N \in \mathbb{R}$. Man zeige Folgendes:
(a) Eine interpolierende kubische Splinefunktion $s \in S_{\Delta,3}$ mit *vollständigen* Randbedingungen $s'(a) = f_0'$ und $s'(b) = f_N'$ (mit gegebenen reellen Zahlen f_0' und f_N') besitzt unter allen interpolierenden Funktionen $f \in C^2[a,b]$ mit der Eigenschaft $f'(a) = f_0'$ und $f'(b) = f_N'$ im quadratischen Mittel die geringste Krümmung, es gilt also $\|s''\|_2 \le \|f''\|_2$.

(b) Eine interpolierende kubische Splinefunktion $s \in S_{\Delta,3}$ mit *periodischen* Randbedingungen besitzt unter allen interpolierenden Funktionen $f \in C^2[a,b]$ mit $f'(a) = f'(b)$ und $f''(a) = f''(b)$ im quadratischen Mittel die geringste Krümmung: $\|s''\|_2 \leq \|f''\|_2$.

(c) Unter Ausnutzung der minimalen Krümmungseigenschaft weise man nach, dass jeweils höchstens eine interpolierende kubische Splinefunktion $s \in S_{\Delta,3}$ mit natürlichen, vollständigen beziehungsweise periodischen Randbedingungen existiert.

Aufgabe 2.4. Auf dem Intervall $[-1, 1]$ seien die Knoten $x_0 = -1$, $x_1 = 0$ und $x_2 = 1$ gegeben. Welche Eigenschaften eines natürlichen kubischen Splines bezüglich der zugehörigen Zerlegung besitzt die folgende Funktion, und welche besitzt sie nicht?

$$f(x) = \begin{cases} (x+1) + (x+1)^3 & \text{für } -1 \leq x \leq 0, \\ 4 + (x-1) + (x-1)^3 & \text{für } 0 < x \leq 1. \end{cases}$$

Aufgabe 2.5. Man berechne diejenige natürliche kubische Splinefunktion $s : [0, 2] \to \mathbb{R}$ zur Zerlegung $\Delta = \{0 = x_0 < x_1 = 1 < x_2 = 2\}$, die die Interpolationsbedingungen $s(0) = 1, s(1) = 2, s(2) = 0$ erfüllt.

Aufgabe 2.6. Gegeben seien die Stützpunkte

k	0	1	2	3	4	5
x_k	-3	-2	-1	0	1	2
f_k	9	4	1	0	1	4

Man stelle das zugehörige lineare Gleichungssystem für die Momente der interpolierenden kubischen Splinefunktion mit natürlichen Randbedingungen auf.

Aufgabe 2.7. Gegeben seien eine äquidistante Zerlegung $\Delta = \{0 = x_0 < x_1 < \ldots < x_N = 1\}$ des Intervalls $[0, 1]$, es gilt also $x_j = x_{j-1} + h$ für $j = 1, 2, \ldots, N$, mit $h = 1/N$. Man betrachte auf diesem Intervall die Funktion $f(x) = \sin(2\pi x)$ und die dazugehörige interpolierende kubische Splinefunktion $s \in S_{\Delta,3}$ mit natürlichen Randbedingungen. Wie groß muss die Zahl N gewählt werden, damit auf dem gesamten Intervall die Differenz zwischen s und f betragsmäßig kleiner als 10^{-12} ausfällt.

Aufgabe 2.8. Betrachte die Funktion $f(x) = \sin(Lx)$ mit einer positiven ganzen Zahl L und $x \in [0, \pi]$ und die äquidistanten Stützstellen $x_k = 2\pi k/N$ für $k = 0, 1, \ldots, N$. Man gebe sowohl für die interpolierende lineare Splinefunktion als auch für die interpolierende kubische Splinefunktion mit natürlichen Randbedingungen eine (von N und L abhängende) Abschätzung für den Interpolationsfehler an.

Aufgabe 2.9. Gegeben sei eine zweimal stetig differenzierbare Funktion $f : [a, b] \to \mathbb{R}$ und eine Zerlegung (2.1) des gegebenen Intervalls. Für den zugehörigen interpolierenden linearen Spline $s \in S_{\Delta,1}$ weise man mithilfe der taylorschen Formel die folgende Fehlerabschätzung nach:

$$|s'(x) - f'(x)| \leq \tfrac{1}{2}\|f''\|_\infty h_{\max} \quad \text{für} \quad x \in [a,b],\ x \notin \{x_0, \ldots, x_N\},$$

wobei $h_{\max} := \max_{j=0,\ldots,N-1}\{x_{j+1}-x_j\}$ den maximalen Knotenabstand bezeichnet.

Aufgabe 2.10 (Numerische Aufgabe). Zur Interpolation beliebig verteilter Punkte $(x_0, f_0), (x_1, f_1), \ldots, (x_N, f_N) \in \mathbb{R}^2$ lassen sich *kubische Splinekurven* verwenden: Man bestimmt eine interpolierende kubische Splinefunktion s_1 zu den Werten $(t_0, x_0), (t_1, x_1), \ldots, (t_N, x_N) \in \mathbb{R}^2$ und eine zweite interpolierende kubische Splinefunktion s_2 zu den Werten $(t_0, f_0), (t_1, f_1), \ldots, (t_N, f_N) \in \mathbb{R}^2$. Hierbei wählt man

$$t_0 = 0, \qquad t_j = t_{j-1} + \sqrt{(x_j - x_{j-1})^2 + (f_j - f_{j-1})^2} \quad \text{für } j = 1, 2, \ldots, N.$$

Die gewünschte interpolierende kubische Splinekurve ist dann $(s_1(t), s_2(t))$ mit $t \in [0, t_N]$.

Diesen Ansatz wende man auf die folgenden Punkte an:

j	0	1	2	3	4	5	6	7	8
x_j	1.5	0.9	0.6	0.35	0.2	0.1	0.5	1.0	1.5
f_j	0.75	0.9	1.0	0.8	0.45	0.2	0.1	0.2	0.25

Dabei sollen die interpolierenden kubischen Splinefunktionen s_1 und s_2 natürliche Randbedingungen erfüllen. Man erstelle einen Ausdruck des sich ergebenden Kurvenverlaufs.

3 Diskrete Fouriertransformation

3.1 Aufgaben

Aufgabe 3.1. Für gerades N seien $(N+1)$ Stützstellen $x_0 < x_1 < \ldots < x_N$ und Stützwerte $f_0, f_1, \ldots, f_N \in \mathbb{C}$ gegeben, mit $x_N - x_0 < 2\pi$. Man zeige Folgendes:

(a) Es gibt genau ein trigonometrisches Polynom der Form

$$T(x) = \frac{A_0}{2} + \sum_{k=1}^{N/2} (A_k \cos kx + B_k \sin kx), \quad (3.1)$$

mit komplexen Koeffizienten A_k und B_k, das die Interpolationsbedingungen $T(x_j) = f_j$ für $j = 0, 1, \ldots, N$ erfüllt.

(b) Sind die Stützwerte $f_0, f_1, \ldots, f_N$ alle reell, so sind es auch alle Koeffizienten A_k, B_k des zugehörigen interpolierenden trigonometrischen Polynoms der Form (3.1).

Aufgabe 3.2. Sei wieder N eine gerade positive Zahl. Man zeige:

(a) Für reelle Zahlen $x_1, x_2, \ldots, x_N$ ist die Funktion

$$t(x) = \prod_{s=1}^{N} \sin \frac{x - x_s}{2}$$

ein trigonometrisches Polynom von der Form (3.1) mit reellen Koeffizienten A_k, B_k.

(b) Man zeige, dass das interpolierende trigonometrische Polynom zu den Stützstellen in Aufgabe 3.1 und zu den Stützwerten $f_0, f_1, \ldots, f_N \in \mathbb{C}$ identisch ist mit

$$T(x) = \sum_{k=0}^{N} \frac{f_k}{t_k(x_k)} t_k(x), \quad \text{mit} \quad t_k(x) := \prod_{\substack{s=0 \\ s \neq k}}^{N} \sin \frac{x - x_s}{2}.$$

Hinweis zu (a): Für $\mathcal{U}_n := \text{span}\{\mathbf{1}, \sin x, \cos x, \ldots, \sin nx, \cos nx\}$ weise man Folgendes nach:
- für beliebige Zahlen $b, c \in [0, 2\pi]$ gilt $w(x) := \sin \frac{x-b}{2} \sin \frac{x-c}{2} \in \mathcal{U}_1$;
- $g_1 \in \mathcal{U}_n, g_2 \in \mathcal{U}_m \implies g_1 g_2 \in \mathcal{U}_{n+m}$.

Aufgabe 3.3. Es bezeichne nun $D_2 : \mathbb{C}^N \to \mathbb{C}^N$ die folgende lineare Abbildung:

$$D_2 c := (-c_{j-1} + 2c_j - c_{j+1})_{j=0,\ldots,N-1}, \quad \text{mit} \quad c = (c_0, c_1, \ldots, c_{N-1}),$$
$$c_{-1} := c_{N-1}, \quad c_N := c_0,$$

und außerdem sei

$$M = \text{diag}(\lambda_0, \lambda_1, \ldots, \lambda_{N-1}) \in \mathbb{C}^{N \times N} \quad \text{mit} \quad \lambda_k := 4\sin^2(k\pi/N) \in \mathbb{R}$$
$$\text{für} \quad k = 0, 1, \ldots, N-1.$$

Man zeige Folgendes:
$$D_2 = \mathcal{F}^{-1} M \mathcal{F},$$
$$(D_2 - \lambda I)^{-1} = \mathcal{F}^{-1}(M - \lambda I)^{-1}\mathcal{F} \quad (\lambda \in \mathbb{C}, \quad \lambda \neq \lambda_k \text{ für } k = 0, 1, \ldots, N-1).$$

Hierbei bezeichnet $\mathcal{F} : \mathbb{C}^N \to \mathbb{C}^N$ die diskrete Fouriertransformation.

Aufgabe 3.4. (a) Zu einem gegebenen Datensatz $f_0, f_1, \ldots, f_{N-1}$ komplexer Zahlen sei der Datensatz $\tilde{d}_0, \tilde{d}_1, \ldots, \tilde{d}_{N-1}$ komplexer Zahlen definiert durch

$$\tilde{d}_k = \frac{\gamma_k}{N} \sum_{j=0}^{N-1} f_j e^{-i(2j+1)k\pi/N} \quad \text{für} \quad k = 0, 1, \ldots, N-1 \tag{3.2}$$

mit gegebenen Koeffizienten $\gamma_k \neq 0$ für $k = 0, 1, \ldots, N-1$. Man zeige

$$f_j = \sum_{k=0}^{N-1} \frac{\tilde{d}_k}{\gamma_k} e^{i(2j+1)k\pi/N} \quad \text{für} \quad j = 0, 1, \ldots, N-1.$$

(b) Zu einem gegebenen Datensatz $f_0, f_1, \ldots, f_{n-1}$ reeller Zahlen mit $n \in \mathbb{N}$ sei der transformierte Datensatz $d_0, d_1, \ldots, d_{n-1}$ reeller Zahlen definiert durch

$$d_k = \frac{\gamma_k}{n} \sum_{j=0}^{n-1} f_j \cos\left(\frac{(2j+1)k\pi}{2n}\right) \quad \text{für} \quad k = 0, 1, \ldots, n-1 \tag{3.3}$$

mit gegebenen Koeffizienten $\gamma_k \neq 0$ für $k = 0, 1, \ldots, n-1$. Man zeige:

$$f_j = \frac{d_0}{\gamma_0} + 2 \sum_{k=1}^{n-1} \frac{d_k}{\gamma_k} \cos\left(\frac{(2j+1)k\pi}{2n}\right) \quad \text{für} \quad j = 0, 1, \ldots, n-1. \tag{3.4}$$

Lösungshinweis: Man verwende Teil (a) dieser Aufgabe mit den Setzungen $N = 2n$ und $f_{N-1-j} = f_j$ für $j = 0, 1, \ldots, n-1$ beziehungsweise $\gamma_{N-k} = \gamma_k$ für $k = 1, 2, \ldots, n$ und zeige für diese Situation noch $\tilde{d}_{N-k} = -\tilde{d}_k$ für $k = 1, 2, \ldots, n$.

Aufgabe 3.5. Für $n \in \mathbb{N}$ sei $f_0, f_1, \ldots, f_{n-1}$ ein gegebener Datensatz reeller Zahlen.

(a) Man zeige, dass mit den Koeffizienten d_k aus (3.3) für das trigonometrische Polynom

$$p(\theta) = \frac{d_0}{\gamma_0} + 2 \sum_{k=1}^{n-1} \frac{d_k}{\gamma_k} \cos k\theta \tag{3.5}$$

Folgendes gilt:

$$p\left(\frac{2j+1}{2n}\pi\right) = f_j \quad \text{für} \quad j = 0, 1, \ldots, n-1.$$

(b) Es sei $\mathcal{P} \in \Pi_{n-1}$ das Interpolationspolynom zu den Stützpunkten $(t_{j+1}^{(n)}, f_j)$ für $j = 0, 1, \ldots, n-1$, wobei $t_{j+1}^{(n)} = \cos((2j+1)\pi/(2n))$ die Nullstellen des Tschebyscheff-Polynoms T_n der ersten Art vom Grad n bezeichnet. Man zeige, dass mit den Koeffizienten d_k aus (3.3) Folgendes gilt:

$$\mathcal{P}(x) = \frac{d_0}{\gamma_0} + 2 \sum_{k=1}^{n-1} \frac{d_k}{\gamma_k} T_k(x). \tag{3.6}$$

Aufgabe 3.6 (Numerische Aufgabe (FFT)). Man berechne entsprechend der Vorgehensweise in Teil (b) der Aufgabe 3.5 das Interpolationspolynom $\mathcal{P} \in \Pi_{n-1}$ zu den beiden Funktionen

$$f(x) = x^{1/3}, \quad x \in [0, 64] \quad \text{bzw.} \quad f(x) = \log(x), \quad x \in (0, 1]$$

für die Werte $n = 2^m$ für $m = 2, 4, \ldots, 10$ und mit den Stützstellen aus Teil (b) der Aufgabe 3.5, wobei hierfür das Intervall $[-1, 1]$ affin-linear auf $[0, 64]$ beziehungsweise $[0, 1]$ zu transformieren ist.

Die Koeffizienten $d_0, d_1, \ldots, d_{n-1}$ (mit den Faktoren $\gamma_k = 2$ für $k = 0, 1, \ldots, n-1$) des Interpolationspolynoms $\mathcal{P}$ in der Darstellung (3.6) berechne man mit der schnellen Fouriertransformation. Man berechne außerdem den auftretenden Fehler an (den linear zu transformierenden) Stellen $x_j = -1 + j/10$ für $j = 1, 2, \ldots, 20$. Zur Auswertung von $\mathcal{P}(x) = d_0/2 + \sum_{k=1}^{n-1} d_k T_k(x)$ verwende man die folgende Variante des Horner-Schemas:

$$b_n := b_{n+1} := 0, \quad b_k := 2x b_{k+1} - b_{k+2} + d_k \quad \text{für } k = n-1, n-2, \ldots, 0,$$
$$\mathcal{P}(x) = (b_0 - b_2)/2. \tag{3.7}$$

Man weise noch die Richtigkeit der Identität (3.7) nach.

Aufgabe 3.7. Sei $\mathcal{M}_q = \{0, 1, \ldots, 2^q - 1\}$. Man zeige: die Bit-Umkehr $\sigma_q : \mathcal{M}_q \to \mathcal{M}_q$ ist bijektiv mit $\sigma_q^{-1} = \sigma_q$, und weiter gilt für $r = 0, 1, \ldots$:

$$\sigma_r(k) = \sigma_{r+1}(2k), \quad k \in \mathcal{M}_r,$$
$$2^r + \sigma_r(k) = \sigma_{r+1}(2k+1), \quad \text{—«—}.$$

Aufgabe 3.8. Gegeben seien äquidistante Stützstellen

$$x_{j_1} = j_1 L_1/N_1 \in [0, L_1] \quad \text{für} \quad j_1 = 0, 1, \ldots, N_1 - 1,$$
$$y_{j_2} = j_2 L_2/N_2 \in [0, L_2] \quad \text{für} \quad j_2 = 0, 1, \ldots, N_2 - 1.$$

Weiter seien

$$f_{j_1, j_2} \in \mathbb{C} \quad \text{für} \quad \begin{array}{l} j_1 = 0, 1, \ldots, N_1 - 1, \\ j_2 = 0, 1, \ldots, N_2 - 1 \end{array}$$

gegebene Stützwerte. Man zeige:

(a) Das trigonometrische Polynom in zwei Veränderlichen

$$p(x,y) = \sum_{k_1=0}^{N_1-1} \sum_{k_2=0}^{N_2-1} d_{k_1,k_2} e^{ik_1 2\pi x/L_1} e^{ik_2 2\pi y/L_2}$$

mit komplexen Koeffizienten $d_{k_1,k_2} \in \mathbb{C}$ besitzt die Interpolationseigenschaft

$$p(x_{j_1}, y_{j_2}) = f_{j_1,j_2} \quad \text{für} \quad \begin{array}{l} j_1 = 0, 1, \ldots, N_1 - 1, \\ j_2 = 0, 1, \ldots, N_2 - 1, \end{array}$$

genau dann, wenn $(d_{k_1,k_2})_{k_1=0..N_1-1, k_2=0..N_2-1}$ die zweidimensionale diskrete Fouriertransformierte (siehe dazu Seite 18) des Datensatzes $(f_{j_1,j_2})_{j_1=0..N_1-1, j_2=0..N_2-1}$ ist.

(b) Die trigonometrische Funktion in zwei Veränderlichen

$$r(x,y) = \sum_{k_1=-N_1/2}^{N_1/2-1} \sum_{k_2=-N_2/2}^{N_2/2-1} d_{k_1,k_2} e^{ik_1 2\pi x/L_1} e^{ik_2 2\pi y/L_2}$$

mit komplexen Koeffizienten $d_{k_1,k_2} \in \mathbb{C}$ besitzt die Interpolationseigenschaft

$$r(x_{j_1}, y_{j_2}) = f_{j_1,j_2} \quad \text{für} \quad \begin{array}{l} j_1 = 0, 1, \ldots, N_1 - 1, \\ j_2 = 0, 1, \ldots, N_2 - 1, \end{array}$$

genau dann, wenn $(d_{k_1-N_1/2, k_2-N_2/2})_{k_1=0..N_1-1, k_2=0..N_2-1}$ die zweidimensionale diskrete Fouriertransformierte des Datensatzes $((-1)^{j_1+j_2} f_{j_1,j_2})_{j_1=0..N_1-1, j_2=0..N_2-1}$ ist.

Aufgabe 3.9 (Numerische Aufgabe). (Zweidimensionaler FFT-Algorithmus, Datenkompression, Datenglättung) Für die Funktion $f : [-\pi, \pi] \times [-\pi, \pi] \to \mathbb{R}$ definiert durch

$$f(x,y) = \begin{cases} \sin(\sqrt{x^2+y^2}), & \text{falls } \sqrt{x^2+y^2} \leq \pi, \\ 0 & \text{sonst} \end{cases}$$

bestimme man die Funktionswerte von f auf einem äquidistanten Gitter der Weite $h = 2\pi/(N-1)$, mit $N = 32$. Diese Werte versehe man mit aus dem Intervall $[-0.2, 0.2]$ zufällig ausgewählten Störungen. Mit diesen fehlerbehafteten Werten führe man eine zweidimensionale diskrete Fouriertransformation (siehe hierzu Seite 18) durch. Von den gewonnenen diskreten Fourierkoeffizienten vernachlässige man die betragsmäßig kleinsten 98% (durch Setzen auf null), und anschließend rekonstruiere man daraus auf dem Gitter näherungsweise die Werte von f mittels der zweidimensionalen diskreten Fourier-Rücktransformation. Man verwende dabei jeweils den FFT-Algorithmus. Erstellen Sie Plots der störungsfreien und der fehlerbehafteten Funktion sowie von der Rekonstruktion.

Aufgabe 3.10. Man wandele eine Sekunde eines Kanals einer beliebigen unkomprimierten Audiodatei in das Ascii-Format um. Unter dem Betriebssystem Linux gelingt eine solche Umwandlung von Audiodateien im WAV-Format zum Beispiel mit dem

Programm *sox*. Auf der Webseite zu diesem Buch findet sich eine Beispieldatei im Textformat.

Auf die Audiodaten im Ascii-Format wende man wahlweise eine diskrete Fouriertransformation oder eine diskrete Cosinustransformation (die Definition hierfür finden Sie in dem nachfolgenden Abschnitt) an. Anschließend eliminiere man 30% der höchsten Frequenzen und führe dann eine inverse diskrete Fouriertransformation beziehungsweise eine inverse diskrete Cosinustransformation (siehe hierzu den nachfolgenden Abschnitt 3.2) durch. Das Resultat sollte nur einen geringen oder sogar keinen hörbaren Unterschied zur Originaldatei aufweisen.

3.2 Diskrete Cosinustransformation

Es folgt nun eine kurze Einführung in die Grundlagen der diskrete Cosinustransformation, die bei der Lösung von Aufgabe 3.10 benötigt wird.

(a) Die in Aufgabe 3.4 betrachteten Transformationen bezeichnet man als *diskrete Cosinustransformation* beziehungsweise als *inverse diskrete Cosinustransformation*. Für die diskrete Cosinustransformation gilt die Matrixdarstellung

$$d = \frac{1}{n}Cf, \quad C := (c_{k,j})_{k,j=0,\ldots,n-1} \in \mathbb{R}^{n \times n} \quad \text{mit} \quad c_{k,j} = \gamma_k \cos\left(\frac{(2j+1)k\pi}{2n}\right) \quad (3.8)$$

mit den Notationen $f = (f_0, f_1, \ldots, f_{n-1})^\top$ und $d = (d_0, d_1, \ldots, d_{n-1})^\top$.

(b) Die in (3.3) und (3.8) auftretenden Faktoren γ_k werden zumeist wie folgt gewählt:

$$\gamma_k = \begin{cases} \sqrt{2}, & \text{falls } k = 0 \\ 2 & \text{sonst.} \end{cases} \quad (3.9)$$

Mit dieser speziellen Wahl der Koeffizienten γ_k gilt für die inverse diskrete Cosinustransformation die Matrixdarstellung

$$f = \tfrac{1}{2}C^\top d.$$

Wegen (3.8) gilt dann

$$\left(\tfrac{1}{n}C\right)^{-1} = \tfrac{1}{2}C^\top \quad \text{bzw.} \quad \left(\tfrac{1}{\sqrt{2n}}C\right)^{-1} = \left(\tfrac{1}{\sqrt{2n}}C\right)^\top, \quad (3.10)$$

das heißt, $\frac{1}{\sqrt{2n}}C$ ist eine orthogonale Matrix.

(c) Wegen des Zusammenhangs mit Teil (a) der Aufgabe 3.4 ist klar, dass sich – im Fall $n = 2^p$ mit $p \in \mathbb{N}$ – sowohl die diskrete Cosinustransformierte als auch die inverse diskrete Cosinustransformierte eines gegebenen Datensatzes mit dem FFT-Algorithmus jeweils in $\mathcal{O}(n \log_2(n))$ arithmetischen Operationen berechnen lassen.

(d) Die diskrete Cosinustransformation ermöglicht – wie schon die diskrete Fouriertransformation – eine Datenkompression, indem in den transformierten Datensätzen hochfrequente Anteile vernachlässigt werden. (Hierzu interpretiert man die Zahlen $d_0, d_1, \ldots, d_{n-1}$ als Koeffizienten trigonometrischer Interpolationspolynome; für mehr Details siehe Teil (a) der Aufgabe 3.5.)

(e) Sowohl für die diskrete Cosinustransformation als auch die inverse diskrete Cosinustransformation existieren zweidimensionale Versionen. Diese Transformationen sind bei der Kompression von digitalen Bildern von erheblicher Bedeutung und werden ab Seite 21 behandelt.

3.3 Audiokompression

Die diskrete Fouriertransformation und die diskrete Cosinustransformation lassen sich bei der komprimierten Speicherung von Audiosignalen sinnvoll einsetzen. Einige Details hierzu werden im Folgenden vorgestellt.

3.3.1 Audiosignale, Abtastung

Der durch ein Audiosignal verursachte Schalldruck wird in *Dezibel*, kurz dB, gemessen und nimmt typischerweise Werte zwischen 0 Dezibel (Stille) und 120 Dezibel (Schmerzgrenze) an. Eine Erhöhung des Schalldrucks um 10 Dezibel wird als eine Verdoppelung der Lautstärke wahrgenommen.

Der zeitliche Verlauf des Schalldrucks lässt sich in Form einer Funktion $f(t)$ darstellen. Dieser Kurvenverlauf wird üblicherweise skaliert dargestellt mit Werten zwischen -1 und 1. Dabei erhalten Werte erhöhten Drucks ein positives Vorzeichen, und Werte verminderten Drucks ein negatives Vorzeichen.

Beispiel 3.11. In einem ersten Beispiel werden 10 Millisekunden aus einem ersten Teil eines Kanals des Stückes *Forever and for always* von Shania Twain dargestellt.

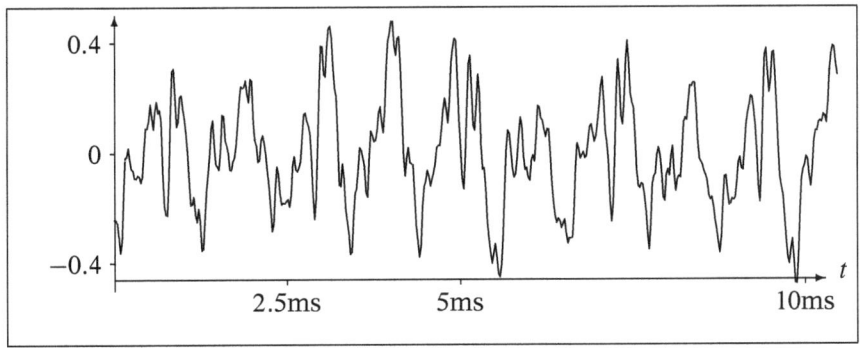

Bild 3.1: Darstellung von 10 Millisekunden aus *Forever and for always* von Shania Twain.

△

Abtastung des Audiosignals

Bei der Aufzeichnung wird das Audiosignal in gewissen Abständen gemessen ("abgetastet"). Für eine Aufnahme in CD-Qualität ist eine Messung des Amplitudenwertes

44100 mal in der Sekunde erforderlich, die Abtastrate beträgt also etwa 44 Kilohertz.[1] Die Signale werden jeweils in den gleichen Zeitabständen gemessen, also alle 1/44100 Sekunden einmal.

Die Vorgehensweise der Abtastung ist in Bild 3.2 illustriert. Die zu den diskreten Zeitpunkten gemessenen Amplitudenwerte sind dabei durch vertikale Linien veranschaulicht.

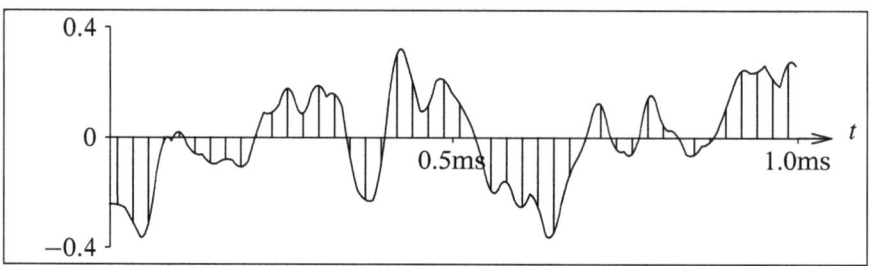

Bild 3.2: Illustration zur Abtastung eines Audiosignals. In einer Millisekunde werden etwa 44 Abtastungen vorgenommen.

Auflösung für die abgetasteten analogen Werte des Audiosignals

Bei Aufnahmen in CD-Qualität werden die abgetasteten Amplitudenwerte jeweils auf einen der in Frage kommenden $65536 = 2^{16}$ gleichverteilten Werte zwischen einem maximal zulässigen und einem minimal zulässigen Wert (oft sind dies die Werte 1 beziehungsweise -1) gerundet. Dieser Rundungsprozess wird in diesem Zusammenhang als *Quantisierung* bezeichnet. Bei der hier betrachteten Auflösung spricht man von einer 16 Bit-Auflösung.

3.3.2 Speicherplatzbetrachtungen

Im Folgenden wird der erforderliche Speicherplatzbedarf für Audioaufnahmen in CD-Qualität berechnet:
- Pro Abtastung werden 16 Bit zur näherungsweisen Abspeicherung eines Amplitudenwerts benötigt.
- Pro Sekunde fallen 44.100 Abtastungen an,
- Außerdem wird Stereoton abgespeichert, was zwei Monokanälen entspricht.

Insgesamt werden demnach

$$44.1 * 16 * 2 \text{ Kilobits} = 1400 \text{ Kilobits pro Sekunde}$$

für die Aufnahme benötigt, wobei 1 Kilobit gleich 1000 Bit sind. Diese Zahl wird auch als *Bitrate* bezeichnet und als Vergleichskriterium herangezogen. Hier tabellarisch einige andere Bitraten:

---
[1] Einzelheiten zur Notwendigkeit für eine solche Abtastrate werden in Abschnitt 3.3.3 vorgestellt.

Klangqualität	Bandbreite	Modus	Bitrate
Analogtelefon	2.5 Kilohertz	mono	8 Kilobits pro Sekunde
Kurzwelle	4.5 Kilohertz	mono	16 Kilobits pro Sekunde

Im MPEG-1 Layer 3-Audioformat (Näheres zu diesem Format wird in Abschnitt 3.3.5 auf Seite 17 vorgestellt) ist zum Beispiel eine Bitrate von 128 Kilobit pro Sekunde möglich, also einem Zehntel der erforderlichen Bitrate für Audiosignale in CD-Qualität. Dazu mehr im Abschnitt 3.3.3.

Bemerkung 3.12. Für ein Audiosignal in CD-Qualität werden also für einen Zeitraum von einer Minute

$$\frac{1.4 \text{ Kilobits}}{\text{Sekunde}} * 60 \text{ Sekunden} \approx 84.7 \text{ Megabits} \approx 10.6 \text{ Megabyte}$$

Speicherplatz benötigt. Auf einer 700 Megabyte-CD lassen sich demnach etwa

$$\frac{700 \text{ MB}}{10.58 \text{MB/min}} \approx 66 \text{ Minuten}$$

Musik in CD-Qualität abspeichern. △

3.3.3 Audioaufzeichnung in komprimierter Form

In diesem Abschnitt wird beschrieben, wie die ungefähre Vorgehensweise bei einer Audiokompression ist. Der Einfachheit halber soll dabei ein Zeitintervall von einer Sekunde betrachtet werden.

Zunächst berechnet man aus den in dieser Sekunde gewonnenen 44100 Amplitudenwerten die zugehörige diskrete Fouriertransformierte. Diese stimmen mit den Entwicklungskoeffizienten eines interpolierenden trigonometrischen Polynoms überein (vergleiche Teil (a) der Aufgabe 3.8) und lassen sich daher näherungsweise als Frequenzspektrum des eigentlichen Audiosignals interpretieren. Alternativ lassen sich auch die Koeffizienten aus Teil (b) der Aufgabe 3.8 oder die diskrete Cosinustransformierte verwenden.

Filterung, Maskierung, Kompression

Nach Bestimmung des Frequenzspektrums des gegebenen Audiosignals $f(t)$ ist man in der Lage, gewisse Anteile aus diesem Frequenzspektrum mit dem Ziel der Datenkompression herauszufiltern. Hierfür kommt Folgendes in Frage:

- Die hochfrequenten Anteile wird man weglassen können, da diese sowieso nur schwer wahrzunehmen sind. Im MP3-Format werden tatsächlich Frequenzen oberhalb von 16 kHz herausgefiltert.
- Tritt bei einer Frequenz ein gegenüber benachbarten Frequenzen sehr lauter Anteil auf, so kann man die benachbarten Frequenz bei der näherungsweisen Rekonstruktion vernachlässigen. In diesem Zusammenhang spricht man von einer *Maskierung*.

Diese Betrachtungen betrafen ein Mono-Audiosignal. Bei Zweikanal-Audiosignalen kann man sich außerdem im niederfrequenten Frequenzbereich unterhalb 100 Hertz auf ein Monosignal beschränken, da hier eine räumliche Ortung nur schwer möglich ist.

Quantisierung der reduzierten Anzahl der Amplitudenwerte

Als Resultat der beschriebenen Vorgehensweise speichert man für jede Sekunde anstelle der 44 100 Amplitudenwerte einen gewissen Anteil der auftretenden 44 100 diskreten Fourierkoeffizienten ab. Dafür ist noch eine Quantisierung der Fourierkoeffizienten nötig, typischerweise in einer 16Bit-Auflösung. Mit etwa 10 Prozent der gerundeten Fourierkoeffizienten, das sind etwa 4400 Amplitudenwerte pro Sekunde, erhält man dabei ein akzeptables Ergebnis. Die zugehörige Bitrate

$$140 \text{ Kilobits / Sekunde}$$

für zwei Kanäle ist eine typische Bitrate für das Audiokompressionsformat MP3.

Bemerkung 3.13. Eine geringere Auflösung (zum Beispiel 8 Bit) bei der Quantisierung der diskreten Fourierkoeffizienten führt beim Abspielen des zur Funktion $\tilde{f}$ gehörenden Audiosignals zu einer "verwaschenen" Wiedergabe. Dagegen führt eine geringere Auflösung bei der Quantisierung des analogen Audiosignals zu einem erhöhten Rauschen. △

Zusätzlich zu der vorgestellten Kompressionstechnik lassen sich Textdateien mit komprimierten Audiodaten nochmals verlustfrei komprimieren. Eine gängige Vorgehensweise ist die *Huffmann-Kodierung*, bei der für häufiger auftretende Zeichenketten kürzere Bitdarstellungen verwendet werden.

Zusammenfassung der Enkodierung

Die in diesem Abschnitt 3.3.3 vorgestellte Vorgehensweise zur Kodierung von Audiodaten ist in Bild 3.3 noch einmal schematisch zusammengefasst.

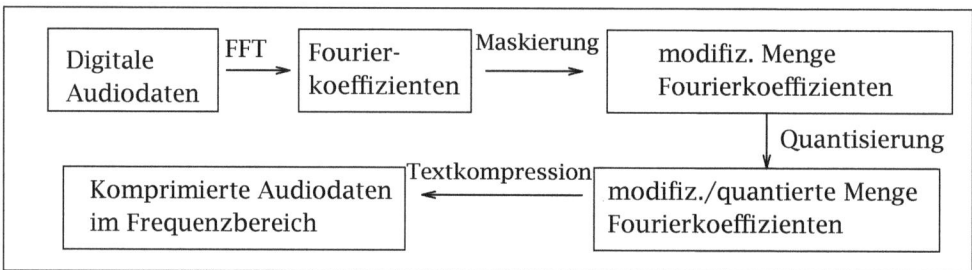

Bild 3.3: Schematische Vorgehensweise bei der Enkodierung von digitalen Audiosignalen

Hier können nicht alle weiteren Möglichkeiten der Kodierung erläutert werden, wie sie beispielsweise bei der Spezifikation MP3 festgelegt sind. Dort wird zum Beispiel für jeweils 1152 Amplitudenwerte (also die Audiodaten für 26 Millisekunden) mittels einer diskreten Fouriertransformation oder einer diskreten Cosinustransformation ein Frequenzspektrum bestimmt, wobei sich die Zeiträume aber überlappen, damit Artefakte an den Übergängen vermieden werden. Die so berechneten Frequenzen werden dann insgesamt 32 Subbändern zugeordnet und anschließend gemäß der in diesem Abschnitt vorgestellten Richtlinien komprimiert. Weitere Details finden sich in zahlreichen im Internet abgelegten Artikel. Links auf solche Artikel finden Sie auf der Webseite zu diesem Buch.

3.3.4 Die Dekodierung

Die in dem Abschnitt 3.3.3 vorgestellte Vorgehensweise liefert komprimierte Audiodateien mit der reduzierten Menge von diskreten Fourierkoeffizienten. Für die musikalische Wiedergabe ist nun eine näherungsweise Berechnung der Funktionswerte von $\tilde{f}(t)$ zu 44100 im Zeitintervall $0 \leq t \leq 1$ gleichverteilten Zeitpunkten erforderlich – und zwar aus den diskreten Fourierkoeffizienten der komprimierten Audiodatei. Hierfür kann wiederum der FFT-Algorithmus verwendet werden. Dies ist wichtig, denn dieser schnelle Algorithmus kann in Echtzeit die erforderlichen Umrechnungen vornehmen. Die Vorgehensweise bei der Dekodierung ist schematisch in Bild 3.4 zusammengefasst.

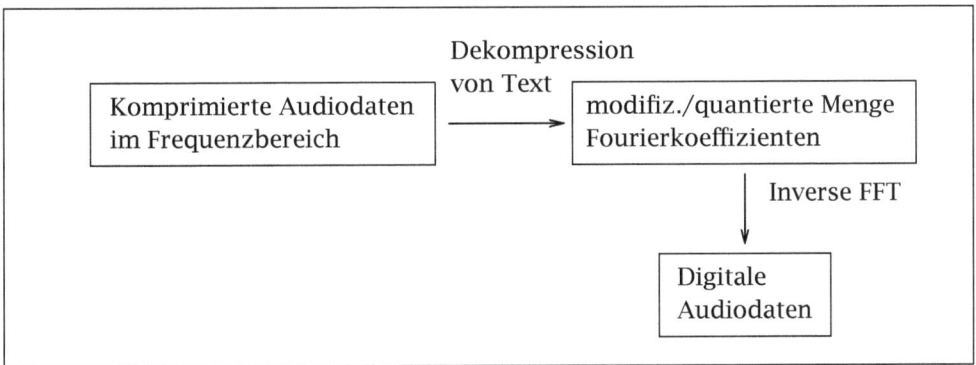

Bild 3.4: Schematische Vorgehensweise bei der Dekodierung von digitalen Audiosignalen

3.3.5 MP3-Dateien

Die in Abschnitt 3.3.3 beschriebene Vorgehensweise zur En- und Dekodierung von Audiodateien ist Bestandteil des MP3-Standards. Hier wird kurz erläutert, was sich hinter diesem und einigen dazugehörigen Begriffen verbirgt.

- *MP3* bedeutet *MPEG 1 Audio Layer3* und ist ein von der MPEG entwickelter Standard zur Audiokompression. Es handelt sich um einen offenen Standard, so dass jeder günstig in den Besitz der zugehörigen En- und Decoder gelangen kann. Die Spezifikation lässt gewisse Freiheiten, so sind Bitraten von 32 bis über 320 Kilobits pro Sekunde möglich.

- MPEG ist eine Kurzform für *Motion Picture Experts Group*, an der auch das *Fraunhofer Institut für integrierte Schaltungen* beteiligt ist. Diese nahm 1988 ihre Arbeit auf mit Projekten zur Video- und Audiokompression. Der erste Standard ist MPEG 1, der auch die drei genannten Audiostandards MPEG 1 Audio Layer 1, 2 und 3 beinhaltet. Dabei sorgen die Standards Audio Layer 1 und 2 für höhere Kompressionsraten mit dem Preis des erhöhten Qualitätsverlusts. Neben MPEG 1 gibt es noch die Nachfolgestandards *MPEG 2* aus dem Jahr 1994 sowie die Standards *MPEG 3* und *MPEG 4*.

3.4 Zweidimensionale diskrete Fouriertransformation

In den Aufgaben 3.8 und 3.9 wird die zweidimensionale diskrete Fouriertransformation benötigt, die hier nun kurz vorgestellt wird. Zu einem gegebenem Datensatz von $N_1 N_2$ komplexen Zahlen

$$f_{j_1,j_2} \in \mathbb{C} \quad \text{für} \quad \begin{array}{l} j_1 = 0, 1, \ldots, N_1 - 1, \\ j_2 = 0, 1, \ldots, N_2 - 1 \end{array} \quad (3.11)$$

bezeichnet der Datensatz

$$d_{k_1,k_2} = \frac{1}{N_1 N_2} \sum_{j_1=0}^{N_1-1} \sum_{j_2=0}^{N_2-1} f_{j_1,j_2} e^{-ij_1 k_1 2\pi/N_1} e^{-ij_2 k_2 2\pi/N_2}, \quad \begin{array}{l} k_1 = 0, 1, \ldots, N_1 - 1, \\ k_2 = 0, 1, \ldots, N_2 - 1 \end{array} (3.12)$$

die *zweidimensionale diskrete Fouriertransformierte* des Datensatzes (3.11). Hierbei bezeichnet wieder $i = \sqrt{-1}$. Im Folgenden werden ohne Beweis einige wichtige Eigenschaften der zweidimensionalen diskreten Fouriertransformation und der zugehörigen Rücktransformation vorgestellt.

(a) Die zweidimensionale diskrete Fouriertransformierte eines Datensatzes mit $N_1 N_2$ komplexen Zahlen lässt sich als eine Hintereinanderausführung von eindimensionalen diskreten Fouriertransformationen realisieren. Die Vorgehensweise wird nachfolgend genauer beschrieben.

(i) Zunächst führt man für die Indizes $j_2 = 0, 1, \ldots, N_2 - 1$ jeweils eine eindimensionale diskrete Fouriertransformation von der Form

$$e_{k_1,j_2} = \frac{1}{N_1} \sum_{j_1=0}^{N_1-1} f_{j_1,j_2} e^{-ij_1 k_1 2\pi/N_1} \quad \text{für} \quad k_1 = 0, 1, \ldots, N_1 - 1$$

durch. Die prinzipielle Vorgehensweise ist in Bild 3.5 dargestellt.

(ii) Anschließend wird für die Indizes $k_1 = 0, 1, \ldots, N_1 - 1$ jeweils eine eindimensionale diskrete Fouriertransformation von der Form

$$d_{k_1,k_2} = \frac{1}{N_2} \sum_{j_2=0}^{N_2-1} e_{k_1,j_2} e^{-ij_2 k_2 2\pi/N_2} \quad \text{für} \quad k_2 = 0, 1, \ldots, N_2 - 1$$

durchgeführt. Eine schematische Darstellung der Vorgehensweise ist in Bild 3.6 angegeben.

Aufgaben

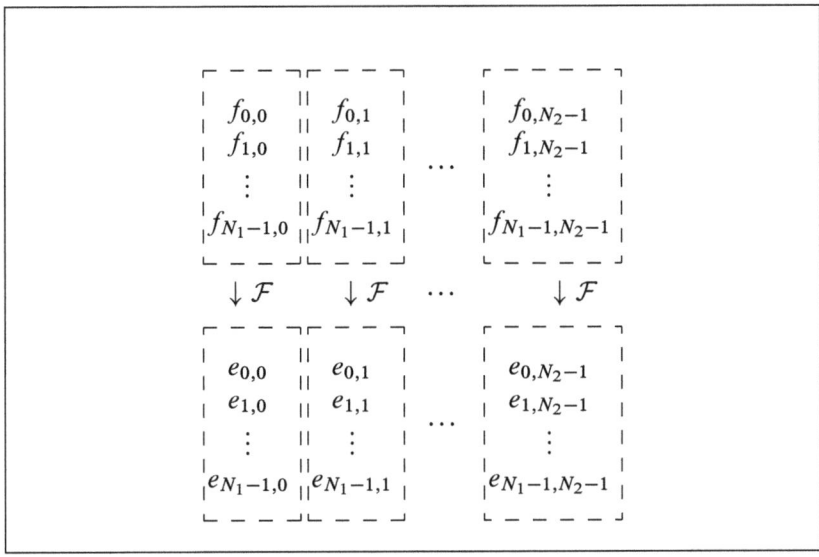

Bild 3.5: Realisierung der zweidimensionalen diskreten Fouriertransformation als Hintereinanderausführung von eindimensionalen diskreten Fouriertransformationen – Teilschritt (i)

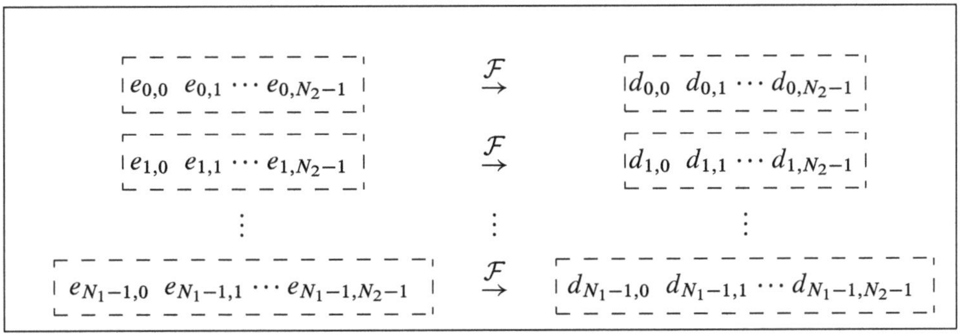

Bild 3.6: Realisierung der zweidimensionalen diskreten Fouriertransformation als Hintereinanderausführung von eindimensionalen diskreten Fouriertransformationen – Teilschritt (ii)

(b) Zu der Darstellung der zweidimensionalen diskreten Fouriertransformierten eines Datensatzes als Hintereinanderausführung eindimensionaler diskreter Fouriertransformationen existiert eine Matrixdarstellung. Sie lautet

$$E = \tfrac{1}{N_1}\overline{V}_1 F, \qquad D = (\tfrac{1}{N_2}\overline{V}_2 E^\top)^\top = \tfrac{1}{N_2} E \overline{V}_2 \qquad (3.13)$$

mit den Notationen

$$F = \begin{pmatrix} f_{0,0} & \cdots & f_{0,N_2-1} \\ \vdots & \ddots & \vdots \\ f_{N_1-1,0} & \cdots & f_{N_1-1,N_2-1} \end{pmatrix}, \quad V_1 = \begin{pmatrix} 1 & 1 & 1 & \cdots & 1 \\ 1 & \omega & \omega^2 & \cdots & \omega^{N_1-1} \\ 1 & \omega^2 & \omega^4 & \cdots & \omega^{2(N_1-1)} \\ \vdots & \vdots & \vdots & \ddots & \vdots \\ 1 & \omega^{N_1-1} & \omega^{2(N_1-1)} & \cdots & \omega^{(N_1-1)^2} \end{pmatrix},$$

$$E = \begin{pmatrix} e_{0,0} & \cdots & e_{0,N_2-1} \\ \vdots & \ddots & \vdots \\ e_{N_1-1,0} & \cdots & e_{N_1-1,N_2-1} \end{pmatrix}, \quad V_2 = \begin{pmatrix} 1 & 1 & 1 & \cdots & 1 \\ 1 & \theta & \theta^2 & \cdots & \theta^{N_2-1} \\ 1 & \theta^2 & \theta^4 & \cdots & \theta^{2(N_2-1)} \\ \vdots & \vdots & \vdots & \ddots & \vdots \\ 1 & \theta^{N_2-1} & \theta^{2(N_2-1)} & \cdots & \theta^{(N_2-1)^2} \end{pmatrix},$$

$$D = \begin{pmatrix} d_{0,0} & \cdots & d_{0,N_2-1} \\ \vdots & \ddots & \vdots \\ d_{N_1-1,0} & \cdots & d_{N_1-1,N_2-1} \end{pmatrix}, \quad \omega := e^{\mathrm{i}2\pi/N_1}, \quad \theta := e^{\mathrm{i}2\pi/N_2}.$$

Die angegebenen Matrizen haben demnach die Formate

$$D \in \mathbb{C}^{N_1 \times N_2}, \quad V_2 \in \mathbb{C}^{N_2 \times N_2}, \quad E \in \mathbb{C}^{N_1 \times N_2}, \quad V_1 \in \mathbb{C}^{N_1 \times N_1}, \quad F \in \mathbb{C}^{N_1 \times N_2},$$

und die Matrizen $\overline{V}_1 \in \mathbb{C}^{N_1 \times N_1}$ und $\overline{V}_2 \in \mathbb{C}^{N_2 \times N_2}$ sind (komponentenweise) konjugiert komplex zu den symmetrischen Matrizen V_1 beziehungsweise V_2. Aus der Darstellung (3.13) erhält man unmittelbar die Identität

$$D = \frac{1}{N_1 N_2} \overline{V}_1 F \overline{V}_2. \tag{3.14}$$

(c) Aus der Darstellung (3.14) erhält man wegen der bekannten Identitäten

$$\left(\tfrac{1}{N_1}\overline{V}_1\right)^{-1} = V_1, \quad \left(\tfrac{1}{N_2}\overline{V}_2\right)^{-1} = V_2$$

(siehe etwa [26, Korollar 3.3]) unmittelbar die *zweidimensionale diskrete Fourier-Rücktransformation*

$$F = V_1 D V_2.$$

Hieraus ergibt sich dann die Komponentendarstellung

$$f_{j_1,j_2} = \sum_{k_1=0}^{N_1-1} \sum_{k_2=0}^{N_2-1} d_{k_1,k_2} e^{\mathrm{i}j_1 k_1 2\pi/N_1} e^{\mathrm{i}j_2 k_2 2\pi/N_2}, \quad \begin{array}{l} j_1 = 0, 1, \ldots, N_1 - 1, \\ j_2 = 0, 1, \ldots, N_2 - 1. \end{array} \tag{3.15}$$

(d) Sind die Zahlen N_1 und N_2 Zweierpotenzen, so lässt sich mit dem FFT-Algorithmus jeder der in Teilschritt (i) beschriebenen N_2 eindimensionalen diskreten

Fouriertransformation der Länge N_1 in $\mathcal{O}(N_1 \log_2(N_1))$ arithmetischen Operationen durchführen, und entsprechend lässt sich jeder in Teilschritt (ii) beschriebenen N_1 eindimensionalen diskreten Fouriertransformation der Länge N_2 in $\mathcal{O}(N_2 \log_2(N_2))$ arithmetischen Operationen realisieren. Insgesamt lässt sich also die zweidimensionale diskrete Fouriertransformation in

$$N_2 \mathcal{O}(N_1 \log_2(N_1)) + N_1 \mathcal{O}(N_2 \log_2(N_2)) = \mathcal{O}(N_1 N_2 \log_2(N_1 N_2))$$

arithmetischen Operationen durchführen.

3.5 Zweidimensionale diskrete Cosinustransformation

Wegen der bereits angesprochenen Bedeutung bei der Kompression digitaler Bilder soll hier noch kurz die *zweidimensionale diskrete Cosinustransformation* vorgestellt werden. Zu einem gegebenen Datensatz

$$f_{j_1,j_2} \in \mathbb{C} \quad \text{für} \quad \begin{array}{l} j_1 = 0, 1, \ldots, n_1 - 1, \\ j_2 = 0, 1, \ldots, n_2 - 1 \end{array} \quad (3.16)$$

bezeichnet

$$d_{k_1,k_2} = \frac{\gamma_{1,k_1} \gamma_{2,k_2}}{n_1 n_2} \sum_{j_1=0}^{n_1-1} \sum_{j_2=0}^{n_2-1} f_{j_1,j_2} \cos\left(\frac{(2j_1+1)k_1\pi}{2n_1}\right) \cos\left(\frac{(2j_2+1)k_2\pi}{2n_2}\right), \quad (3.17)$$

$$\text{für} \quad k_1 = 0, 1, \ldots, n_1 - 1,$$
$$k_2 = 0, 1, \ldots, n_2 - 1$$

(mit gegebenen Koeffizienten $\gamma_{1,k_1} \neq 0$ für $k_1 = 0, 1, \ldots, n_1 - 1$ und $\gamma_{2,k_2} \neq 0$ für $k_2 = 0, 1, \ldots, n_2 - 1$) die *zweidimensionale diskrete Cosinustransformierte* des Datensatzes (3.16). Im Folgenden werden einige wichtige Eigenschaften der zweidimensionalen diskreten Cosinustransformation und der zugehörigen Rücktransformation vorgestellt.

(a) Die zweidimensionale diskrete Cosinustransformation lässt sich wie die zweidimensionale diskrete Fouriertransformation als eine Hintereinanderausführung eindimensionaler diskreter Cosinustransformationen realisieren. Hierzu schreibt man (3.17) in der Form

$$d_{k_1,k_2} = \frac{\gamma_{2,k_2}}{n_2} \sum_{j_2=0}^{n_2-1} \left\{ \frac{\gamma_{1,k_1}}{n_1} \sum_{j_1=0}^{n_1-1} f_{j_1,j_2} \cos\left(\frac{(2j_1+1)k_1\pi}{2n_1}\right) \right\} \cos\left(\frac{(2j_2+1)k_2\pi}{2n_2}\right)$$

$$\text{für} \quad k_1 = 0, 1, \ldots, n_1 - 1,$$
$$k_2 = 0, 1, \ldots, n_2 - 1,$$

was gleichbedeutend ist mit

$$D = \frac{1}{n_1 n_2} (C_2 (C_1 F)^\top)^\top = \frac{1}{n_1 n_2} C_1 F C_2^\top \quad (3.18)$$

mit den Notationen

$$F = \begin{pmatrix} f_{0,0} & \cdots & f_{0,n_2-1} \\ \vdots & \ddots & \vdots \\ f_{n_1-1,0} & \cdots & f_{n_1-1,n_2-1} \end{pmatrix}, \quad D = \begin{pmatrix} d_{0,0} & \cdots & d_{0,n_2-1} \\ \vdots & \ddots & \vdots \\ d_{n_1-1,0} & \cdots & d_{n_1-1,n_2-1} \end{pmatrix} \in \mathbb{R}^{n_1 \times n_2},$$

$$C_1 := (c_{k,j}^{(1)})_{k,j=0,\ldots,n_1-1} \in \mathbb{R}^{n_1 \times n_1} \quad \text{mit} \quad c_{k,j}^{(1)} = \gamma_{1,k} \cos\left(\frac{(2j+1)k\pi}{2n_1}\right),$$

$$C_2 := (c_{k,j}^{(2)})_{k,j=0,\ldots,n_2-1} \in \mathbb{R}^{n_2 \times n_2} \quad \text{mit} \quad c_{k,j}^{(2)} = \gamma_{2,k} \cos\left(\frac{(2j+1)k\pi}{2n_2}\right).$$

(b) Wählt man die Koeffizienten $\gamma_{1,k}$ und $\gamma_{2,k}$ jeweils wie in (3.9),

$$\gamma_{1,k} = \begin{cases} \sqrt{2}, & \text{falls } k = 0, \\ 2 & \text{sonst,} \end{cases} \qquad \gamma_{2,k} = \begin{cases} \sqrt{2}, & \text{falls } k = 0, \\ 2 & \text{sonst,} \end{cases}$$

so gewinnt man mit den Darstellungen

$$\left(\tfrac{1}{n_1} C_1\right)^{-1} = \tfrac{1}{2} C_1^\top, \qquad \left(\tfrac{1}{n_2} C_2\right)^{-1} = \tfrac{1}{2} C_2^\top,$$

(vergleiche Seite 12) und der Darstellung (3.18) aus Teil (a) unmittelbar die *zweidimensionale diskrete Cosinusrücktransformation*

$$F = \tfrac{1}{4} C_1^\top D C_2.$$

Die Komponentendarstellung hierfür lautet

$$f_{j_1,j_2} = \frac{1}{4} \sum_{k_1=0}^{n_1-1} \sum_{k_2=0}^{n_2-1} \gamma_{1,k_1} \gamma_{2,k_2} d_{k_1,k_2} \cos\left(\frac{(2j_1+1)k_1\pi}{2n_1}\right) \cos\left(\frac{(2j_2+1)k_2\pi}{2n_2}\right)$$

$$\text{für } \begin{aligned} j_1 &= 0, 1, \ldots, n_1 - 1, \\ j_2 &= 0, 1, \ldots, n_2 - 1. \end{aligned}$$

(c) Sind die Zahlen n_1 und n_2 Zweierpotenzen, so lässt sich jede der in Teil (a) beschriebenen eindimensionalen diskreten Cosinustransformation mit dem FFT-Algorithmus durchführen. Damit lässt sich die zweidimensionale diskrete Cosinustransformation in

$$n_2 \mathcal{O}(n_1 \log_2(n_1)) + n_1 \mathcal{O}(n_2 \log_2(n_2)) = \mathcal{O}(n_1 n_2 \log_2(n_1 n_2))$$

arithmetischen Operationen realisieren, wobei sich diese Abschätzung genau wie bei der zweidimensionalen diskreten Fouriertransformation auf Seite 20 herleiten lässt.

3.6 Kompression digitaler Bilder

3.6.1 Speicherplatzbetrachtungen

Bei jeder Aufnahme mit einer digitalen Kamera werden für jeden Bildpunkt sowie für jede der drei Grundfarben jeweils 8 Bit verwendet. Insgesamt fallen also pro Bildpunkt 3 Byte zu speichernde Daten an. Bei einer optischen Auflösung von zum Beispiel $1600 * 1200 = 1.92$ Millionen Bildpunkten würde so bei jeder unkomprimierten

Aufnahme ein Speicherbedarf von etwa 5.5 Megabyte anfallen. Ein solcher Speicherbedarf lässt sich durch Komprimierung ohne nennenswerte Qualitätseinbußen auf ein Megabyte reduzieren. Dies gelingt mit der zweidimensionalen diskreten Fouriertransformation oder der zweidimensionalen diskreten Cosinustransformation, wobei in der Praxis meistens Letztere verwendet wird. Speziell für das Komprimierungsformat JPEG werden hierzu einige Details vorgestellt.

3.6.2 Das Komprimierungsformat JPEG

Bei dem Komprimierungsformat JPEG wird das zu komprimierende Bild in Blöcke von 8 * 8 Pixeln unterteilt. Auf jeden einzelnen Block wird dann jeweils eine zweidimensionale diskrete Cosinustransformation angewandt. Anschließend reduziert man die Anzahl der hochfrequenten Anteile, wobei der Reduktionsgrad variabel einstellbar ist und den Kompressionsgrad festlegt. Die verbliebenen Frequenzen werden dann abgespeichert. Für jede Bildbetrachtung ist dann eine Dekodierung in Form einer inversen diskreten Cosinustransformation erforderlich.

3.6.3 Ein Beispiel

Es soll noch eine digitales Graustufenbild und eine mögliche Komprimierung vorgestellt werden. Das Originalbild ist in Bild 3.7 dargestellt. Es besitzt eine Auflösung von 512 * 512 Pixeln, mit einer "Farbtiefe" von 256 Graustufen pro Pixel.

Bild 3.7: Unkomprimierte digitale Aufnahme

Für die Komprimierung ist das komplette digitale Bild entsprechend der Vorgehensweise aus Teil (b) der Aufgabe 3.8 transformiert worden. Anschließend sind 75 Prozent der transformierten Koeffizienten zu null gesetzt worden, und zwar diejenigen zu hochfrequenten Anteilen. Das Ergebnis ist in Bild 3.8 dargestellt.

Bild 3.8: Komprimierte digitale Aufnahme

3.7 Kompression digitaler Videodateien

Noch deutlicher als bei der digitalen Fotografie wird die Notwendigkeit der Kompression bei der Speicherung digitaler Videodateien.

Beispiel 3.14. Der Speicherplatzbedarf für Videodateien im PAL-Format berechnet sich folgendermaßen:

- Jedes zu speichernde Bild besteht aus $720 * 576$ Bildpunkten.
- Für jeden Bildpunkt werden üblicherweise für jede der drei Grundfarben jeweils 8 Bit verwendet, insgesamt werden also pro Bildpunkt 24 Bit zur näherungsweisen Abspeicherung benötigt.
- Pro Sekunde fallen 25 Bilder an.

Das ergibt insgesamt ein Datenvolumen von

$$720 * 576 * 24 * 25/8 \;=\; 29.7 \text{ Megabyte pro Sekunde}$$

bzw.

Aufgaben

$$29.7 * 60 = 1.78 \text{ Gigabyte pro Minute.}$$

Dazu kommt noch das Datenvolumen für die Audiosignale. Auf einer DVD mit einem Speichervolumen von 4.38 GB könnten in unkomprimierter Form lediglich knapp zweieinhalb Minuten Film untergebracht werden. △

Hier ist also in jedem Fall eine Datenkompression erforderlich. Bei den einzelnen MPEG-Standards werden hierfür zum Beispiel nicht die einzelnen Bilder gespeichert, sondern lediglich die Änderungen aufeinander folgender Bilder. Für weitere Einzelheiten sei wieder auf die Webseite zu diesem Buch verwiesen, wo zahlreiche Links auf Internetbeiträge zu diesem Thema zu finden sind.

4 Lineare Gleichungssysteme – Aufgaben

Aufgabe 4.1. Man löse das lineare Gleichungssystem

$$\begin{pmatrix} 10^{-4} & 1 \\ 1 & 1 \end{pmatrix} \begin{pmatrix} x_1 \\ x_2 \end{pmatrix} = \begin{pmatrix} 1 \\ 2 \end{pmatrix}$$

einmal mit dem Gauß-Algorithmus ohne Pivotsuche und einmal mit dem Gauß-Algorithmus inklusive Pivotsuche. Dabei verwende man jeweils eine dreistellige dezimale Gleitpunktarithmetik. (Hierbei ist nach jeder Operation das Zwischenergebnis auf drei gültige Dezimalstellen zu runden.)

Aufgabe 4.2. Zur Lösung eines linearen Gleichungssystems $Ax = b$ mit einer Tridiagonalmatrix

$$A = \begin{pmatrix} a_{11} & a_{12} & & & \\ a_{21} & \ddots & \ddots & & \\ & \ddots & \ddots & \ddots & \\ & & \ddots & \ddots & a_{N-1,N} \\ & & & a_{N,N-1} & a_{NN} \end{pmatrix} \in \mathbb{R}^{N \times N}$$

(es gilt $a_{jk} = 0$ sowohl für $k \leq j - 2$ als auch für $k \geq j + 2$) vereinfache man den Gauß-Algorithmus in geeigneter Weise und gebe die zugehörige Anzahl der arithmetischen Operationen an.

Aufgabe 4.3. Es sei $A = (a_{jk}) \in \mathbb{R}^{N \times N}$ eine *Bandmatrix*, das heißt, mit gewissen ganzen Zahlen $0 \leq p \leq N - 1$ und $0 \leq q \leq N - 1$ gilt $a_{jk} = 0$ für $k < j - p$ und für $k > j + q$:

$$A = \begin{pmatrix} a_{11} & \cdots & a_{1,q+1} & & & \\ \vdots & \ddots & & \ddots & & \\ a_{p+1,1} & & \ddots & & \ddots & \\ & \ddots & & \ddots & & a_{N-q,N} \\ & & \ddots & & \ddots & \vdots \\ & & & a_{N,N-p} & \cdots & a_{NN} \end{pmatrix}.$$

Zur Lösung von linearen Gleichungssystemen $Ax = b$ mit einer solchen Bandmatrix A gebe man einen modifizierten Gauß-Algorithmus an, der mit höchstens $p(3 + 2q)(N - 1)$ arithmetischen Operationen auskommt.

Aufgabe 4.4. Zur Lösung eines linearen Gleichungssystems $Ax = b$ mit einer Matrix $A \in \mathbb{R}^{N \times N}$ wird der Gauß-Algorithmus betrachtet und dabei die folgende Notation verwendet:

$$B^{(s)} = \begin{pmatrix} a_{ss}^{(s)} & \cdots & a_{sN}^{(s)} \\ \vdots & & \vdots \\ a_{Ns}^{(s)} & \cdots & a_{NN}^{(s)} \end{pmatrix} \in \mathbb{R}^{(N-s+1)\times(N-s+1)} \quad \text{für} \quad s = 1, 2, \ldots, N. \quad (4.1)$$

(a) Man zeige: Ist die Matrix A symmetrisch, so sind auch die Matrizen $B^{(1)}$, $B^{(2)}$, $\ldots, B^{(N)}$ symmetrisch.

(b) Man zeige weiter: Ist die Matrix A symmetrisch und positiv definit, so sind auch die Matrizen $B^{(1)}, B^{(2)}, \ldots, B^{(N)}$ alle symmetrisch und positiv definit und der Gauß-Algorithmus ist durchführbar.

(c) Man gebe einen auf symmetrische Matrizen zugeschnittenen Gauß-Algorithmus an und berechne die dabei anfallende Zahl der arithmetischen Operationen.

Aufgabe 4.5. Die Matrix $A = (a_{jk}) \in \mathbb{R}^{N \times N}$ sei *diagonaldominant*, das heißt,

$$|a_{jj}| \geq \sum_{\substack{k=1 \\ k \neq j}}^{N} |a_{jk}| \quad \text{für} \quad j = 1, 2, \ldots, N,$$

und außerdem sei die Matrix A regulär. Man weise nach, dass der Gauß-Algorithmus ohne Pivotwahl durchführbar ist.

Aufgabe 4.6. Sei $P \in \mathbb{R}^{N \times N}$ eine Permutationsmatrix und π die zugehörige Permutation. Man zeige:

(a) Mit der Darstellung

$$P = \begin{pmatrix} \mathbf{e}_{\pi(1)} & \bigg| & \cdots & \bigg| & \mathbf{e}_{\pi(N)} \end{pmatrix}$$

mit einer *Permutation* $\pi : \{1, \ldots, N\} \to \{1, \ldots, N\}$ gilt die Identität

$$P^{-1} = \begin{pmatrix} \mathbf{e}_{\pi^{-1}(1)} & \bigg| & \cdots & \bigg| & \mathbf{e}_{\pi^{-1}(N)} \end{pmatrix}.$$

(b) Die Spaltenvektoren von P sind paarweise orthonormal zueinander, $P^{-1} = P^\top$.

Aufgabe 4.7 (Numerische Aufgabe). Man schreibe einen Code, der den Gauß-Algorithmus einmal ohne Pivot-, einmal mit Spaltenpivot- und schließlich mit *Totalpivot-*

suche durchführt. Bei Letzterem werden, ausgehend von der Notation

$$A^{(s)} = \begin{pmatrix} a_{11}^{(1)} & a_{12}^{(1)} & \cdots & \cdots & \cdots & a_{1N}^{(1)} \\ & a_{22}^{(2)} & \cdots & \cdots & \cdots & a_{2N}^{(2)} \\ & & \ddots & & & \vdots \\ & & & a_{ss}^{(s)} & \cdots & a_{sN}^{(s)} \\ & & & \vdots & & \vdots \\ & & & a_{Ns}^{(s)} & \cdots & a_{NN}^{(s)} \end{pmatrix} \in \mathbb{R}^{N \times N}, \quad b^{(s)} = \begin{pmatrix} b_1^{(1)} \\ b_2^{(2)} \\ \vdots \\ b_s^{(s)} \\ \vdots \\ b_N^{(s)} \end{pmatrix} \in \mathbb{R}^N,$$

beim Übergang $A^{(s)} \to A^{(s+1)}$, $b^{(s)} \to b^{(s+1)}$ zunächst Indizes $p, q \in \{s, s+1, \ldots, N\}$ mit

$$|a_{pq}^{(s)}| \geq |a_{jk}^{(s)}|, \qquad j, k = s, s+1, \ldots, N,$$

bestimmt und $a_{pq}^{(s)}$ als Pivotelement verwendet. Man teste das Programm anhand des Beispiels $Ax = b$ mit

$$A = \begin{pmatrix} \delta & 0 & \cdots & 0 & 1 \\ -1 & \delta & \ddots & \vdots & 1 \\ -1 & \ddots & \ddots & 0 & 1 \\ \vdots & & \ddots & \delta & 1 \\ -1 & -1 & \cdots & -1 & 1 \end{pmatrix} \in \mathbb{R}^{N \times N} \qquad b = \begin{pmatrix} 1 + \delta \\ \delta \\ -1 + \delta \\ \vdots \\ 2 - N \end{pmatrix} \in \mathbb{R}^N.$$

Für $N = 20$ und $\delta = 0.1$ sowie für jede Pivotstrategie gebe man die Werte $x_1, x_2, \ldots, x_N$ aus.

Aufgabe 4.8. Man zeige: Eine Matrix $A \in \mathbb{R}^{N \times N}$ besitzt eine LR-Faktorisierung mit einer regulären oberen Dreiecksmatrix R genau dann, wenn die Hauptuntermatrizen von A von der Form

$$\begin{pmatrix} a_{11} & \cdots & a_{1n} \\ \vdots & \ddots & \vdots \\ a_{n1} & \cdots & a_{nn} \end{pmatrix} \in \mathbb{R}^{n \times n} \qquad \text{für} \quad n = 1, 2, \ldots, N$$

alle regulär sind.

Aufgabe 4.9. Für eine symmetrische, positiv definite Matrix $A = (a_{jk}) \in \mathbb{R}^{N \times N}$ zeige man Folgendes:

(a) es gilt $a_{jj} > 0$ für $j = 1, 2, \ldots, N$,

(b) es gilt $a_{jk}^2 < a_{jj} a_{kk}$ für $j, k = 1, 2, \ldots, N$, $j \neq k$,

(c) und der betragsmäßig größte Eintrag von A liegt auf der Hauptdiagonalen.

Aufgabe 4.10. Man rechne nach, dass bei der Berechnung einer LR-Faktorisierung einer gegebenen Matrix $A \in \mathbb{R}^{N \times N}$ gemäß der Parkettierung von Crout insgesamt $(2N^3/3)(1 + \mathcal{O}(1/N))$ arithmetische Operationen anfallen. Der Einfachheit halber ist der Algorithmus hier nochmals angegeben (siehe auch [26, Schema 4.4]). Dabei werden die Notationen $A = (a_{jk})$, $L = (\ell_{jk})$ und $R = (r_{jk})$ verwendet.

```
for n = 1 : N
    for k = n : N    r_nk = a_nk - Σ_{s=1}^{n-1} ℓ_ns r_sk;    end
    for j = n+1 : N  ℓ_jn = (a_jn - Σ_{s=1}^{n-1} ℓ_js r_sn)/r_nn;  end
end
```

Schema 4.1: LR-Faktorisierung nach Crout

Aufgabe 4.11. Man zeige Folgendes:

(a) Die Menge der skalierten (die Diagonaleinträge sind alle $= 1$) unteren Dreiecksmatrizen $L \in \mathbb{R}^{N \times N}$ bildet bezüglich der Matrixmultiplikation eine Untergruppe in $\mathbb{R}^{N \times N}$.

(b) Die Menge der regulären oberen Dreiecksmatrizen $R \in \mathbb{R}^{N \times N}$ bildet bezüglich der Matrixmultiplikation eine Untergruppe in $\mathbb{R}^{N \times N}$.

(c) Die Darstellung $A = LR$ einer nichtsingulären Matrix $A \in \mathbb{R}^{N \times N}$ als Produkt einer skalierten unteren Dreiecksmatrix L und einer regulären oberen Dreiecksmatrix R ist eindeutig (sofern sie existiert).

Aufgabe 4.12. Gegeben sei die Matrix

$$\begin{pmatrix} 1 & 2 & 3 & -4 \\ 2 & 8 & 6 & -14 \\ 3 & 6 & a & -15 \\ -4 & -14 & -15 & 30 \end{pmatrix}$$

mit einem reellen Parameter a. Man berechne die zugehörige LR-Faktorisierung beziehungsweise gebe an, für welchen Wert des Parameters a diese nicht existiert.

Aufgabe 4.13. Die Matrix $A \in \mathbb{R}^{N \times N}$ sei symmetrisch und positiv definit. Man gebe einen Algorithmus zur Gewinnung einer Faktorisierung $A = RR^\top$ an. Hierbei bezeichnet $R = (r_{jk}) \in \mathbb{R}^{N \times N}$ eine obere Dreiecksmatrix mit $r_{jj} > 0$ für alle j. Man begründe zudem die Durchführbarkeit dieses Verfahrens.

Aufgabe 4.14. Für die Matrix

$$\begin{pmatrix} 2 & -1 & 0 & 0 & 0 \\ -1 & 2 & -1 & 0 & 0 \\ 0 & -1 & 2 & -1 & 0 \\ 0 & 0 & -1 & 2 & -1 \\ 0 & 0 & 0 & -1 & 2 \end{pmatrix}$$

berechne man per Hand die zugehörige Cholesky-Faktorisierung.

Aufgabe 4.15. Es sei $A = (a_{jk}) \in \mathbb{R}^{N \times N}$ eine symmetrische, positiv definite Bandmatrix der Bandbreite p, das heißt, $a_{jk} = 0$ für j, k mit $|j - k| \geq p$. Man weise nach, dass in der Cholesky-Faktorisierung $A = LL^\top$ die untere Dreiecksmatrix L eine Bandmatrix der Bandbreite p ist.

Aufgabe 4.16. Gegeben seien die Matrizen

$$A = \begin{pmatrix} 101 & 99 \\ 99 & 101 \end{pmatrix}, \qquad B = \begin{pmatrix} 101 & 99 \\ -99 & 101 \end{pmatrix}.$$

(a) Berechne die Konditionszahlen $\text{cond}_\infty(A)$ und $\text{cond}_\infty(B)$.

(b) Für die Vektoren

$$b = \begin{pmatrix} 1 \\ 1 \end{pmatrix}, \qquad \Delta b = \begin{pmatrix} \delta \\ \delta \end{pmatrix}, \qquad \Delta \widehat{b} = \begin{pmatrix} \delta \\ -\delta \end{pmatrix}$$

mit einer kleinen reellen Zahl $\delta > 0$ löse man die Gleichungssysteme

$$Ax = b, \qquad A(x + \Delta x) = b + \Delta b, \qquad A(x + \Delta \widehat{x}) = b + \Delta \widehat{b}.$$

Man vergleiche die jeweiligen relativen Fehler $\|\Delta x\|_\infty / \|x\|_\infty$ und $\|\Delta \widehat{x}\|_\infty / \|x\|_\infty$ mit der allgemeinen Fehlerabschätzung $\|\Delta x\| / \|x\| \leq \text{cond}(A) \|\Delta b\| / \|b\|$.

Aufgabe 4.17. Für diese Aufgabe verwende man das folgende Theorem über die *Singulärwertzerlegung* einer Matrix:

Zu einer nichtsingulären Matrix $A \in \mathbb{R}^{N \times N}$ existieren orthonormale Matrizen $U, V \in \mathbb{R}^{N \times N}$ und eine Diagonalmatrix $\Sigma = \text{diag}(\sigma_1, \ldots, \sigma_N) \in \mathbb{R}^{N \times N}$ mit Zahlen $\sigma_1 \geq \sigma_2 \geq \ldots \geq \sigma_N > 0$, so dass Folgendes gilt:

$$A \stackrel{(*)}{=} V \Sigma U^\top.$$

Die Faktorisierung $(*)$ heißt *Singulärwertzerlegung* der Matrix A, und die Zahlen $\sigma_1, \sigma_2, \ldots, \sigma_N$ werden als *Singulärwerte* der Matrix A bezeichnet.

(a) Man zeige: Für jeden Vektor $x \in \mathbb{R}^N$ gilt ausgehend von der Darstellung als Linearkombination $x = \sum_{k=1}^N c_k u_k$ die Identität

$$Ax = \sum_{k=1}^N c_k \sigma_k v_k,$$

wobei $u_1, u_2, \ldots, u_N \in \mathbb{R}^N$ und $v_1, v_2, \ldots, v_N \in \mathbb{R}^N$ die paarweise orthonormalen Spaltenvektoren der Matrizen $U \in \mathbb{R}^{N \times N}$ beziehungsweise $V \in \mathbb{R}^{N \times N}$ bezeichnen.

(b) Man gebe die Werte von $\|A\|_2$, $\|A^{-1}\|_2$ sowie $\text{cond}_2(A)$ über die Singulärwerte der Matrix A an.

(c) Zur Lösung des linearen Gleichungssystems $Ax = b$ beziehungsweise dessen fehlerbehafteten Version

$$A(x + \Delta x) = b + \Delta b$$

gebe man mithilfe der Matrix U jeweils diejenigen Vektoren $b \in \mathbb{R}^N$ beziehungsweise $\Delta b \in \mathbb{R}^N$ an, für die die folgenden Gleichungen erfüllt sind:

$$\|b\|_2 = \|A\|_2 \|x\|_2,$$
$$\|\Delta x\|_2 = \|A^{-1}\|_2 \|\Delta b\|_2,$$
$$\frac{\|\Delta x\|_2}{\|x\|_2} = \text{cond}_2(A) \frac{\|\Delta b\|_2}{\|b\|_2}.$$

Aufgabe 4.18. Für eine reguläre Matrix $A \in \mathbb{R}^{N \times N}$ sei $B \in \mathbb{R}^{N \times N}$ eine Näherung für A^{-1} und $\|\cdot\| : \mathbb{R}^{N \times N} \to \mathbb{R}$ eine beliebige submultiplikative Matrixnorm. Man zeige:

$$\frac{\|A^{-1} - B\|}{\|A^{-1}\|} \leq \min\{\|AB - I\|, \|BA - I\|\},$$
$$\|BA - I\| \leq \text{cond}(A) \|AB - I\| \leq \text{cond}(A)^2 \|BA - I\|.$$

Zu Testzwecken betrachte man die beiden Matrizen

$$A = \begin{pmatrix} 9999 & 9998 \\ 10000 & 9999 \end{pmatrix}, \quad B = \begin{pmatrix} 9999.9999 & -9997.0001 \\ -10001 & 9998 \end{pmatrix},$$

und berechne die Matrizen $BA - I \in \mathbb{R}^{N \times N}$ sowie $AB - I \in \mathbb{R}^{N \times N}$.

Aufgabe 4.19. (a) Es sei $B = (b_{jk}) \in \mathbb{R}^{N \times N}$ eine reguläre Matrix, die zudem *zeilenäquilibriert* ist, das heißt,

$$\sum_{k=1}^{N} |b_{jk}| = 1 \quad \text{für} \quad j = 1, 2, \ldots, N.$$

Man zeige, dass für jede reguläre Diagonalmatrix $D \in \mathbb{R}^{N \times N}$ die folgende Abschätzung gilt:

$$\text{cond}_\infty(B) \leq \text{cond}_\infty(DB).$$

(b) Sei $A \in \mathbb{R}^{N \times N}$ eine reguläre Matrix. Man zeige: Es gibt eine Diagonalmatrix $D \in \mathbb{R}^{N \times N}$, so dass DA zeilenäquilibriert ist, und dann gilt

$$\text{cond}_\infty(DA) \leq \text{cond}_\infty(A).$$

Aufgabe 4.20. Es sei $A = (a_{jk}) \in \mathbb{R}^{N \times N}$ eine reguläre Matrix. Man leite mithilfe der QR-Faktorisierung die *hadamardsche Determinantenabschätzung*

$$|\det A| \leq \prod_{k=1}^{N} \left(\sum_{j=1}^{N} |a_{jk}|^2 \right)^{1/2}$$

her.

Aufgabe 4.21. Es sei $A \in \mathbb{R}^{M \times N}$ (mit $1 \leq N \leq M$) eine Matrix mit maximalem Rang.

(a) Man gebe einen Algorithmus zur Gewinnung einer Faktorisierung $A = QR$ an, wobei $Q \in \mathbb{R}^{M \times N}$ eine Matrix mit der Eigenschaft $Q^\top Q = I$ und $R \in \mathbb{R}^{N \times N}$ eine obere Dreiecksmatrix ist.

(b) Wie lässt sich mit einer solchen Faktorisierung die Lösung des Minimierungsproblems $\|Ax - b\|_2 \to \min$ für $x \in \mathbb{R}^N$ gewinnen?

Aufgabe 4.22. Man zeige für eine nichtsinguläre Matrix $A \in \mathbb{R}^{N \times N}$ und Vektoren $u, v \in \mathbb{R}^N$:

(a) Im Fall $v^\top A^{-1} u \neq -1$ gilt die *Sherman-Morrison-Formel*

$$(A + uv^\top)^{-1} = A^{-1} - \frac{A^{-1} uv^\top A^{-1}}{1 + v^\top A^{-1} u}.$$

(b) Im Fall $v^\top A^{-1} u = -1$ ist die Matrix $A + uv^\top$ singulär.

Aufgabe 4.23. Transformieren Sie die Matrix

$$A = \begin{pmatrix} 0 & 1 & 0 \\ 0 & 0 & 1 \\ 1 & 0 & 1 \\ 0 & 0 & 1 \end{pmatrix}$$

mittels Householdertransformationen auf obere Dreiecksgestalt.

Aufgabe 4.24 (Numerische Aufgabe). Man schreibe einen Code zur Lösung eines linearen Gleichungssystems mittels Householdertransformationen. Man teste das Programm anhand des Beispiels $Ax = b$ mit

$$A = \begin{pmatrix} \delta & 0 & \cdots & 0 & 1 \\ -1 & \delta & \ddots & \vdots & 1 \\ -1 & \ddots & \ddots & 0 & 1 \\ \vdots & & \ddots & \delta & 1 \\ -1 & -1 & \cdots & -1 & 1 \end{pmatrix} \in \mathbb{R}^{N \times N}, \qquad b = \begin{pmatrix} 1 + \delta \\ \delta \\ -1 + \delta \\ \vdots \\ 3 - N + \delta \\ 2 - N \end{pmatrix} \in \mathbb{R}^N,$$

mit $N = 20$ und $\delta = 0.1$. Man gebe den Lösungsvektor $x = (x_1, x_2, \ldots, x_N)^\top$ aus.

Aufgabe 4.25. Es bezeichne im Folgenden $A \in \mathbb{R}^{M \times N}$ (mit $1 \leq N \leq M$) eine Matrix und $b \in \mathbb{R}^M$ sei ein gegebener Vektor. Man weise nach, dass

(a) eine Lösung der *Normalengleichung*

$$A^\top A x = A^\top b$$

auch eine Lösung des Minimierungsproblems $\|Ax - b\|_2 \to \min$ für $x \in \mathbb{R}^N$ darstellt,

(b) und dass umgekehrt jede Lösung des Minimierungsproblems auch eine Lösung der Normalengleichung ist.

Aufgabe 4.26. Zu den Stützpunkten

j	0	1	2	3
y_j	0	1	2	3
f_j	0	1	2	0

bestimme man dasjenige Polynom $p(y) = a_0 + a_1 y + a_2 y^2$ zweiten Grades, welches die Summe der Fehlerquadrate

$$\sum_{j=0}^{3} (p(y_j) - f_j)^2$$

minimiert. Hierzu löse man die zugehörige Normalengleichung unter Verwendung einer Cholesky-Faktorisierung.

5 Nichtlineare Gleichungssysteme – Aufgaben

Aufgabe 5.1. Gegeben sei die Gleichung

$$x + \ln x = 0,$$

deren eindeutige Lösung x_* im Intervall $[0.5, 0.6]$ liegt. Zur approximativen Lösung dieser Gleichung betrachte man die folgenden fünf Iterationsverfahren:

$$x_{n+1} := -\ln x_n, \qquad x_{n+1} := e^{-x_n}, \qquad x_{n+1} := (x_n + e^{-x_n})/2, \quad (5.1)$$

$$x_{n+1} := \frac{a x_n + e^{-x_n}}{a+1}, \qquad x_{n+1} := \frac{a_n x_n + e^{-x_n}}{a_n + 1}. \quad (5.2)$$

Welche der drei in (5.1) angegebenen Verfahren sind lokal linear konvergent? Man bestimme in (5.2) Werte $a \in \mathbb{R}$ beziehungsweise $a_0, a_1, \ldots \in \mathbb{R}$, so dass sich jeweils ein quadratisch konvergentes Verfahren ergibt.

Aufgabe 5.2. Die Funktion $\ln(x)$ soll an der Stelle $x = a > 0$ näherungsweise berechnet werden. Dies kann beispielsweise mit dem Newton-Verfahren zur Bestimmung einer Nullstelle der Funktion

$$f(x) = e^x - a$$

geschehen. Man gebe die zugehörige Iterationsvorschrift an und weise quadratische Konvergenz nach. Kann man die Konvergenzordnung $p = 3$ erwarten? Schließlich berechne man für $a = 1$ und Startwert $x_0 = 1$ die ersten vier Iterierten $x_1, \ldots, x_4$. Auf wie viele Nachkommastellen genau stimmen diese mit dem tatsächlichen Wert $0 = \ln(1)$ überein?

Aufgabe 5.3. Zu einer kontraktiven Funktion $\Phi : \mathbb{R}^N \to \mathbb{R}^N$ mit der Kontraktionskonstanten $0 < L < 1$ bezeichne $x_* \in \mathbb{R}^N$ den Fixpunkt von Φ, und der Vektor $x_0 \in \mathbb{R}^N$ sei beliebig. Die Folge $x_0^\delta, x_1^\delta, \ldots$ sei gegeben durch

$$x_0^\delta := x_0 + \Delta x_0,$$
$$x_{n+1}^\delta := \Phi(x_n^\delta) + \Delta x_{n+1} \qquad \text{für } n = 0, 1, \ldots,$$

wobei $\|\Delta x_n\| \leq \delta$ für $n = 0, 1, \ldots$ gelte bezüglich einer gegebenen Vektornorm $\|\cdot\| : \mathbb{R}^N \to \mathbb{R}$ und einer gewissen Fehlerschranke $\delta > 0$. Man zeige Folgendes:

$$\|x_n^\delta - x_*\| \leq \frac{\delta}{1-L} + \frac{L^n}{1-L}((L+2)\delta + \|x_1^\delta - x_0^\delta\|) \qquad \text{für } n = 1, 2, \ldots.$$

Aufgabe 5.4. Es sei $\Phi : \mathbb{R}^2 \to \mathbb{R}^2$ definiert durch

$$\Phi \begin{pmatrix} u \\ v \end{pmatrix} = \frac{1}{2} \begin{pmatrix} 1 + \frac{\sin u}{4} + v \\ 1 + \sin v + u \end{pmatrix}.$$

(a) Man untersuche die Kontraktionseigenschaft von Φ jeweils bezüglich $\|\cdot\|_\infty$ und $\|\cdot\|_2$.

(b) Man berechne den Fixpunkt $x_* \in \mathbb{R}^2$ von Φ mittels der gewöhnlichen Fixpunktiteration, für den Startwert $x_0 = (0,0)^\top$. Wie oft ist bei Verwendung der a priori-Fehlerabschätzung zu iterieren, bis

$$\|x_n - x_*\|_2 \leq 10^{-2}$$

garantiert werden kann? Die entsprechende Frage stellt sich bei Anwendung der a posteriori-Fehlerabschätzung.

Aufgabe 5.5. Gegeben sei das nichtlineare Gleichungssystem

$$\left.\begin{aligned} uv + u - v - 1 &= 0, \\ uv &= 0. \end{aligned}\right\} \quad (5.3)$$

(a) Man bestimme die exakten Lösungen des nichtlinearen Gleichungssystems (5.3).

(b) Für die Startwerte

$$x_0 = \begin{pmatrix} 0 \\ 0 \end{pmatrix} \quad \text{und} \quad x_0 = \begin{pmatrix} 1 \\ 1 \end{pmatrix}$$

führe man jeweils den ersten Iterationsschritt des Newton-Verfahrens durch.

Aufgabe 5.6. Für eine reguläre Matrix $A \in \mathbb{R}^{N \times N}$ ist die inverse Matrix $X = A^{-1}$ offensichtlich eine Lösung der nichtlinearen Gleichung

$$X^{-1} - A = 0. \quad (5.4)$$

Das Newton-Verfahren zur Lösung der Gleichung (5.4) führt auf das *Verfahren von Schulz*

$$X_{n+1} := X_n + X_n(I - AX_n) \quad \text{für} \quad n = 0, 1, \ldots.$$

Man zeige: für jede Startmatrix $X_0 \in \mathbb{R}^{N \times N}$ mit $\|I - AX_0\| \leq q < 1$ (mit einer gegebenen submultiplikativen Matrixnorm $\|\cdot\| : \mathbb{R}^{N \times N} \to \mathbb{R}$) konvergiert die Matrixfolge $X_0, X_1, \ldots \subset \mathbb{R}^{N \times N}$ gegen die Matrix A^{-1} mit den Abschätzungen

$$\|X_n - A^{-1}\| \leq \frac{\|X_0\|}{1-q} \|I - AX_n\| \leq \frac{\|X_0\|}{1-q} q^{(2^n)}, \quad n = 0, 1, \ldots.$$

Aufgabe 5.7 (Numerische Aufgabe). Man schreibe ein Programm zur Lösung eines nichtlinearen Gleichungssystems mittels der folgenden Variante des Newton-Verfahrens:

$$x_{n+1} = x_n - A_n F(x_n) \quad \text{für} \quad n = 0, 1, \ldots,$$

mit

$$A_{kp+j} = (\mathcal{D}_{x_{kp}} F)^{-1} \quad \text{für} \quad \begin{matrix} j = 0, 1, \ldots, p-1, \\ k = 0, 1, \ldots. \end{matrix}$$

Hierbei bezeichnet $\mathcal{D}_x F$ die Jacobi-Matrix der Abbildung F im Punkt x. Man breche die Iteration ab, falls die Bedingung $\|x_n - x_{n-1}\|_2 \leq \mathtt{tol}$ erstmalig erfüllt ist oder falls $n = n_{\max}$ gilt. Hier sind $p \in \mathbb{N}$, $n_{\max} \in \mathbb{N}_0$ und $\mathtt{tol} > 0$ frei wählbare Parameter. Man teste das Programm anhand des Beispiels

$$F\begin{pmatrix} u \\ v \end{pmatrix} := \begin{pmatrix} \sin(u)\cos(v) \\ u^2 + v^2 - 3 \end{pmatrix} = \begin{pmatrix} 0 \\ 0 \end{pmatrix},$$

mit den Parametern $\mathtt{tol} = 10^{-4}$ und $n_{\max} = 100$ sowie mit den folgenden Startwerten beziehungsweise den folgenden Werten von p:

(a) $x_0 = \begin{pmatrix} 1 \\ 1 \end{pmatrix}$, $p = 1$; (b) $x_0 = \begin{pmatrix} 1 \\ 1 \end{pmatrix}$, $p = 5$;

(c) $x_0 = \begin{pmatrix} 3 \\ 3 \end{pmatrix}$, $p = 1$; (d) $x_0 = \begin{pmatrix} 3 \\ 3 \end{pmatrix}$, $p = 5$.

Aufgabe 5.8. Die Funktion $f \in C^1[a,b]$ sei streng monoton wachsend und konvex mit einer Nullstelle $x_* \in [a,b]$. Man zeige, dass für jeden Startwert $x_0 \in [x_*, b]$ die Näherungen x_n des Newton-Verfahrens gegen x_* konvergieren mit

$$x_{n+1} \leq x_n \quad \text{für} \quad n = 0, 1, \ldots.$$

6 Numerische Integration – Aufgaben

Aufgabe 6.1. Gegeben sei eine Unterteilung $\Delta : a \leq x_0 < x_1 < \ldots < x_n \leq b$ des Intervalls $[a, b]$. Man zeige, dass es eindeutig bestimmte Zahlen $a_0, a_1, \ldots, a_n \in \mathbb{R}$ gibt mit

$$\sum_{k=0}^{n} a_k \mathcal{P}(x_k) = \int_a^b \mathcal{P}(x) \, dx \quad \text{für alle } \mathcal{P} \in \Pi_n.$$

Aufgabe 6.2. Zu einer beliebigen Unterteilung $a \leq x_0 < \ldots < x_n \leq b$ des Intervalls $[a, b]$ bezeichne $\mathcal{I}_n(f) = (b - a) \sum_{k=0}^{n} \sigma_k f(x_k)$ eine Quadraturformel. Man zeige, dass ihr Genauigkeitsgrad $\leq 2n + 1$ ist; es gibt also ein Polynom $\mathcal{P} \in \Pi_{2n+2}$ mit $\mathcal{I}_n(\mathcal{P}) \neq \int_a^b \mathcal{P}(x) \, dx$.

Aufgabe 6.3. Man bestimme die Koeffizienten $a_0, a_1, a_2 \in \mathbb{R}$ durch Koeffizientenvergleich in geeigneten Taylorentwicklungen so, dass die Quadraturformel

$$\mathcal{I}_2(f) = a_0 f(a) + a_1 f\left(\frac{a+b}{2}\right) + a_2 f(b)$$

zur näherungsweisen Berechnung von $\int_a^b f(x) \, dx$ einen möglichst hohen Genauigkeitsgrad besitzt.

Aufgabe 6.4. Zu einer 2π-periodischen stetigen Funktion $f : \mathbb{R} \to \mathbb{R}$ und den Stützstellen $x_j = 2\pi j/(N + 1)$ mit $j = 0, 1, \ldots, N$ für gerades $N \in \mathbb{N}$ bezeichne Tf das interpolierende trigonometrische Polynom von der Form

$$(Tf)(x) = \frac{A_0}{2} + \sum_{k=1}^{N/2} (A_k \cos kx + B_k \sin kx).$$

Weiter bezeichne $Qf := \int_0^{2\pi} (Tf)(x) \, dx$. Man zeige, dass sich Qf schreiben lässt als $Qf = \sum_{k=0}^{N} a_k f(x_k)$ mit (von f unabhängigen) *positiven* Gewichten $a_k > 0$ für $k = 0, 1, \ldots, N$.

Aufgabe 6.5. Man weise mithilfe der euler-maclaurinschen Summenformel für $N \in \mathbb{N}$ die folgende Identität nach,

$$\sum_{k=1}^{N} k^3 = \left(\frac{N(N+1)}{2}\right)^2.$$

Aufgabe 6.6. Man weise nach, dass das Funktionensystem $(U_n)_{n \in \mathbb{N}_0}$ der Tschebyscheff-Polynome der zweiten Art bezüglich des Skalarprodukts $\langle u, v \rangle = \int_{-1}^{1} u(x) v(x) \sqrt{1 - x^2} \, dx$ ein Orthogonalsystem bildet.

Aufgabe 6.7 (Numerische Aufgabe). Man berechne die vier bestimmten Integrale

$$\int_0^{0.5} \frac{1}{16x^2+1}\,dx, \quad \int_0^2 e^{-x^2}\,dx, \quad \int_0^{\pi/2} \left(\cos\frac{x}{2}\right)^2 \sin 3x\,dx, \quad \int_0^{\pi/2} \sqrt{|\cos 2x|}\,dx,$$

numerisch durch Extrapolation der Trapezsummen $T_1(h_j)$ unter Anwendung der Romberg-Schrittweite $h_0 = b - a$ und $h_j = h_{j-1}/2$ für $j = 1, 2, \ldots$. Genauer: Mit den Notationen

$$\mathcal{P}_{k-m,\ldots,k} \in \Pi_m, \quad \mathcal{P}_{k-m,\ldots,k}(h_j^2) = T_1(h_j) \quad \text{für} \quad j = k-m, \ldots, k,$$

berechne man für $k = 0, 1, \ldots$ die Werte

$$\mathcal{P}_{k-m,\ldots,k}(0) \quad \text{für} \quad m = 0, 1, \ldots, \min\{k, m_*\}. \tag{6.1}$$

Man breche mit $k =: k_*$ ab, falls

$$m_* + 1 \leq k \leq 12, \quad \left|\mathcal{P}_{k-m_*,\ldots,k}(0) - \mathcal{P}_{k-m_*+1,\ldots,k}(0)\right| \leq \varepsilon$$

oder aber

$$k = 13$$

erfüllt ist (mit $m_* = 4$ und $\varepsilon = 10^{-8}$). Man gebe für jedes der vier zu berechnenden Integrale die Werte (6.1) für $k = 0, 1, \ldots, k_*$ in einem Tableau aus, jeweils auf acht Nachkommastellen genau.

7 Explizite Einschrittverfahren für Anfangswertprobleme bei gewöhnlichen Differenzialgleichungen – Aufgaben

Aufgabe 7.1. Man forme das Anfangswertproblem

$$y_1'' = t^2 - y_1' - y_2^2,$$
$$y_2'' = t + y_2' + y_1^3,$$
$$y_1(0) = 0, \quad y_2(0) = 1, \quad y_1'(0) = 1, \quad y_2'(0) = 0$$

in ein Anfangswertproblem für ein System erster Ordnung um.

Aufgabe 7.2. (a) Für das Anfangswertproblem

$$y' = (1 + |y|)^{-1} \quad \text{auf } [0,b], \quad y(0) = y_0, \tag{7.1}$$

weise man Existenz und Eindeutigkeit der Lösung nach.

(b) Seien y und v Lösungen der Differenzialgleichung in (7.1) mit den Anfangswerten $y(0) = y_0$ beziehungsweise $v(0) = v_0$. Man weise Folgendes nach:

$$|y(t) - v(t)| \leq e^t |y_0 - v_0| \quad \text{für } t \in [0,b].$$

Zur näherungsweisen Bestimmung einer Lösung des Anfangswertproblems

$$y' = f(t,y) \quad \text{für } t \in [a,b], \quad y(a) = y_0, \tag{7.2}$$

werden im Folgenden *explizite Einschrittverfahren*

$$u_{\ell+1} = u_\ell + h_\ell \varphi(t_\ell, u_\ell; h_\ell) \quad \text{für } \ell = 0, 1, \ldots, n-1; \quad u_0 := y_0 \tag{7.3}$$

betrachtet mit einer *Verfahrensfunktion* $\varphi : [a,b] \times \mathbb{R}^N \times \mathbb{R}_+ \to \mathbb{R}^N$ und einem noch nicht näher spezifizierten Gitter beziehungsweise Schrittweiten der Form

$$\Delta = \{a = t_0 < t_1 < \ldots < t_n \leq b\}, \tag{7.4}$$
$$h_\ell := t_{\ell+1} - t_\ell \quad \text{für } \ell = 0, 1, \ldots, n-1. \tag{7.5}$$

Aufgabe 7.3. Für ein Einschrittverfahren (7.3) zur Lösung des Anfangswertproblems $y' = f(t,y)$, $y(a) = y_0$ lässt sich der lokale Verfahrensfehler allgemein auch für beliebige Punkte $(t,y) \in [a,b] \times \mathbb{R}^N$ definieren,

$$\eta(t,h) := y + h\varphi(t,y;h) - z(t+h), \quad 0 \leq h \leq b-t, \tag{7.6}$$

wobei $z : [t,b] \to \mathbb{R}^N$ die Lösung des Anfangswertproblems $z' = f(s,z)$, $s \in [t,b]$ mit Anfangswert $z(t) = y$ bezeichnet. Entsprechend lässt sich der Begriff Konsistenzordnung $p \geq 1$ für beliebige Punkte $(t,y) \in [a,b] \times \mathbb{R}^N$ verallgemeinern. Man zeige: Für jedes Einschrittverfahren (7.3) zur Lösung des Anfangswertproblems $y' = f(t,y)$, $y(a) = y_0$ mit einer verallgemeinerten Konsistenzordnung $p \geq 1$ gilt die *Konsistenzbedingung*

$$\varphi(t,y;0) = f(t,y) \quad \text{für } (t,y) \in [a,b] \times \mathbb{R}^N.$$

Aufgabe 7.4. Man betrachte das Anfangswertproblem

$$y' = g(t), \quad t \in [a,b], \tag{7.7}$$
$$y(a) = 0, \tag{7.8}$$

mit einer gegebenen hinreichend glatten Funktion $g : [a,b] \to \mathbb{R}$. Wendet man das Euler-Verfahren mit konstanter Schrittweite $h = (b-a)/N$ auf das Anfangswertproblem (7.7)-(7.8) an, so erhält man eine Näherungsformel für das Integral $\int_a^b g(t)\,dt$. Gleiches gilt für das Verfahren von Heun. Man gebe beide Nährungsformeln für das Integral sowie jeweils obere Schranken für den von der Zahl h abhängenden Integrationsfehler an.

Aufgabe 7.5. Gegeben sei das Anfangswertproblem

$$y' = t - t^3, \quad y(0) = 0.$$

Zur Schrittweite h sollen mit dem Euler-Verfahren Näherungswerte u_ℓ für $y(t_\ell)$, $t_\ell = \ell h$, berechnet werden. Man gebe $y(t_\ell)$ und u_ℓ explizit an und zeige, dass an jeder Stelle t der Fehler für $h = t/n \to 0$ gegen null konvergiert.

Aufgabe 7.6 (Numerische Aufgabe). Man löse die van der Pol'sche Differenzialgleichung

$$y'' - \lambda(1-y^2)y' + y = 0, \quad y(0) = 2, \quad y'(0) = 0$$

für $\lambda = 0$ und $\lambda = 12$ numerisch mit dem Euler-Verfahren, dem modifizierten Euler-Verfahren sowie dem klassischen Runge-Kutta-Verfahren der Ordnung $p = 4$. Dabei verwende man jeweils einmal die konstante Schrittweite $h = 0.025$ und einmal die konstante Schrittweite $h = 0.0025$ und gebe tabellarisch die Näherungswerte an den Gitterpunkten $t = 0.5, 1.0, 1.5, \ldots, 15$, an.

In der nachfolgenden Aufgabe wird zur Lösung des Anfangswertproblems (7.2) im eindimensionalen Fall $N = 1$ das *Taylor-Verfahren* betrachtet, bei dem es sich um ein Einschrittverfahren mit der Verfahrensfunktion

$$\varphi(t,y;h) := \sum_{j=0}^{p-1} \frac{h^j}{(j+1)!} f^{[j]}(t,y) \tag{7.9}$$

handelt. Hierbei ist $p \in \mathbb{N}$ und es werden die Notationen $f^{[0]} := f$ und

$$f^{[j]} := \frac{\partial f^{[j-1]}}{\partial t} + \frac{\partial f^{[j-1]}}{\partial y} f \quad \text{für} \quad j = 1, 2, \ldots, p - 1$$

verwendet, wobei noch die Funktion $f : [a, b] \times \mathbb{R} \to \mathbb{R}$ als p-fach differenzierbar vorausgesetzt ist. Das zugehörige Einschrittverfahren $u_{\ell+1} = u_\ell + h\varphi(t_\ell, u_\ell; h)$ definiert ein Einschrittverfahren mit der Konsistenzordnung p.

Aufgabe 7.7. Gegeben sei das Anfangswertproblem

$$y' = 1 - y \quad \text{auf } [0, 1], \qquad y(0) = 0. \tag{7.10}$$

(a) Man bestimme für jede Zahl $p \in \mathbb{N}$ die zugehörige Verfahrensfunktion φ des Taylor-Verfahrens.

(b) Man löse das Anfangswertproblem (7.10) mit dem zur Verfahrensfunktion (7.9) gehörenden Einschrittverfahren der Ordnung $p = 2$ näherungsweise mit der konstanten Schrittweite $h = 1/n$ und schätze den Fehler bei $t = 1$ ab.

Aufgabe 7.8. Man weise nach, dass das durch die Verfahrensfunktion

$$\varphi(t, y; h) = \frac{1}{6}(k_1 + 4k_2 + k_3),$$

$$k_1 = f(t, y), \quad k_2 = f(t + \tfrac{h}{2}, y + \tfrac{h}{2}k_1),$$

$$k_3 = f(t + h, y + h(-k_1 + 2k_2)),$$

gegebene Einschrittverfahren (*einfache Kutta-Regel*) die Konsistenzordnung $p = 3$ besitzt.

Aufgabe 7.9. Zur Lösung des Anfangswertproblems $y' = f(t, y)$, $y(a) = y_0$ sei für jedes $p > 0$ ein Einschrittverfahren p-ter Ordnung gegeben. Es wird angenommen, dass dieses Einschrittverfahren p-ter Ordnung für jeden Schritt die Rechenzeit pT_0 benötigt und in $t = b$ den Wert der gesuchten Funktion mit einem Fehler Kh^p approximiert. Die Konstanten K und T_0 sollen vom jeweiligen Verfahren unabhängig sein. Man bestimme für p und einen vorgeschriebenen Fehler $\varepsilon \leq K$ in $t = b$ die größtmögliche Schrittweite $h = h(p, \varepsilon)$ und die zugehörige Gesamtrechenzeit $T = T(p, \varepsilon)$. Wie verhält sich T in Abhängigkeit von p und welches ist die optimale Konsistenzordnung $p_{\text{opt}} = p_{\text{opt}}(\varepsilon)$? Wie verhält sich p_{opt} in Abhängigkeit von ε? Der Einfachheit halber sei angenommen, dass die Zahlen p und N (wobei der Zusammenhang $h = (b - a)/N$ besteht) reell gewählt werden dürfen.

Thema der folgenden Aufgabe ist die Umsetzung einer *Schrittweitensteuerung* anhand einer konkreten Rechnerübung. Zuvor soll die allgemeine Form einer Schrittweitensteuerung kurz in Erinnerung gerufen werden. Für ein explizites Einschrittverfahren $u_{\ell+1} = u_\ell + h\varphi(t_\ell, u_\ell; h)$ zur Lösung eines Anfangswertproblems $y' = f(t, y)$, $y(a) = y_0$ hat sie folgende Gestalt:

Seien $t_0 = a$, $u_0 = y_0$, $\ell = 0$, $h^{(0)} > 0$, $\varepsilon > 0$.

```
repeat  k = 0;
  repeat
    if k = 0 then h = h⁽⁰⁾   else h = (ε/δ)^(1/(p+1)) h  end;
    w = u_ℓ + (h/2)φ(t_ℓ, u_ℓ; h/2);    u_{ℓ+1} = w + (h/2)φ(t_ℓ + h/2, w; h/2);
    v = u_ℓ + hφ(t_ℓ, u_ℓ; h);   δ = ‖v − u_{ℓ+1}‖ / (2^p − 1);   k = k + 1;
  until δ ≤ ε;
  t_{ℓ+1} = t_ℓ + h;   ℓ = ℓ + 1;
until t_ℓ ≥ b;
```

Hintergründe hierzu finden Sie beispielsweise in [26].

Aufgabe 7.10 (Numerische Aufgabe). Man löse numerisch die gewöhnliche Differenzialgleichung

$$y' = -200 t y^2 \quad \text{für } t \geq -3, \qquad y(-3) = \frac{1}{901},$$

mit dem Standard-Runge-Kutta-Verfahren der Ordnung $p = 4$ unter Verwendung der oben angegebenen Schrittweitensteuerung. Zur Berechnung jeder neuen Schrittweite h_ℓ starte man mit $h^{(0)} = h_{\ell-1}$ (beziehungsweise im Fall $\ell = 0$ mit $h^{(0)} := 0.02$) und korrigiere solange bis $\varepsilon/3 \leq \delta^{(k)} \leq 3\varepsilon$ oder $k = 20$ erfüllt ist, wobei $\varepsilon = 10^{-7}$. Für $\ell = 1, \ldots, 50$ gebe man die Näherungswerte in t_ℓ sowie $y(t_\ell)$, $h_{\ell-1}$ und die Anzahl der Versuche k zur Bestimmung der Schrittweite h_ℓ an.

8 Mehrschrittverfahren für Anfangswertprobleme bei gewöhnlichen Differenzialgleichungen – Aufgaben

Einführung der grundlegenden Notationen

Ein *Mehrschrittverfahren* oder genauer *m-Schrittverfahren* zur näherungsweisen Bestimmung einer Lösung des Anfangswertproblems $y' = f(t,y)$, $y(a) = y_0$ besitzt auf einem äquidistantem Gitter $t_\ell = a + \ell h$ für $\ell = 0, 1, \ldots, n$ die Form

$$\sum_{j=0}^{m} \alpha_j u_{\ell+j} = h\varphi(t_\ell, u_\ell, \ldots, u_{\ell+m}; h), \qquad \ell = 0, 1, \ldots, n-m. \tag{8.1}$$

Typischerweise setzt man $u_0 := y_0$, und die weiteren Startwerte $u_1, \ldots, u_{m-1} \in \mathbb{R}^N$ sind in einer hier nicht weiter spezifizierten *Anlaufrechnung* zu ermitteln. Nach dieser Anlaufrechnung wird für jedes $\ell \in \{0, 1, \ldots, n-m\}$ so verfahren, dass aus den dann bereits bestimmten Näherungen $u_\ell, \ldots, u_{\ell+m-1} \in \mathbb{R}^N$ gemäß der Verfahrensvorschrift (8.1) die Näherung $u_{\ell+m} \in \mathbb{R}^N$ berechnet wird mit der Zielsetzung

$$u_{\ell+m} \approx y(t_{\ell+m}).$$

Hier bezeichnet $y : [a,b] \to \mathbb{R}^N$ die Lösung des vorgegebenen Anfangswertproblems.

Eine wichtige Rolle bei der Bestimmung der Güte eines Mehrschrittverfahrens spielt der *lokale Verfahrensfehler*, der im Punkt $(t+h, y(t+h))$ und bezüglich der Schrittweite h die folgende Form besitzt:

$$\eta(t,h) := \left[\sum_{j=0}^{m} \alpha_j y(t+jh)\right] - h\varphi(t, y(t), y(t+h), \ldots, y(t+mh); h),$$
$$0 < h \leq \frac{b-t}{m}.$$

Das Mehrschrittverfahren (8.1) besitzt die *Konsistenzordnung* $p \geq 1$, falls für den lokalen Verfahrensfehler die Abschätzung

$$\|\eta(t,h)\| \leq Ch^{p+1} \quad \text{für} \quad a \leq t \leq b, \quad 0 \leq h \leq H,$$

gilt mit einer Konstanten C und einer hinreichend kleinen Zahl $H > 0$ sowie mit einer nicht näher spezifizierten Vektornorm $\|\cdot\| : \mathbb{R}^N \to \mathbb{R}$.

Ein weiterer wichtiger Begriff ist die *Nullstabilität* eines m-Schrittverfahrens (8.1). Diese liegt per Definition dann vor, falls für das *erzeugende Polynom*

$$\rho(\xi) := \alpha_m \xi^m + \alpha_{m-1} \xi^{m-1} + \ldots + \alpha_0 \in \Pi_m \tag{8.2}$$

die folgende Bedingung erfüllt ist:

$$\left. \begin{array}{l} \rho(\xi) = 0 \implies |\xi| \leq 1; \\ \rho(\xi) = 0, \quad |\xi| = 1 \implies \xi \text{ ist einfache Nullstelle von } \rho. \end{array} \right\} \tag{8.3}$$

Die Bedingung (8.3) wird als dahlquistsche Wurzelbedingung bezeichnet. Schließlich wird noch die folgende Lipschitzbedingung an die Verfahrensfunktion $\varphi : [a,b] \times (\mathbb{R}^N)^{m+1} \times \mathbb{R}_+ \to \mathbb{R}^N$ aus der Verfahrensvorschrift (8.1) eine Rolle spielen,

$$\left.\begin{array}{c} \|\varphi(t, v_0, \ldots, v_m; h) - \varphi(t, w_0, \ldots, w_m; h)\| \leq L_\varphi \sum_{j=0}^{m} \|v_j - w_j\| \\ (v_j, \, w_j \in \mathbb{R}^N). \end{array}\right\} \quad (8.4)$$

Das grundlegende Resultat in der Theorie der Mehrschrittverfahren stellt die folgende Aussage dar:

Ein nullstabiles m-Schrittverfahren (8.1) mit der Konsistenzordnung $p \geq 1$ und einer der Lipschitzbedingung (8.4) genügenden Funktion φ besitzt die *Konvergenzordnung p*, das heißt, zu jeder Konstanten $c \geq 0$ und beliebigen Startwerten $u_0, u_1, \ldots, u_{m-1} \in \mathbb{R}^N$ mit $\|u_\ell - y(t_\ell)\| \leq ch^p$ für $\ell = 0, 1, \ldots, m-1$ lässt sich der *globale Verfahrensfehler* in der Form

$$\max_{\ell=m,\ldots,n} \|u_\ell - y(t_\ell)\| \leq Kh^p$$

abschätzen.

Ist in der Verfahrensvorschrift (8.1) die Funktion φ von der speziellen Form

$$\varphi(t, v_0, \ldots, v_m; h) = \sum_{j=0}^{m} \beta_j f(t + jh, v_j), \quad (8.5)$$

so wird (8.1) als *lineares m-Schrittverfahren* bezeichnet. Für den lokalen Verfahrensfehler eines linearen m-Schrittverfahrens gilt

$$\left.\begin{array}{c} \eta(t, h) = \sum_{\nu=0}^{p} \left[\sum_{j=0}^{m} j^\nu \alpha_j - \nu j^{\nu-1} \beta_j \right] \dfrac{y^{(\nu)}(t)}{\nu!} h^\nu + \mathcal{O}(h^{p+1}) \\ \text{für } 0 < h \leq \dfrac{b-t}{m}, \end{array}\right\} \quad (8.6)$$

was man leicht mittels Taylorentwicklungen der Lösung y und ihrer Ableitung y' im Punkt t erhält. Demnach besitzt ein lineares m-Schrittverfahren für alle Anfangswertprobleme mit hinreichend glatten Funktionen $f : [a,b] \times \mathbb{R}^N \to \mathbb{R}^N$ die Konsistenzordnung p genau dann, wenn die Koeffizienten α_j und β_j das folgende lineare Gleichungssystem erfüllen:

$$\sum_{j=0}^{m} \left[j^\nu \alpha_\nu - \nu j^{\nu-1} \beta_j \right] = 0 \quad \text{für } \nu = 0, 1, \ldots, p. \quad (8.7)$$

Aufgaben

Aufgabe 8.1. Man zeige, dass ein lineares m-Schrittverfahren genau dann für alle Anfangswertprobleme mit hinreichend glatten Funktionen $f : [a,b] \times \mathbb{R} \to \mathbb{R}$ die Konsistenzordnung p besitzt, wenn mit der Notation

$$L[y(t),h] := \sum_{j=0}^{m} \left[\alpha_j \, y(t+jh) - h\beta_j \, y'(t+jh)\right]$$

die Beziehungen $L[t^0, h] = L[t^1, h] = \ldots = L[t^p, h] = 0$ erfüllt sind.

Aufgabe 8.2. Man bestimme mittels der in (8.7) genannten Bedingungen die genaue Konsistenzordnung des Verfahrens von Milne, das die folgende Form besitzt,

$$u_{\ell+2} - u_{\ell} = \frac{h}{3}\big(f(t_{\ell+2}, u_{\ell+2}) + 4f(t_{\ell+1}, u_{\ell+1}) + f(t_\ell, u_\ell)\big).$$

Aufgabe 8.3. Für das Mehrschrittverfahren

$$u_{\ell+3} + \gamma(u_{\ell+2} - u_{\ell+1}) - u_\ell = h\frac{3+\gamma}{2}\big(f(t_{\ell+2}, u_{\ell+2}) + f(t_{\ell+1}, u_{\ell+1})\big)$$

bestimme man die von $\gamma \in \mathbb{R}$ abhängige Konsistenzordnung p. Für welche Werte von $\gamma \in \mathbb{R}$ ist das Verfahren nullstabil?

Aufgabe 8.4. Man zeige, dass für jede Zahl $m \in \mathbb{N}$ (bis auf Normierung) genau ein lineares Mehrschrittverfahren

$$\sum_{j=0}^{m} \alpha_j u_{\ell+j} = h \sum_{j=0}^{m} \beta_j f(t_{\ell+j}, u_{\ell+j})$$

mit der Konsistenzordnung $2m$ existiert, aber keines mit der Konsistenzordnung $2m+1$.

Lösungshinweis: Für die Konsistenzordnungen $p = 2m$ und $p = 2m+1$ betrachte man jeweils das zugehörige Konsistenz-Gleichungssystem (8.7) für die Unbekannten $\alpha_0, \alpha_1, \ldots, \alpha_m, -\beta_0, -\beta_1, \ldots, -\beta_m$.

Aufgabe 8.5. (a) Für die homogene Differenzengleichung

$$u_{\ell+3} - 4u_{\ell+2} + 5u_{\ell+1} - 2u_\ell = 0, \qquad \ell = 0, 1, \ldots$$

gebe man die allgemeine Lösung an.

(b) Man löse folgende Differenzengleichungen:

(i) $u_{\ell+2} - 2u_{\ell+1} - 3u_\ell = 0, \quad u_0 = 0, \quad u_1 = 1,$
(ii) $u_{\ell+1} - u_\ell = 2^\ell, \quad u_0 = 0,$
(iii) $u_{\ell+1} - u_\ell = \ell, \quad u_0 = 0,$
(iv) $u_{\ell+2} - 2tu_{\ell+1} + u_\ell = 0, \quad u_0 = 1, \quad u_1 = t \in (-1, 1).$

In der nachfolgenden Aufgabe werden die *Rückwärtsdifferenzen* benötigt. Für einen gegebenen Datensatz $g_0, g_1, \ldots, g_r \in \mathbb{R}^N$ sind die zugehörigen Rückwärtsdifferenzen $\nabla^j g_\nu \in \mathbb{R}^n$ für $0 \leq j \leq \nu \leq r$ rekursiv erklärt durch

$$\nabla^0 g_\nu = g_\nu, \qquad \nu = 0, 1, \ldots, r,$$
$$\nabla^j g_\nu = \nabla^{j-1} g_\nu - \nabla^{j-1} g_{\nu-1}, \qquad \nu = j, j+1, \ldots, r \qquad (j = 1, 2, \ldots, r).$$

Beispielsweise lässt sich zu insgesamt $r+1$ äquidistanten Stützstellen $x_\ell = x_0 + \ell h$ für $\ell = 0, 1, \ldots, r$ (mit Zahlen $x_0 \in \mathbb{R}$ und $h > 0$) sowie zu gegebenen Vektoren $g_0, g_1, \ldots, g_r \in \mathbb{R}^N$ das zugehörige eindeutig bestimmte (vektorwertige) interpolierende Polynom $\mathcal{P} \in \Pi_r^N$ mittels geeigneter Rückwärtsdifferenzen darstellen:

$$\mathcal{P}(x_r + sh) = \sum_{j=0}^{r} (-1)^j \binom{-s}{j} \nabla^j g_r \qquad \text{für} \quad s \in \mathbb{R}. \tag{8.8}$$

Aufgabe 8.6. (a) Man zeige, dass jede Lösung $y : [a,b] \to \mathbb{R}$ der Differenzialgleichung 2. Ordnung

$$y'' = f(t, y), \qquad t \in [a,b], \tag{8.9}$$

der folgenden Identität genügt,

$$\left.\begin{array}{l} y(t+h) - 2y(t) + y(t-h) \\ = h^2 \int_0^1 (1-s)\big(f(t+sh, y(t+sh)) + f(t-sh, y(t-sh))\big)\,ds \\ \text{für} \quad t, t \pm h \in [a,b]. \end{array}\right\} \tag{8.10}$$

(b) Zur numerischen Lösung einer Anfangswertaufgabe für (8.9) setze man in (8.10) $t = t_{\ell+m-1}$ und ersetze die Funktion $f(s, y(s))$ durch das Polynom $P \in \Pi_{m-1}$, welches die Stützpunkte $(t_{\ell+j}, f_{\ell+j})$ für $j = 0, 1, \ldots, m-1$ interpoliert, wobei die übliche Notation $f_{\ell+j} = f(t_{\ell+j}, u_{\ell+j})$ verwendet wird. Daraus leite man die expliziten linearen *Störmer-Verfahren*

$$u_{\ell+m} - 2u_{\ell+m-1} + u_{\ell+m-2} = h^2 \sum_{j=0}^{m-1} \sigma_j \nabla^j f_{\ell+m-1} \qquad \text{für} \quad \ell = 0, 1, \ldots, n-m$$

mit den Koeffizienten

$$\sigma_j = (-1)^j \int_0^1 (1-s)\left(\binom{-s}{j} + \binom{s}{j}\right) ds$$

her. Für $m = 2$ und $m = 3$ gebe man die Verfahren an.

Aufgabe 8.7. Man beweise: Für ein nullstabiles lineares Mehrschrittverfahren der Konsistenzordnung p gilt

$$\xi_1(h\lambda) = e^{h\lambda} + \mathcal{O}(h^{p+1}) \qquad \text{für} \quad h \to 0,$$

wobei $\xi_1(h\lambda)$ die Nullstelle des Polynoms

$$Q(\xi, h\lambda) = \rho(\xi) - h\lambda\sigma(\xi)$$

mit $\xi_1(h\lambda) \to \xi_1(0) = 1$ für $h\lambda \to 0$ bezeichnet. Hier ist $\rho(\xi) = \alpha_m \xi^m + \alpha_{m-1}\xi^{m-1} + \ldots + \alpha_0$ das erzeugende Polynom mit $\alpha_m \neq 0$, und es bezeichnet $\sigma(\xi) := \beta_m \xi^m + \ldots + \beta_0$.

Aufgabe 8.8. Das m-schrittige BDF-Verfahren hat die Gestalt

$$\sum_{j=1}^{m} \frac{1}{j} \nabla^j u_{\ell+m} = h f_{\ell+m} \quad \text{für} \quad \ell = 0, 1, \ldots, n-m.$$

Für die Fälle $m = 1, 2, 3$ rechne man die BDF-Formeln aus und überprüfe jeweils die Nullstabilität.

Aufgabe 8.9. Das zweischrittige Verfahren

$$u_{\ell+2} + 4u_{\ell+1} - 5u_\ell = h\big(4f(t_{\ell+1}, u_{\ell+1}) + 2f(t_\ell, u_\ell)\big) \tag{8.11}$$

besitzt unter den üblichen Glattheitsvoraussetzungen die Konsistenzordnung $p = 3$. Ist es nullstabil? Man wende es mit der Schrittweite $h > 0$ und Startwerten $u_0 = 1$ und $u_1 = e^{-h}$ auf die Testgleichung $y' = -y$, $y(0) = 1$ an und zeige, dass mit $t \neq 0$ und $h = h_\ell = t/\ell$ für $\ell \to \infty$ Folgendes gilt:

$$u_\ell = \big(1 + \mathcal{O}(h^4)\big)\big(e^{-t/\ell} + \mathcal{O}(h^4)\big)^\ell - \tfrac{1}{216}h^4\big(1 + \mathcal{O}(h)\big)\big(-5 - 3h + \mathcal{O}(h^2)\big)^\ell,$$

und dabei der erste Summand für $\ell \to \infty$ gegen e^{-t} konvergiert und der zweite Summand sich für große ℓ wie

$$-\frac{t^4}{216}\frac{(-5)^\ell}{\ell^4}e^{3t/5}$$

verhält.

Aufgabe 8.10 (Numerische Aufgabe). Man löse numerisch die Testgleichung

$$y' = -y, \qquad y(0) = 1,$$

mit dem

- zweischrittigen Verfahren (8.11) mit den Startwerten $u_0 = 1$ und $u_1 = e^{-h}$;
- und für $\gamma = 0$ und $\gamma = 9$ mit dem dreischrittigen Verfahren

$$u_{\ell+3} + \gamma(u_{\ell+2} - u_{\ell+1}) - u_\ell = h\frac{3+\gamma}{2}\big(f(t_{\ell+2}, u_{\ell+2}) + f(t_{\ell+1}, u_{\ell+1})\big)$$

(vergl. Aufgabe 8.3) mit den Startwerten $u_0 = 1$, $u_1 = e^{-h}$ und $u_2 = e^{-2h}$. Die Schrittweite sei jeweils $h = 0.01$. Geben Sie tabellarisch zu den Gitterpunkten $t = t_\ell = \ell h$, $\ell = 2, 3, \ldots, 100$ die exakte Lösung $y(t)$, die Näherung $u_h(t)$ und im Falle des ersten Verfahrens $-\frac{t^4}{216}\frac{(-5)^\ell}{\ell^4}e^{3t/5}$ an.

Aufgabe 8.11 (Numerische Aufgabe). Man löse die Testgleichung

$$y'(t) = \lambda y(t), \quad t \in [0, 15],$$
$$y(0) = 1,$$

für $\lambda = -1$ und $\lambda = 1$ jeweils mit den beiden folgenden Prädiktor-Korrektor-Verfahren:

1. Das *Verfahren von Milne* besitzt Prädiktor und Korrektor

$$u_{\ell+4}^{(0)} = u_\ell + \frac{4}{3}h(2f_{\ell+3} - f_{\ell+2} + 2f_{\ell+1})$$
$$u_{\ell+4}^{(\nu+1)} = u_{\ell+2} + \frac{1}{3}h\bigl(f_{\ell+4}^{(\nu)} + 4f_{\ell+3} + f_{\ell+2}\bigr) \quad \text{für} \quad \nu = 0, 1, \ldots.$$

2. Das *Verfahren von Hamming* besitzt den gleichen Prädiktor wie das Verfahren von Milne, und der Korrektor ist hier

$$u_{\ell+4}^{(\nu+1)} - \frac{9}{8}u_{\ell+3} + \frac{1}{8}u_{\ell+1} = \frac{3}{8}h\bigl(f_{\ell+4}^{(\nu)} + 2f_{\ell+3} - f_{\ell+2}\bigr).$$

Hierbei bedeutet $f_\ell = f(t_\ell, u_\ell)$ und $f_{\ell+4}^{(\nu)} = f(t_{\ell+4}, u_{\ell+1}^{(\nu)})$. Für die Anlaufrechnung verwende man das klassische Runge-Kutta-Verfahren und für die Korrektoriteration das Abbruchkriterium

$$\frac{|u_{\ell+4}^{(\nu+1)} - u_{\ell+4}^{(\nu)}|}{|u_{\ell+4}^{(\nu)}|} \leq 10^{-5}.$$

Man verwende jeweils die Schrittweite $h = 0.1$ und gebe tabellarisch zu den Gitterpunkten $t = 0.1, 0.2, 0.3, \ldots, 1.0, 2.0, 3.0, \ldots, 15$, die exakte Lösung $y(t)$, die Näherung $u_h(t)$, den Fehler $u_h(t) - y(t)$ und die Anzahl der durchgeführten Iterationsschritte an.

Es wird nun die *logarithmische Norm* $\mu[\,\cdot\,] : \mathbb{K}^{N \times N} \to \mathbb{R}$ behandelt, die zu gegebener Matrixnorm $\|\cdot\| : \mathbb{K}^{N \times N} \to \mathbb{R}_+$ folgendermaßen definiert ist,

$$\mu[A] := \lim_{h \to 0+} \frac{\|I + hA\| - 1}{h}, \quad A \in \mathbb{K}^{N \times N}.$$

Hierbei wird noch angenommen, dass die zugrunde liegende Matrixnorm durch eine Vektornorm induziert ist.

Aufgabe 8.12. Man weise nach, dass für jede Matrix $A \in \mathbb{R}^{N \times N}$ die folgenden Identitäten erfüllt sind:

$$\mu_\infty[A] = \max_{j=1,\ldots,N} \Bigl\{ a_{jj} + \sum_{\substack{k=1 \\ k \neq j}}^{N} |a_{jk}| \Bigr\}, \quad \mu_1[A] = \max_{k=1,\ldots,N} \Bigl\{ a_{kk} + \sum_{\substack{j=1 \\ j \neq k}}^{N} |a_{jk}| \Bigr\},$$

wobei $\mu_\infty[\,\cdot\,]$ die durch die Maximumnorm $\|\cdot\|_\infty : \mathbb{R}^N \to \mathbb{R}$ induzierte logarithmische Norm bezeichnet, und $\mu_1[\,\cdot\,]$ ist die durch die Summennorm $\|\cdot\|_1 : \mathbb{R}^N \to \mathbb{R}$ induzierte logarithmische Norm.

Aufgabe 8.13. Man zeige:

(a) Für eine durch eine Vektornorm $\|\cdot\| : \mathbb{C}^N \to \mathbb{R}$ induzierte logarithmische Norm $\mu[\,\cdot\,] : \mathbb{C}^{N \times N} \to \mathbb{R}$ gilt die Ungleichung

$$\mu[A] \geq \max_{\lambda \in \sigma(A)} \operatorname{Re} \lambda \quad \text{für} \quad A \in \mathbb{C}^{N \times N}.$$

Gilt hier im Allgemeinen Gleichheit?

(b) Ist die Norm $\|\cdot\| : \mathbb{K}^N \to \mathbb{R}$ durch ein Skalarprodukt $\langle \cdot, \cdot \rangle : \mathbb{K}^N \times \mathbb{K}^N \to \mathbb{R}$ induziert, so gilt für die zugehörige logarithmische Norm die Darstellung

$$\mu[A] = \max_{x \in \mathbb{K}^N, \|x\|=1} \operatorname{Re} \langle Ax, x \rangle \quad \text{für} \quad A \in \mathbb{K}^{N \times N},$$

wobei man im reellen Fall $\mathbb{K} = \mathbb{R}$ den Term $\operatorname{Re} \langle Ax, x \rangle$ durch $\langle Ax, x \rangle$ ersetzen kann.

Aufgabe 8.14. Für die Matrix

$$A = \begin{pmatrix} -10 & 12 \\ 12 & -20 \end{pmatrix} \in \mathbb{R}^{2 \times 2}$$

berechne man die logarithmischen Normen $\mu_\infty[A]$, $\mu_1[A]$ und $\mu_2[A]$.

Aufgabe 8.15. Diskretisierung der Wärmeleitungsgleichung mit Neumann-Randbedingungen

$$\frac{\partial u}{\partial t} = \frac{\partial^2 u}{\partial x^2} + f(x,t), \quad a \leq x \leq b, \quad 0 \leq t \leq 1,$$
$$\frac{\partial u}{\partial x}(0,t) = \frac{\partial u}{\partial x}(1,t) = 0, \quad \text{———«———}$$
$$u(x,0) = g(x), \quad a \leq x \leq b$$

führt mithilfe zentraler Differenzenquotienten erster und zweiter Ordnung (bei äquidistanter Ortsschrittweite $\Delta x = 1/N$) auf ein Anfangswertproblem für ein System von $N+1$ gewöhnlichen Differenzialgleichungen

$$y'(t) = Ay(t) + z(t), \quad y(0) = z_0$$

mit einer geeigneten Matrix $A \in \mathbb{R}^{(N+1) \times (N+1)}$. Man gebe eine logarithmische Norm an, bezüglich der $\mu[A] \leq 0$ gilt.

Aufgabe 8.16. Man weise

$$\mu[A] = \lim_{h \to +0} \frac{\ln \|e^{hA}\|}{h} \quad \text{für} \quad A \in \mathbb{R}^{N \times N}$$

nach. *Hinweis:* Zunächst zeige man

$$\mu[A] = \lim_{h \to +0} \frac{\|e^{hA}\| - 1}{h}.$$

Aufgabe 8.17. Man weise nach, dass für Matrizen $A, B \in \mathbb{R}^{N \times N}$ und nichtnegative Zahlen $c \in \mathbb{R}$, $c \geq 0$ Folgendes gilt,

$$\mu[cA] = c\mu[A], \qquad \mu[A+B] \leq \mu[A] + \mu[B].$$

Aufgabe 8.18. Sei $\mu_\infty[\,\cdot\,] : \mathbb{R}^{N \times N} \to \mathbb{R}$ die zu $\|\cdot\|_\infty : \mathbb{R}^N \to \mathbb{R}$ gehörende logarithmische Norm. Man weise für $0 \neq A \in \mathbb{R}^{N \times N}$ die folgende Äquivalenz nach:

$$\mu_\infty[A] \leq 0 \quad \Longleftrightarrow \quad \|I + hA\|_\infty \leq 1 \quad \forall\, 0 < h \leq \frac{2}{\|A\|_\infty}.$$

9 Randwertprobleme bei gewöhnlichen Differenzialgleichungen – Aufgaben

Aufgabe 9.1. Für eine Funktion $\varphi \in C[0,1]$ betrachte man das Randwertproblem

$$u'' = \varphi(x), \qquad u(0) = u(1) = 0. \tag{9.1}$$

(a) Man zeige, dass sich die Lösung von (9.1) in der Form

$$u(x) = \int_0^1 G(x,\xi)\varphi(\xi)\,d\xi, \qquad x \in [0,1],$$

schreiben lässt mit der *greenschen Funktion*

$$G(x,\xi) = \begin{cases} \xi(x-1), & \text{falls } \xi \leq x, \\ x(\xi-1) & \text{sonst.} \end{cases} \tag{9.2}$$

(b) Die Funktionen u beziehungsweise $u + \Delta u$ seien Lösungen des Randwertproblems (9.1) beziehungsweise der fehlerbehafteten Version

$$(u + \Delta u)'' = \varphi + \Delta\varphi, \qquad (u + \Delta u)(0) = (u + \Delta u)(1) = 0,$$

mit $\Delta\varphi \in C[0,1]$ und $|\Delta\varphi(x)| \leq \varepsilon$ für $x \in [0,1]$. Man zeige $|\Delta u(x)| \leq \varepsilon x(1-x)/2$ für $x \in [0,1]$.

(c) Das Differenzenverfahren mit zentralen Differenzenquotienten zweiter Ordnung liefert als Lösung eines lineares Gleichungssystems $A_0 v = b$ Näherungswerte v_j für $u(x_j)$ mit $x_j = j/N$ für $j = 1, 2, \ldots, N-1$. Für die fehlerbehaftete Variante

$$A_0(v + \Delta v) = b + \Delta b \qquad \text{mit } \Delta b \in \mathbb{R}^{N-1}, \quad \|\Delta b\|_\infty \leq \varepsilon,$$

weise man Folgendes nach:

$$|\Delta v_j| \leq \frac{\varepsilon}{2} x_j(1 - x_j) \qquad \text{für } j = 1, 2, \ldots, N-1.$$

Aufgabe 9.2. Die Matrix $A = (a_{jk}) \in \mathbb{R}^{N \times N}$ heißt *invers monoton*, wenn für alle $x \in \mathbb{R}^N$ aus der Eigenschaft $Ax \geq 0$ die Ungleichung $x \geq 0$ folgt. Zeigen Sie Folgendes:

(a) Die Matrix A ist invers monoton genau dann, wenn für alle $x \in \mathbb{R}^N$ aus der Eigenschaft $Ax \leq 0$ die Ungleichung $x \leq 0$ folgt.

(b) Die Matrix A ist invers monoton genau dann, wenn A regulär ist und $A^{-1} \geq 0$ gilt.

(c) Es seien alle Nichtdiagonaleinträge a_{jk}, $j \neq k$, nichtpositiv. Dann gilt:

Die Matrix A ist invers monoton $\iff$ A ist M-Matrix.

(d) Die Matrix A sei invers monoton ist und für Vektoren x_1, $x_2 \in \mathbb{R}^N$ und $b \in \mathbb{R}^N$ gelte
$$Ax_1 \leq b \leq Ax_2.$$
Dann gibt es genau einen Vektor $x \in \mathbb{R}^N$ mit den Eigenschaften $x_1 \leq x \leq x_2$ und $Ax = b$.

Aufgabe 9.3. Die lineare Abbildung $\Delta : \mathbb{R}^{N+1} \to \mathbb{R}^{N-1}$ sei definiert durch
$$(\Delta v)_j := b_j v_{j-1} - a_j v_j + c_j v_{j+1} \quad \text{für} \quad j = 1, 2, \ldots, N-1,$$
mit gewissen Koeffizienten $b_j > 0$, $c_j > 0$ und $a_j \geq b_j + c_j$ für $j = 1, 2, \ldots, N-1$.

(a) Man beweise das folgende *diskrete Maximumprinzip*: Wenn ein Vektor $v = (v_0, v_1, \ldots, v_N)^\top \in \mathbb{R}^{N+1}$ mit der Eigenschaft $\Delta v \geq 0$ die Bedingung
$$v_{j_*} = \max_{j=0,1,\ldots,N} v_j \quad \text{für einen Index} \quad 1 \leq j_* \leq N-1,$$
erfüllt, so gilt $v_0 = v_1 = \ldots = v_N$.

(b) Man beweise die *inverse Monotonie* der linearen Abbildung $-\Delta$: Wenn für Zahlen u_j und $v_j \in \mathbb{R}$ für $j = 0, 1, \ldots, N$ die Bedingungen
$$-\Delta u \leq -\Delta v, \qquad u_0 \leq v_0, \qquad u_N \leq v_N,$$
erfüllt sind, so gilt $u \leq v$.

Aufgabe 9.4. Im Folgenden wird das Randwertproblem
$$u''(x) + p(x)u'(x) + r(x)u(x) = \varphi(x) \quad \text{für} \quad x \in [a,b],$$
$$u(a) = \alpha, \quad u(b) = \beta,$$
betrachtet mit Zahlen $\alpha, \beta \in \mathbb{R}$ und Funktionen $p, r, \varphi \in C[a,b]$ mit $r(x) \leq 0$ für $x \in [a,b]$. Approximation der Ableitungen u' und u'' durch zentrale Differenzenquotienten erster beziehungsweise zweiter Ordnung auf einem äquidistanten Gitter $x_j = j/N$ für $j = 1, 2, \ldots, N-1$ führt mit einer bestimmten Matrix $A \in \mathbb{R}^{(N-1)\times(N-1)}$ und einem gewissen Vektor $b \in \mathbb{R}^{N-1}$ auf ein lineares Gleichungssystem $Av = b$ für $v = (v_1, v_2, \ldots, v_{N-1})^\top \in \mathbb{R}^{N-1}$, mit den Näherungen $v_j \approx u(x_j)$. Man gebe A und b an und zeige, dass das Gleichungssystem für hinreichend kleine Werte von h eindeutig lösbar ist.

Aufgabe 9.5. Für eine Matrix $A \in \mathbb{R}^{N \times N}$ sei eine *reguläre Zerlegung* gegeben, also eine Zerlegung der Form
$$A = B - P, \qquad B, P \in \mathbb{R}^{N \times N}, \qquad B \text{ regulär}, \quad B^{-1} \geq 0, \quad P \geq 0.$$
Dann gilt die folgende Äquivalenz:
$$A \text{ regulär}, \quad A^{-1} \geq 0 \iff I - B^{-1}P \text{ regulär}, \quad (I - B^{-1}P)^{-1} \geq 0.$$
Ist eine dieser beiden Bedingungen erfüllt, so gilt $r_\sigma(B^{-1}P) < 1$.

Aufgaben

Aufgabe 9.6. Eine Matrix $A \in \mathbb{R}^{N \times N}$ sei regulär mit einer nichtnegativen Inversen, $A^{-1} \geq 0$. Man zeige: für jede reguläre Zerlegung $A = B - P$ der Matrix A gilt

$$r_\sigma(B^{-1}P) = \frac{r_\sigma(A^{-1}P)}{1 + r_\sigma(A^{-1}P)}.$$

Aufgabe 9.7. Gegeben sei eine reguläre Matrix $A \in \mathbb{R}^{N \times N}$ mit $A^{-1} \geq 0$ und zwei regulären Zerlegungen $A = B_1 - P_1 = B_2 - P_2$, wobei $P_1 \leq P_2$ gelte. Man weise die Ungleichungen $r_\sigma(B_1^{-1}P_1) \leq r_\sigma(B_2^{-1}P_2) < 1$ nach.

Aufgabe 9.8. Gegeben sei eine Zerlegung $\Delta = \{a = x_0 < x_1 < \ldots < x_N = b\}$ des Intervalls $[a,b]$, und $h_{\max} = \max_{j=1,\ldots,N}\{x_j - x_{j-1}\}$ bezeichne den maximalen Knotenabstand. Man zeige: für jede Funktion $f \in C^1_\Delta[a,b]$ mit $f(x_0) = f(x_1) = \ldots = f(x_N) = 0$ gilt die Abschätzung $\|f\|_2 \leq h_{\max}\|f'\|_2$.

Aufgabe 9.9. Gegeben sei der Differenzialoperator

$$\mathcal{L} : C[a,b] \supset \mathcal{D}_\mathcal{L} \to C[a,b], \quad u \mapsto -(pu')' + ru,$$
$$\mathcal{D}_\mathcal{L} = \{u \in C^2[a,b] : u(a) = \alpha u(b) + u'(b) = 0\},$$

mit $\alpha \geq 0$ und $p \in C^1[a,b]$, $r \in C[a,b]$, $p(x) \geq p_0 > 0$, $r(x) \geq 0$ für $x \in [a,b]$. Die Bilinearform $[\![\cdot,\cdot]\!]$ auf $C^1_\Delta[a,b]$ sei durch

$$[\![u,v]\!] = \int_a^b [pu'v' + ruv]\,dx + \alpha(puv)(b), \quad u, v \in C^1_\Delta[a,b]$$

definiert, und $\langle \cdot,\cdot \rangle_2$ sei das L_2-Skalarprodukt auf $C[a,b]$. Man zeige Folgendes:

(a) Die Bilinearform $[\![\cdot,\cdot]\!]$ stellt eine Fortsetzung des Skalarprodukts $\langle \mathcal{L}\cdot,\cdot\rangle_2$ dar, und bezüglich des Skalarprodukts $\langle \cdot,\cdot \rangle_2$ ist die Abbildung $\mathcal{L}$ symmetrisch und positiv definit.

(b) Man zeige $c_1\|u\|_\infty^2 \leq [\![u,u]\!] \leq c_2\|u'\|_\infty^2$ für $u \in C^1_\Delta[a,b]$ mit $u(a) = 0$, mit geeigneten Konstanten c_1 und c_2.

Aufgabe 9.10. Gegeben sei der folgende Differenzialoperator vierter Ordnung,

$$\mathcal{L} : C[a,b] \supset \mathcal{D}_\mathcal{L} \to C[a,b], \quad u \mapsto (pu'')'' + ru,$$
$$\mathcal{D}_\mathcal{L} = \{u \in C^4[a,b] : u(a) = u'(a) = u''(b) = u'''(b) = 0\},$$

mit $p \in C^2[a,b]$, $r \in C[a,b]$, $p(x) \geq p_0 > 0$, $r(x) \geq 0$ für $x \in [a,b]$, und $\langle \cdot,\cdot \rangle_2$ sei das L_2-Skalarprodukt auf $C[a,b]$.

(a) Man zeige, dass die Abbildung $\mathcal{L}$ symmetrisch und positiv definit bezüglich $\langle \cdot,\cdot \rangle_2$ ist.

(b) Auf dem Raum $C^2_\Delta[a,b] = \{u \in C^1[a,b] : u' \text{ stückweise stetig differenzierbar}\}$ bestimme man eine Bilinearform $[\![\cdot,\cdot]\!]$, die eine Fortsetzung der Abbildung $\langle \mathcal{L}\cdot,\cdot\rangle_2$ darstellt und für die Abschätzungen von der Form $c_1\|u\|_\infty^2 \leq [\![u,u]\!] \leq c_2\|u''\|_\infty^2$ für $u \in C^2_\Delta[a,b]$ mit $u(a) = u'(a) = 0$ gelten.

Aufgabe 9.11 (Fehlerquadratmethode). Es seien V und W reelle Vektorräume, die Abbildung $\mathcal{L} : V \to W$ sei linear und $\langle \cdot, \cdot \rangle$ sei ein Skalarprodukt auf W mit der zugehörigen Norm $\| \cdot \|$. Außerdem seien $u_* \in V$ und $\varphi \in W$. Man weise die Äquivalenz der folgenden drei Aussagen nach:

(i) u_* löst die Minimierungsaufgabe $\|\mathcal{L}u - \varphi\| \to \min$ für $u \in V$.

(ii) Es gilt $\langle \mathcal{L}u_*, \mathcal{L}v \rangle = \langle \varphi, \mathcal{L}v \rangle$ für jedes $v \in V$.

(iii) Es gilt $\mathcal{L}u_* - \varphi \in \mathcal{R}(\mathcal{L})^\perp$, dem orthogonalen Komplement des Bildraums von $\mathcal{L}$ bezüglich $\langle \cdot, \cdot \rangle$.

Ist weiter der Vektorraum V endlich-dimensional mit Basis $v_1, v_2, \ldots, v_N$ und gilt $u_* = \sum_{k=1}^{N} c_k v_k$ mit gewissen reellen Koeffizienten $c_1, c_2, \ldots, c_N$, so ist jede der Eigenschaften (i), (ii) und (iii) äquivalent zu der Eigenschaft $Ac = b$ mit den Notationen

$$A = \langle \mathcal{L}v_k, \mathcal{L}v_j \rangle_{j,k=1}^{N}, \quad b = \langle \varphi, \mathcal{L}v_j \rangle_{j=1}^{N}, \quad c = (c_1, c_2, \ldots, c_N)^\mathsf{T}.$$

Man zeige noch, dass für injektive Operatoren $\mathcal{L}$ die Matrix A positiv definit ist.

Aufgabe 9.12. Gegeben sei das Randwertproblem

$$\mathcal{L}u = -u'' + xu = -x^3 + x^2 + 2 \quad \text{für } x \in [0,1],$$
$$u(0) = u(1) = 0.$$

Wie lautet das ritzsche Gleichungssystem, wenn als Ansatzfunktionen trigonometrische Polynome $s_j(x) = \sqrt{2} \sin j\pi x$ für $j = 1, 2, \ldots, N$ verwendet werden?

Aufgabe 9.13. Es seien $p, q, g \in C[a,b]$ gegebene Funktionen mit $q(x) \leq 0$ für $x \in [a,b]$. Weiterhin sei $y \in C^2[a,b]$ eine Lösung des Anfangswertproblems

$$y''(x) + p(x)y'(x) + q(x)y(x) = g(x) \quad \text{für } x \in [a,b],$$
$$y(a) = \alpha, \quad y'(a) = \beta,$$

wobei $\alpha, \beta \in \mathbb{R}$ gegebene Zahlen sind. Man zeige: Genügt die Funktion $z \in C^2[a,b]$ der *Differenzialungleichung*

$$z''(x) + p(x)z'(x) + q(x)z(x) \leq g(x) \quad \text{für } x \in [a,b],$$

und ist

$$z(a) \leq \alpha, \quad z'(a) \leq \beta$$

erfüllt, so gilt

$$z(x) \leq y(x), \quad z'(x) \leq y(x) \quad \text{für } x \in [a,b].$$

Aufgabe 9.14. Man betrachte das Randwertproblem $u'' = f(x, u, u')$, $u(a) = \alpha$, $u(b) = \beta$ mit einer stetig partiell differenzierbaren Funktion $f : [a,b] \times \mathbb{R}^2 \to \mathbb{R}$, die die folgenden Bedingungen erfülle,

$$0 < \frac{\partial f}{\partial u}(x, v_1, v_2) \leq K, \quad \left| \frac{\partial f}{\partial u'}(x, v_1, v_2) \right| \leq L, \quad (x, v_1, v_2) \in [a,b] \times \mathbb{R}^2,$$

mit gewissen Konstanten K, $L > 0$. Sei $u(\cdot, s)$ Lösung des Anfangswertproblems

$$u'' = f(x, u, u') \quad \text{für} \quad x \in [a, b], \quad u(a) = \alpha, \quad u'(a) = s.$$

(a) Für die Ableitung der zum Einfachschießverfahren gehörenden Abbildung $F(s) = u(b, s) - \beta$ weise man die Ungleichungen $\kappa_1 \leq F'(s) \leq \kappa_2$ für $s \in \mathbb{R}$ nach, mit den Konstanten

$$\kappa_1 := \frac{1}{L}(1 - \exp(-L(b-a))) > 0, \quad \kappa_2 := \frac{2\exp(L(b-a)/2)}{c} \sinh(c(b-a)/2)$$

$$\text{mit} \quad c := L\sqrt{1 + \frac{4K}{L^2}}.$$

(b) Man weise nach, dass das Iterationsverfahren

$$s^{(n+1)} = \Phi(s^{(n)}) := s^{(n)} - \gamma F(s^{(n)}) \quad \text{für} \quad n = 0, 1, \ldots$$

für jeden Startwert $s^{(0)}$ und jeden Wert $0 < \gamma < 2/\kappa_2$ gegen die (einzige) Nullstelle s_* der Funktion F konvergiert. Für $\gamma = 2/(\kappa_1 + \kappa_2)$ weise man die folgende a priori-Fehlerabschätzung nach:

$$|s^{(n)} - s_*| \leq \left(\frac{\kappa_2 - \kappa_1}{\kappa_2 + \kappa_1}\right)^n \frac{|F(s^{(0)})|}{\kappa_1} \quad \text{für} \quad n = 0, 1, \ldots.$$

Aufgabe 9.15. Zur Lösung des Randwertproblems

$$u'' = 100u \quad \text{auf } [0, 3], \quad u(0) = 1, \quad u(3) = e^{-30},$$

betrachte man die Lösung $u(\cdot, s)$ des Anfangswertproblems $u'' = 100u$, $u(0) = 1$, $u'(0) = s$. Man berechne $u(3, s_\varepsilon)$ für $s_\varepsilon = s_*(1 + \varepsilon)$, wobei s_* die Lösung der Gleichung $u(3, s_*) = e^{-30}$ bezeichnet und $\varepsilon > 0$ beliebig ist. Ist in diesem Fall das einfache Schießverfahren eine geeignete Methode zur Lösung des vorliegenden Randwertproblems?

Aufgabe 9.16 (Numerische Aufgabe). Man löse numerisch das Randwertproblem

$$u''(x) + 6x(1-x)u'(x) + u(x)^2 = x^4 + 10x^3 - 17x^2 + 6x - 2,$$
$$x \in [0, 1],$$
$$u(0) = u(1) = 0,$$

mit dem Einfachschießverfahren. Zur Nullstellensuche verwende man das Newton-Verfahren einmal mit Startwert $s^{(0)} = 1$ und einmal mit $s^{(0)} = 20$. Die jeweiligen Anfangswertprobleme löse man numerisch mit dem expliziten Eulerverfahren mit Schrittweite $h = 1/30$. Man gebe die Näherungen v_j zu den Gitterpunkten $x_j = jh$, $j = 0, 1, \ldots, 30$, tabellarisch an.

10 Gesamtschritt-, Einzelschritt- und Relaxationsverfahren zur Lösung linearer Gleichungssysteme – Aufgaben

Aufgabe 10.1. Für jede Matrix $\mathcal{H} \in \mathbb{R}^{N \times N}$ sind die folgenden Aussagen äquivalent:

(i) es existiert eine Vektornorm $\|\cdot\| : \mathbb{C}^N \to \mathbb{R}$, so dass für die induzierte Matrixnorm gilt $\|\mathcal{H}\| = r_\sigma(\mathcal{H})$;

(ii) jedem Eigenwert $\lambda \in \mathbb{C}$ von $\mathcal{H}$ mit $|\lambda| = r_\sigma(\mathcal{H})$ entsprechen nur lineare Elementarteiler.

Aufgabe 10.2. (a) Welche der drei Matrizen

$$\begin{pmatrix} 2 & 0 & 1 \\ 1 & 2 & 0 \\ 0 & 1 & 2 \end{pmatrix}, \qquad \begin{pmatrix} 2 & 0 & 1 \\ 1 & 1 & 0 \\ 0 & 1 & 1 \end{pmatrix}, \qquad \begin{pmatrix} 1 & 0 & 1 \\ 1 & 1 & 0 \\ 0 & 1 & 1 \end{pmatrix}$$

ist strikt diagonaldominant? Soweit dies möglich ist, ziehe man daraus jeweils Schlussfolgerungen über die Konvergenz des Gesamtschrittverfahrens.

(b) Zu Testzwecken soll für jede der genannten Matrizen sowie jeweils der rechten Seite $b = (0, 0, 0)^\top$ das dazugehörige lineare Gleichungssystem näherungsweise mit dem Gesamtschrittverfahren gelöst werden. Als Startvektor verwende man jeweils $x^{(0)} = (1, 1, 1)^\top$. Man gebe jeweils eine allgemeine Darstellung der n-ten Iterierten $x^{(n)} \in \mathbb{R}^3$ an und diskutiere die Ergebnisse im Hinblick auf Konvergenz.

Aufgabe 10.3. Gegeben seien die Matrizen

$$A = \begin{pmatrix} 0 & 1 & 0 & 1 \\ 0 & 0 & 1 & 0 \\ 1 & 0 & 0 & 1 \\ 1 & 0 & 1 & 0 \end{pmatrix}, \qquad B = \begin{pmatrix} 0 & 1 & 0 & 0 & 1 \\ 1 & 0 & 0 & 0 & 1 \\ 0 & 0 & 0 & 1 & 0 \\ 0 & 0 & 2 & 0 & 0 \\ 2 & 2 & 0 & 0 & 1 \end{pmatrix}.$$

Man zeige, dass A irreduzibel beziehungsweise B reduzibel ist.

Aufgabe 10.4. Zu gegebener Matrix $A = (a_{jk}) \in \mathbb{R}^{N \times N}$ und beliebigen Indizes $j, k \in \{1, 2, \ldots, N\}$ mit $j \neq k$ heißt eine Familie von Indizes $j_0, j_1, \ldots, j_M \in \{1, 2, \ldots, N\}$ mit $j_0 = j$ und $j_M = k$ eine *die Indizes j und k verbindende Kette*, falls $a_{j_{s-1}, j_s} \neq 0$ gilt für $s = 1, 2, \ldots, M$.

Man zeige Folgendes: Eine Matrix $A \in \mathbb{R}^{N \times N}$ ist irreduzibel genau dann, wenn für alle $j, k \in \{1, 2, \ldots, N\}$ mit $j \neq k$ eine die Indizes j und k verbindende Kette existiert.

Aufgabe 10.5. Sei $A = (a_{jk}) \in \mathbb{R}^{N \times N}$ eine irreduzibel diagonaldominante Matrix mit $a_{jj} > 0$ für $j = 1, 2, \ldots, N$. Man zeige:

(a) Für alle Eigenwerte $\lambda \in \mathbb{C}$ von A gilt $\operatorname{Re} \lambda > 0$.

(b) Ist die Matrix A symmetrisch, so ist sie auch positiv definit.

Aufgabe 10.6. Für zwei Matrizen $A, \widehat{A} \in \mathbb{R}^{N \times N}$ betrachte man Zerlegungen $A = D + L + R$ beziehungsweise $\widehat{A} = \widehat{D} + \widehat{L} + \widehat{R}$ jeweils in Diagonal- sowie linken und rechten Anteil. Man zeige: wenn A eine M-Matrix ist und die beiden Ungleichungen $0 \leq D \leq \widehat{D}$ sowie $L + R \leq \widehat{L} + \widehat{R} \leq 0$ erfüllt sind, so ist auch $\widehat{A}$ eine M-Matrix und es gilt mit $0 \leq \widehat{A}^{-1} \leq A^{-1}$.

Aufgabe 10.7. Für eine Matrix $A = (a_{jk}) \in \mathbb{R}^{N \times N}$ beweise man die Äquivalenz der folgenden vier Aussagen:

(i) A ist M-Matrix;

(ii) $A + sI$ ist M-Matrix für alle $s \geq 0$;

(iii) es gibt eine Matrix $B \in \mathbb{R}^{N \times N}$ mit $B \geq 0$ und eine Zahl $s > r_\sigma(B)$, so dass die Identität $A = sI - B$ gilt;

(iv) die Nichtdiagonaleinträge a_{jk}, $j \neq k$, der Matrix A sind nichtpositiv, und alle Eigenwerte von A besitzen einen positiven Realteil, $\sigma(A) \subset \{\lambda \in \mathbb{C} : \operatorname{Re} \lambda > 0\}$.

Aufgabe 10.8. Gegeben sei das lineare Randwertproblem

$$-u''(x) + \frac{1}{1+x} u'(x) = \varphi(x) \quad \text{für } 0 < x < 1, \quad u(0) = 0, \quad u(1) = 0. \quad (10.1)$$

Diskretisierung von (10.1) mit zentralen Differenzenquotienten zweiter beziehungsweise erster Ordnung bei konstanter Gitterweite $h = 1/N$ führt auf ein lineares Gleichungssystem von der Form $Av = b$. Man zeige Folgendes:

(a) Für $h < 2$ ist $A \in \mathbb{R}^{(N-1) \times (N-1)}$ eine M-Matrix.

(b) Für die Hilfsfunktion

$$\theta(x) = -\frac{(1+x)^2}{2} \ln(1+x) + \tfrac{2}{3} x(x+2) \ln 2$$

und mit den Notationen $v = (v_j)_{j=1,\ldots,N-1}$ mit $v_j = \theta(x_j)$ und $x_j = jh$ für $j = 1, 2, \ldots, N-1$ sowie für $\mathbf{e} = (1, 1, \ldots, 1)^\top \in \mathbb{R}^{N-1}$ weise man die Abschätzung

$$\|Av - \mathbf{e}\|_\infty \leq \tfrac{1}{4} h^2$$

(und damit $(Av)_j \geq 1 - h^2/4$ für $j = 1, 2, \ldots, N-1$) nach.

(c) Es gibt eine von h unabhängige Konstante M mit der Eigenschaft $\|A^{-1}\|_\infty \leq M$. Man gebe eine solche Konstante M an.

(d) Für die Lösung u von (10.1) und die Lösung $v \in \mathbb{R}^{N-1}$ des Gleichungssystems $Av = b$ gilt mit der Notation $z = (u(x_j))_{j=1}^{N-1}$ die Abschätzung $\|v - z\|_\infty \leq K h^2$ mit einer von h unabhängigen Konstanten K.

Aufgabe 10.9. Für eine gegebene M-Matrix $A \in \mathbb{R}^{N \times N}$ weise man die folgenden Abschätzungen nach:
$$r_\sigma(\mathcal{H}(\omega_2)) \leq r_\sigma(\mathcal{H}(\omega_1)) < 1 \quad \text{für } 0 < \omega_1 \leq \omega_2 \leq 1.$$

Hierbei bezeichnet $\mathcal{H}(\omega) = (D + \omega L)^{-1}((1-\omega)D - \omega R)$, mit der Zerlegung $A = D + L + R$ in Diagonal- sowie unteren und oberen Anteil.

Aufgabe 10.10. Im Folgenden wird das Randwertproblem
$$u''(x) + p(x)u'(x) + r(x)u(x) = \varphi(x), \quad x \in [a,b],$$
$$u(a) = u(b) = 0,$$

betrachtet mit Funktionen $p, r, \varphi \in C[a,b]$ mit $r(x) \leq 0$ für $x \in [a,b]$. Eine Diskretisierung der Ableitungen mittels zentraler Differenzenquotienten bei konstanter Schrittweite $h = (b-a)/N$ führt mit den Notationen $x_j = a + jh$, $p_j = p(x_j)$, $\varphi_j = \varphi(x_j)$ und $r_j = r(x_j)$ für $j = 1, 2, \ldots, N-1$ sowie

$$A = \frac{1}{h^2} \begin{pmatrix} 2 & -(1-\frac{h}{2}p_1) & & & \\ -(1+\frac{h}{2}p_2) & 2 & -(1-\frac{h}{2}p_2) & & \\ & -(1+\frac{h}{2}p_3) & \ddots & \ddots & \\ & & \ddots & 2 & -(1-\frac{h}{2}p_{N-2}) \\ & & & -(1+\frac{h}{2}p_{N-1}) & 2 \end{pmatrix}$$

und $D = \mathrm{diag}(r_1, r_2, \ldots, r_{N-1})$, $b = (\varphi_j)_{j=1}^{N-1}$, auf das Gleichungssystem $(A + D)u = b$.

(a) Man zeige, dass $A + D$ eine M-Matrix ist, falls Folgendes erfüllt ist,
$$h \max_{x \in [a,b]} |p(x)| < 2, \quad \min\{\mathrm{Re}\,\lambda : \lambda \in \sigma(A)\} + \inf_{x \in [a,b]} r(x) > 0.$$

(b) Im Fall $p(x) \equiv 0$ und $h \leq (b-a)/2$ ist $A + D$ eine M-Matrix, wenn Folgendes erfüllt ist,
$$\inf_{x \in [a,b]} r(x) > -\left(\frac{\pi}{b-a}\right)^2 + \frac{h^2}{12}\left(\frac{\pi}{b-a}\right)^4.$$

Aufgabe 10.11. Ist die Matrix

$$A_0 = \frac{1}{h^2} \begin{pmatrix} 2 & -1 & & \\ -1 & \ddots & \ddots & \\ & \ddots & \ddots & -1 \\ & & -1 & 2 \end{pmatrix} \in \mathbb{R}^{(N-1) \times (N-1)}$$

mit $h = 1/N$ positiv definit beziehungsweise eine M-Matrix beziehungsweise konsistent geordnet? Man bestimme als Funktion von h die Eigenwerte von $I - D^{-1}A$ und den zugehörigen Spektralradius $r_\sigma(I - D^{-1}A)$, den optimalen Parameter ω_* für das Relaxationsverfahren sowie den Spektralradius $r_\sigma(\mathcal{H}(\omega_*))$ der entsprechenden Iterationsmatrix $\mathcal{H}(\omega_*)$. (Die verwendeten Notationen sind die Gleichen wie in Aufgabe 10.9).

Aufgabe 10.12. Man weise nach, dass reguläre Dreiecksmatrizen konsistent geordnet sind.

Aufgabe 10.13. Gegeben sei eine Block-Tridiagonalmatrix von der speziellen Form

$$A = \begin{pmatrix} B & b_1 D & & \\ a_1 D & \ddots & \ddots & \\ 0 & \ddots & \ddots & b_{M-1} D \\ & & a_{M-1} D & B \end{pmatrix} \in \mathbb{R}^{N \times N}$$

mit der Diagonalmatrix $D = \text{diag}(b_{11}, \ldots, b_{KK})$, wobei $0 \neq b_{jj}$ die Diagonaleinträge von $B \in \mathbb{R}^{K \times K}$ bezeichne. Mit der Zerlegung $B = D + L + R$ entsprechend (10.15) und mit

$$\mathcal{J}(\alpha) = \alpha D^{-1} L + \alpha^{-1} D^{-1} R, \quad 0 \neq \alpha \in \mathbb{C},$$

gelte $\mathcal{J}(\alpha) = S_\alpha \mathcal{J}(1) S_\alpha^{-1}$ für $0 \neq \alpha \in \mathbb{C}$ mit einer geeigneten Transformationsmatrix $S_\alpha \in \mathbb{R}^{K \times K}$. Man zeige, dass die Matrix A konsistent geordnet ist.

Aufgabe 10.14. Es sei

$$A = \begin{pmatrix} A_{11} & \cdots & A_{1M} \\ \vdots & \ddots & \vdots \\ A_{M1} & \cdots & A_{MM} \end{pmatrix}$$

eine quadratische Matrix mit quadratischen Diagonalblöcken A_{jj}, $j = 1, 2, \ldots, M$, und die Diagonalmatrix $D = \text{diag}(A_{11}, \ldots, A_{NN})$ sei nichtsingulär. Weiter bezeichne

$$L = \begin{pmatrix} & & & \\ A_{21} & & & \\ \vdots & \ddots & & \\ A_{M1} & \cdots & A_{M,M-1} & \end{pmatrix}, \quad R = \begin{pmatrix} & A_{12} & \cdots & A_{1M} \\ & & \ddots & \vdots \\ & & & A_{M-1,M} \\ & & & \end{pmatrix},$$

und

$$\mathcal{H}(\omega) = (D + \omega L)^{-1}((1-\omega)D - \omega R) \quad (\omega \neq 0).$$

In den folgenden Teilaufgaben (a) und (b) seien für eine Zahl $p > 1$ die Eigenwerte von

$$\mathcal{J}(\alpha) = \alpha D^{-1} L + \alpha^{-(p-1)} D^{-1} R, \quad 0 \neq \alpha \in \mathbb{C}, \quad (10.2)$$

unabhängig von α, es gelte also $\sigma(\mathcal{J}(\alpha)) = \sigma(\mathcal{J}(1))$ für $\alpha \neq 0$. Man weise Folgendes nach:

(a) Ist $\mu \in \sigma(D^{-1}(L+R))$ erfüllt und die Zahl $\lambda \in \mathbb{C}$ eine Lösung der Gleichung

$$(\lambda + \omega - 1)^p = \lambda^{p-1} \omega^p \mu^p, \qquad (10.3)$$

so gilt $\lambda \in \sigma(\mathcal{H}(\omega))$. Ist umgekehrt $0 \neq \lambda \in \sigma(\mathcal{H}(\omega))$ und erfüllt μ die Gleichung (10.3), dann ist $\mu \in \sigma(D^{-1}(L+R))$.

(b) Für $\mu \neq 0$ gilt

$$\mu \in \sigma(D^{-1}(L+R)) \iff \mu^p \in \sigma(\mathcal{H}(1)),$$

und $r_\sigma(D^{-1}(L+R))^p = r_\sigma(\mathcal{H}(1))$.

(c) Sei nun A von der speziellen Gestalt

$$A = \begin{pmatrix} A_{11} & 0 & \cdots & 0 & A_{1M} \\ A_{21} & \ddots & \ddots & & 0 \\ 0 & \ddots & \ddots & \ddots & \vdots \\ \vdots & \ddots & \ddots & \ddots & 0 \\ 0 & \cdots & 0 & A_{M,M-1} & A_{MM} \end{pmatrix}.$$

Man zeige, dass mit $p = M \geq 2$ die Eigenwerte der Matrix $\mathcal{J}(\alpha)$ aus (10.2) unabhängig von α sind.

Aufgabe 10.15 (Numerische Aufgabe). Zur numerischen Lösung des Randwertproblems

$$u''(x) + u(x) = e^x, \qquad x \in [0, \pi/2], \qquad u(0) = u(\pi/2) = 0,$$

betrachte man auf einem äquidistanten Gitter der Gitterweite $h = \frac{\pi}{2N}$ das zugehörige Differenzenschema

$$v_{j+1} - (2 - h^2) v_j + v_{j-1} = h^2 e^{z_j} \quad \text{für} \quad j = 1, 2, \ldots, N-1, \qquad (10.4)$$

mit $z_j = jh$. Für $N = 30$ beziehungsweise $N = 200$ bestimme man eine approximative Lösung von (10.4) mithilfe des Relaxationsverfahrens mit den folgenden Relaxationsparametern, $\omega = 0.1, 0.2, 0.3, \ldots, 2.0, 2.1$, wobei die Iteration jeweils abgebrochen werden soll, wenn mehr als 1000 Iterationen (für $N = 200$ mehr als 2000 Iterationen) benötigt werden oder falls

$$\|x^{(n)} - x^{(n-1)}\|_\infty \leq 10^{-5}$$

ausfällt. Als Startwert wähle man jeweils $x^{(0)} = 0$. Für jede Wahl des Parameters ω gebe man die Anzahl der benötigten Iterationsschritte n, $\|x^{(n)} - x^{(n-1)}\|_\infty$ und den Fehler $\max_{j=1,\ldots,N-1} |x_j^{(n)} - u(z_j)|$ tabellarisch an.

11 Verfahren der konjugierten Gradienten, und GMRES-Verfahren – Aufgaben

Aufgabe 11.1. Zu gegebener symmetrischer, positiv definiter Matrix $A \in \mathbb{R}^{N \times N}$ und einem Vektor $b \in \mathbb{R}^N$ sei n_* die kleinste natürliche Zahl mit $\mathcal{K}_{n_*}(A,b) = \mathcal{K}_{n_*+1}(A,b)$. Man zeige: $x_* = A^{-1}b$ ist Linearkombination von n_* Eigenvektoren der Matrix A.

Aufgabe 11.2. Zu gegebener symmetrischer, positiv definiter Matrix $A \in \mathbb{R}^{N \times N}$ und einen Vektor $b \in \mathbb{R}^N$ zeige man: Für jeden Index n ist $r_n = Ax_n - b$ identisch mit dem Gradienten des Energiefunktionals $\mathcal{J}(x) = \frac{1}{2}x^\top Ax - x^\top b$ an der Stelle x_n, es gilt also $r_n = \nabla \mathcal{J}(x_n)$.

Aufgabe 11.3. Sei $A \in \mathbb{R}^{N \times N}$ eine symmetrische, positiv definite Matrix. Man weise für das CG-Verfahren für $n = 1, 2, \ldots, n_*$ (mit n_* wie in Aufgabe 11.1) die folgenden Darstellungen nach:

(a)
$$\begin{aligned} x_n &= q_n(A)b \quad \text{mit} \quad q_n \in \Pi_{n-1} \text{ geeignet,} \\ r_n &= -p_n(A)b \quad \text{mit} \quad p_n(t) = 1 - tq_n(t). \end{aligned}$$

(b) Der zur Entwicklung $q_n(t) = \sum_{k=0}^{n-1} c_k t^k$ gehörende Koeffizientenvektor $(c_0, \ldots, c_{n-1})^\top \in \mathbb{R}^n$ ist Lösung des linearen Gleichungssystems

$$\begin{pmatrix} b^\top Ab & b^\top A^2 b & \cdots & b^\top A^n b \\ b^\top A^2 b & b^\top A^3 b & \cdots & b^\top A^{n+1} b \\ \vdots & \vdots & \ddots & \vdots \\ b^\top A^n b & b^\top A^{n+1} b & \cdots & b^\top A^{2n-1} b \end{pmatrix} \begin{pmatrix} c_0 \\ c_1 \\ \vdots \\ c_{n-1} \end{pmatrix} = \begin{pmatrix} b^\top b \\ b^\top A b \\ \vdots \\ b^\top A^{n-1} b \end{pmatrix}.$$

Aufgabe 11.4. Zu gegebener symmetrischer, positiv definiter Matrix $A \in \mathbb{R}^{N \times N}$ weise man für das CG-Verfahren die folgenden Beziehungen nach (für $n = 0, 1, \ldots, n_*$, wobei die Zahl n_* die gleiche Bedeutung wie in Aufgabe 11.1 hat):

(i) $r_n^\top d_n = -\|r_n\|_2^2$, (ii) $d_n = -\|r_n\|_2^2 \sum_{k=0}^{n} \dfrac{r_k}{\|r_k\|_2^2}$,

(iii) $\|d_n\|_2^2 = \|r_n\|_2^4 \sum_{k=0}^{n} \dfrac{1}{\|r_k\|_2^2}$, (iv) $d_n^\top d_k = \dfrac{\|r_n\|_2^2}{\|r_k\|_2^2} \|d_k\|_2^2$ für $k \leq n$,

(v) $\|x_{n+1}\|_2 \geq \|x_n\|_2$ $(n \leq n_* - 1)$, (vi) $\|r_n\|_2 \leq \|d_n\|_2$.

Aufgabe 11.5. Es bezeichne

$$A = \begin{pmatrix} 0 & & & 1 \\ 1 & 0 & & \\ & \ddots & \ddots & \\ & & 1 & 0 \end{pmatrix} \in \mathbb{R}^{N \times N}, \quad b = \begin{pmatrix} 1 \\ 0 \\ \vdots \\ 0 \end{pmatrix} \in \mathbb{R}^N, \quad x_* = \begin{pmatrix} 0 \\ \vdots \\ 0 \\ 1 \end{pmatrix} \in \mathbb{R}^N,$$

so dass x_* die eindeutige Lösung des linearen Gleichungssystems $Ax = b$ darstellt. Man zeige: Das GMRES-Verfahren liefert die Vektoren $x_1 = x_2 = \ldots = x_{N-1} = 0$ und $x_N = x_*$, das heißt, das GMRES-Verfahren liefert in den Schritten $n = 1, 2, \ldots, N-1$ keine Approximationen an die Lösung x_*, auch eine schrittweise Verbesserung tritt nicht auf.

12 Eigenwertprobleme – Aufgaben

Aufgabe 12.1. (a) Gegeben seien die komplexen Tridiagonalmatrizen

$$A = \begin{pmatrix} d_1 & c_2 & & 0 \\ b_2 & d_2 & \ddots & \\ & \ddots & \ddots & c_N \\ 0 & & b_N & d_N \end{pmatrix}, \qquad B = \begin{pmatrix} -d_1 & c_2 & & 0 \\ b_2 & -d_2 & \ddots & \\ & \ddots & \ddots & c_N \\ 0 & & b_N & -d_N \end{pmatrix}.$$

Man zeige: Eine komplexe Zahl λ ist Eigenwert der Matrix A genau dann, wenn die Zahl $-\lambda$ ein Eigenwert der Matrix B ist.

(b) Für die reelle symmetrische Tridiagonalmatrix

$$A = \begin{pmatrix} d_1 & b_2 & & 0 \\ b_2 & d_2 & \ddots & \\ & \ddots & \ddots & b_N \\ 0 & & b_N & d_N \end{pmatrix} \in \mathbb{R}^{N \times N}$$

sei

$$d_k = -d_{N+1-k} \quad \text{für } k = 1, 2, \ldots, N, \qquad b_k = b_{N+2-k} \quad \text{für } k = 2, 3, \ldots, N,$$

erfüllt. Man weise nach: Eine Zahl $\lambda \in \mathbb{C}$ ist Eigenwert der Matrix A genau dann, wenn $-\lambda$ ein Eigenwert von A ist.

(c) Man zeige, dass die Eigenwerte der Tridiagonalmatrix

$$A = \begin{pmatrix} 0 & \overline{b}_2 & & 0 \\ b_2 & 0 & \ddots & \\ & \ddots & \ddots & \overline{b}_N \\ 0 & & b_N & 0 \end{pmatrix} \in \mathbb{C}^{N \times N}$$

symmetrisch zur Zahl 0 liegen und Folgendes gilt,

$$\det A = \begin{cases} (-1)^{N/2} |b_2 b_4 \ldots b_N|^2, & \text{falls } N \text{ gerade,} \\ 0 & \text{sonst,} \end{cases}$$

Aufgabe 12.2. Für eine symmetrische Matrix $A \in \mathbb{R}^{N \times N}$ und einen Vektor $x = (x_j) \in \mathbb{R}^N$ mit $x_j \neq 0$ für $j = 1, 2, \ldots, N$ bezeichne

$$d_j := \frac{(Ax)_j}{x_j} \quad \text{für } j = 1, 2, \ldots, N.$$

Man zeige: Für jede Zahl $\mu \in \mathbb{R}$ enthält das Intervall $[\mu - \varrho, \mu + \varrho]$ mit $\varrho := \max_{1 \leq j \leq N} |d_j - \mu|$ mindestens einen Eigenwert der Matrix A.

Aufgabe 12.3. Zu gegebener Jordanmatrix

$$A := \begin{pmatrix} \lambda & 1 & & 0 \\ & \lambda & \ddots & \\ & & \ddots & 1 \\ 0 & & & \lambda \end{pmatrix} \in \mathbb{C}^{N \times N}$$

mit lediglich einem auftretenden Jordanblock und für eine Störungsmatrix $B \in \mathbb{C}^{N \times N}$ bezeichne $\lambda_k(\theta)$, $k = 1, 2, \ldots, N$, die Eigenwerte der fehlerbehafteten Matrix $A + \theta B$, mit einer Zahl $\theta \in \mathbb{C}$. Man weise mit dem Satz von Gerschgorin (der auch für komplexe Matrizen richtig ist) Folgendes nach:

(a) $\max\limits_{1 \le k \le N} |\lambda_k(\theta) - \lambda| \le (\|B\|_\infty + 1)|\theta|^{1/N}$ für $|\theta| \le 1$.

(b) Die Abschätzung in (a) ist in Bezug auf den Exponenten $1/N$ von $|\theta|$ nicht zu verbessern.

Aufgabe 12.4. Sei $A = (a_{jk}) \in \mathbb{R}^{N \times N}$ eine irreduzible Matrix, und $\mathcal{G} = \bigcup_{s=1}^{N} \mathcal{G}_s$ bezeichne die Vereinigung der Gerschgorin-Kreise. Man zeige: Für jeden Eigenwert λ der Matrix A mit $\lambda \in \partial \mathcal{G}$ gilt auch $\lambda \in \partial \mathcal{G}_s$ für $s = 1, 2, \ldots, N$, und alle Komponenten eines zu λ gehörenden Eigenvektors sind betragsmäßig gleich groß.

Aufgabe 12.5. Man zeige Folgendes: Für eine symmetrische Matrix $A \in \mathbb{R}^{N \times N}$ enthält jedes Intervall der Form $[\mu - \|Ax - \mu x\|_2, \mu + \|Ax - \mu x\|_2]$ mit einer Zahl $\mu \in \mathbb{R}$ und einem Vektor $x \in \mathbb{R}^N$ mit $\|x\|_2 = 1$ mindestens einen Eigenwert der Matrix A.

Aufgabe 12.6. Für eine symmetrische Matrix $A \in \mathbb{R}^{N \times N}$ mit den Eigenwerten $\lambda_1 \ge \lambda_2 \ge \ldots \ge \lambda_N$ weise man Folgendes nach:

$$\lambda_k = \max_{\substack{\mathcal{M} \subset \mathbb{R}^N \text{ linear} \\ \dim \mathcal{M} = k}} \min_{0 \ne x \in \mathcal{M}} \frac{x^\top A x}{x^\top x}, \qquad k = 1, 2, \ldots, N, \qquad (12.1)$$

$$\lambda_{N-k+1} = \min_{\substack{\mathcal{M} \subset \mathbb{R}^N \text{ linear} \\ \dim \mathcal{M} = k}} \max_{0 \ne x \in \mathcal{M}} \frac{x^\top A x}{x^\top x}, \qquad \text{——«——}. \qquad (12.2)$$

Aufgabe 12.7. Seien $A, \Delta A \in \mathbb{R}^{N \times N}$ symmetrische Matrizen, und für $B \in \{A, \Delta A, A + \Delta A\}$ bezeichne $\lambda_1(B) \ge \lambda_2(B) \ge \ldots \ge \lambda_N(B)$ die angeordneten Eigenwerte der Matrix B.

(a) Durch Angabe einer geeigneten Matrix ΔA zeige man, dass die bekannten Abschätzungen (siehe etwa [26])

$$\lambda_k(A) + \lambda_N(\Delta A) \le \lambda_k(A + \Delta A) \le \lambda_k(A) + \lambda_1(\Delta A) \quad \text{für } k = 1, 2, \ldots, N,$$

nicht zu verbessern sind.

(b) Falls ΔA positiv definit ist, so gilt

$$\lambda_k(A) \le \lambda_k(A + \Delta A) \qquad \text{für } k = 1, 2, \ldots, N.$$

Aufgabe 12.8. Es besitze eine symmetrische Matrix $A \in \mathbb{R}^{N \times N}$ mit monoton fallend angeordneten Eigenwerten $\lambda_1 \geq \lambda_2 \geq \ldots \geq \lambda_N$ eine *rechte* untere Dreiecksform,

$$A = \begin{pmatrix} 0 & \cdots & 0 & a_{1N} \\ \vdots & \iddots & \iddots & \vdots \\ 0 & \iddots & & \vdots \\ a_{N1} & a_{N2} & \cdots & a_{NN} \end{pmatrix}, \qquad \text{mit} \quad a_{jk} = a_{kj} \quad \text{für alle } j, k.$$

Man zeige: es gilt $\lambda_k \geq 0$ für alle Indizes $k \leq \lfloor N/2 \rfloor$, und außerdem gilt $\lambda_k \leq 0$ für alle Indizes $k \geq \lceil N/2 \rceil + 1$. Hierbei bezeichnet $\lfloor x \rfloor$ die größte ganze Zahl $\leq x$, und $\lceil x \rceil$ ist die kleinste ganze Zahl $\geq x$.

13 Numerische Verfahren für Eigenwertprobleme – Aufgaben

Aufgabe 13.1. Man weise nach, dass eine obere Hessenbergmatrix durch eine Ähnlichkeitstransformation mit einer Diagonalmatrix so umgeformt werden kann, dass die unteren Nebendiagonaleinträge nur die Werte null oder eins annehmen.

Aufgabe 13.2. Man zeige: Für eine gegebene reguläre Matrix $T = (v_1|\ldots|v_N) \in \mathbb{R}^{N\times N}$ besitzt die Inverse T^{-1} genau dann eine LR-Faktorisierung, wenn Folgendes gilt,

$$\text{span}\{e_1,\ldots,e_m\} \cap \text{span}\{v_{m+1},\ldots,v_N\} = \{0\} \quad \text{für} \quad m = 1,\ldots,N-1,$$

wobei $e_n \in \mathbb{R}^N$ den n-ten Einheitsvektor bezeichnet.

Aufgabe 13.3. Es sei $A \in \mathbb{R}^{N\times N}$ eine symmetrische Matrix mit Eigenwerten $\lambda_1 = \lambda_2 = \ldots = \lambda_r$, $|\lambda_r| > |\lambda_{r+1}| \geq |\lambda_N|$. Mit der Vektorfolge $z^{(m+1)} = Az^{(m)}$, $m = 0, 1, \ldots$, werde die Folge der *Rayleigh-Quotienten*

$$r_m = \frac{(z^{(m)})^\top z^{(m+1)}}{\|z^{(m)}\|_2^2} \quad \text{für} \quad m = 0, 1, \ldots$$

gebildet mit einem Startvektor $z^{(0)}$, der einen Anteil im Eigenraum von A zum Eigenwert λ_1 besitze. Man weise Folgendes nach: Für einen Eigenvektor x zum Eigenwert λ_1 gilt

$$r_m = \lambda_1 + \mathcal{O}\left(\left|\frac{\lambda_{r+1}}{\lambda_1}\right|^{2m}\right),$$

$$\text{sgn}(r_m)^m \frac{z^{(m)}}{\|z^{(m)}\|_2} = x + \mathcal{O}\left(\left|\frac{\lambda_{r+1}}{\lambda_1}\right|^m\right) \quad \text{für} \quad m \to \infty.$$

Aufgabe 13.4. Im Folgenden werden die Voraussetzungen und Notationen aus Aufgabe 13.3 übernommen, wobei jedoch die Eigenschaft der Symmetrie der Matrix A ersetzt wird durch die schwächere Eigenschaft der Diagonalisierbarkeit. Man zeige:

(a) $$r_m = \lambda_1 + \mathcal{O}\left(\left|\frac{\lambda_{r+1}}{\lambda_1}\right|^m\right) \quad \text{für} \quad m \to \infty.$$

(b) Falls der s-te Eintrag des Anteils des Startvektors $z^{(0)}$ im Eigenraum von A zum Eigenwert nicht verschwindet, so gilt

$$\frac{z_s^{(m+1)}}{z_s^{(m)}} = \lambda_1 + \mathcal{O}\left(\left|\frac{\lambda_{r+1}}{\lambda_1}\right|^m\right) \quad \text{für} \quad m \to \infty.$$

Hierbei ist der Index $s \in \{1, 2, \ldots, N\}$ fest gewählt, und $z_s^{(m)}$ bezeichnet den s-ten Eintrag des Vektors $z^{(m)}$.

Aufgabe 13.5. Es sei $A \in \mathbb{R}^{N \times N}$ eine diagonalisierbare Matrix mit Eigenwerten λ_1, $\lambda_2, \ldots, \lambda_N$, für die $\lambda_2 = -\lambda_1 < 0$ und $|\lambda_2| > |\lambda_3| \geq \ldots \geq |\lambda_N|$ gelte. Für die Vektoriteration $z^{(m+1)} = Az^{(m)}$, $m = 0, 1, \ldots$ weise man Folgendes nach ($\|\cdot\|$ bezeichne eine beliebige Vektornorm):

(a) Falls $z^{(0)}$ einen Anteil im Eigenraum von A zum Eigenwert λ_1 besitzt, so gilt für einen Eigenvektor x_1 zum Eigenwert λ_1 Folgendes:

$$\frac{\lambda_1 z^{(2m)} + z^{(2m+1)}}{\|\lambda_1 z^{(2m)} + z^{(2m+1)}\|} = x_1 + \mathcal{O}\left(\left|\frac{\lambda_3}{\lambda_1}\right|^{2m}\right) \quad \text{für} \quad m \to \infty.$$

(b) Falls $z^{(0)}$ einen Anteil im Eigenraum von A zum Eigenwert λ_2 besitzt, so gilt für einen Eigenvektor x_2 zum Eigenwert λ_2 Folgendes:

$$\frac{\lambda_1 z^{(2m)} - z^{(2m+1)}}{\|\lambda_1 z^{(2m)} - z^{(2m+1)}\|} = x_2 + \mathcal{O}\left(\left|\frac{\lambda_3}{\lambda_1}\right|^{2m}\right) \quad \text{für} \quad m \to \infty.$$

Aufgabe 13.6. Zur Bestimmung einer einfachen und betragsmäßig dominanten Nullstelle $\lambda_1 \in \mathbb{C}$ des Polynoms

$$p(x) = \sum_{k=0}^{n} a_k x^k \quad \text{mit} \quad a_n = 1$$

wird im Folgenden die Rekursion

$$x_{m+n} = -\sum_{k=0}^{n-1} a_k x_{m+k}, \quad m = 0, 1, \ldots,$$

betrachtet. Hierbei sind $x_0, x_1, \ldots, x_{n-1} \in \mathbb{R}$ vorgegebene hinreichend allgemeine Startwerte. Durch Anwendung der Vektoriteration auf die Transponierte der frobeniusschen Begleitmatrix zu $p(x)$ weise man Folgendes nach:

$$\frac{x_{m+1}}{x_m} = \lambda_1 + \mathcal{O}\left(\left|\frac{\lambda_2}{\lambda_1}\right|^m\right) \quad \text{für} \quad m \to \infty,$$

wobei $\lambda_2 \in \mathbb{C}$ eine nach λ_1 betragsmäßig größte Nullstelle des Polynoms p sei.

Aufgabe 13.7 (Numerische Aufgabe). Für die Matrix $A = (a_{jk}) \in \mathbb{R}^{N \times N}$ mit

$$a_{jk} = \begin{cases} N - j + 1, & \text{falls } k \leq j, \\ N - k + 1 & \text{sonst,} \end{cases}$$

bestimme man für $N = 50$ und $N = 100$ mit dem LR-Verfahren numerisch jeweils sowohl den betragsmäßig kleinsten als auch den betragsmäßig größten Eigenwert. Sei $A_m = (a_{jk}^{(m)})$, $m = 0, 1, \ldots$, die hierbei erzeugte Matrixfolge. Man breche das Verfahren ab, falls $m = 100$ oder

$$\varepsilon_m := \max_{k=1,\ldots,N} \frac{|a_{kk}^{(m-1)} - a_{kk}^{(m)}|}{|a_{kk}^{(m-1)}|} \leq 0.05$$

erfüllt ist. Man gebe außer den gewonnenen Approximationen für die gesuchten Eigenwerte auch die Werte $\varepsilon_1, \varepsilon_2, \ldots$ an.

Anmerkungen zur Bedeutung ausgewählter Aufgaben

Aufgabe 13.2 ist für den Beweis der Konvergenz des QR-Verfahrens zur Bestimmung der Eigenwerte einer Matrix von Bedeutung, und Aufgabe 13.4 zeigt, dass die Konvergenz bei symmetrischen Matrizen besser ist als unter der schwächeren Bedingung der Diagonalisierbarkeit.

14 Peano-Restglieddarstellung – Aufgaben

In [26] werden lineare Fehlerfunktionale $\mathcal{R} : C^{-1}[a,b] \to \mathbb{R}$ von der Form

$$\mathcal{R}f = \sum_{k=0}^{n} \alpha_k f(x_k) + \beta \int_a^b f(x)\,dx \quad \text{für } f \in C^{-1}[a,b]$$

betrachtet. Dabei sind $x_0, x_1, \ldots, x_n \in [a,b]$ paarweise verschiedene Stützstellen, und α_k und $\beta \in \mathbb{R}$ sind gegebene Koeffizienten. Weiter bezeichnet $C^{-1}[a,b]$ den Raum der stückweise stetigen Funktionen auf dem Intervall $[a,b]$. Es wird vorausgesetzt, dass das Funktional $\mathcal{R}$ für ein $r \geq 0$ auf dem Raum der Polynome vom Höchstgrad r verschwindet. Die Funktionen

$$K_m(t) := \frac{1}{m!}\mathcal{R}_x((x-t)_+^m) \quad \text{für } t \in [a,b] \quad (m = 0, 1, \ldots, r)$$

werden als *Peano-Kerne* bezeichnet. Für $m \geq 1$ sind die Peano-Kerne K_m auf dem Intervall $[a,b]$ stetig, und der Peano-Kern K_0 ist stückweise stetig. Es gelten die Identitäten

$$\mathcal{R}f = \int_a^b f^{(m+1)}(t) K_m(t)\,dt \quad \text{für } f \in C^{m+1}[a,b] \quad (m = 0, 1, \ldots, r). \tag{14.1}$$

Falls außerdem $\mathcal{R}(x^{r+1}) \neq 0$ erfüllt ist und der Peano-Kern K_r auf dem Intervall $[a,b]$ sein Vorzeichen nicht wechselt, so gilt die Darstellung

$$\mathcal{R}f = \varkappa f^{(r+1)}(\xi) \quad \text{für } f \in C^{r+1}[a,b] \tag{14.2}$$

mit einer geeigneten Zwischenstelle $\xi = \xi(f) \in [a,b]$ und der Konstanten $\varkappa = \frac{\mathcal{R}(x^{r+1})}{(r+1)!}$.

Aufgabe 14.1. Gegeben seien allgemeine Fehlerfunktionale der Form

$$\mathcal{R}f = \sum_{k=0}^{n_0} \alpha_{0k} f(x_{0k}) + \sum_{k=0}^{n_1} \alpha_{1k} f'(x_{1k}) + \ldots + \sum_{k=0}^{n_s} \alpha_{sk} f^{(s)}(x_{sk}) + \beta \int_a^b f(x)\,dx$$
$$\text{für } f \in C^s[a,b]$$

mit $s \geq 0$ und reellen Koeffizienten α_{jk}. Man zeige, dass die Darstellungen (14.1) und (14.2) für Werte $m = s, s+1, \ldots, r$ ihre Gültigkeit behalten.

Aufgabe 14.2. Gegeben sei ein Funktional $\mathcal{R} : C^{-1}[a,b] \to \mathbb{R}$ von der Form (14.1), welches auf dem Raum Π_r verschwindet, und m sei eine ungerade Zahl mit $1 \leq m \leq r$. Man zeige: falls

$$\mathcal{R}f = \mathcal{R}\widehat{f} \quad \text{für } f \in C^{m+1}[a,b] \quad \left(\text{mit } \widehat{f}\!\left(\tfrac{a+b}{2}+x\right) := f\!\left(\tfrac{a+b}{2}-x\right)\right.$$
$$\left. x \in [-\tfrac{b-a}{2}, \tfrac{b-a}{2}]\right)$$

erfüllt ist, so ist der Peano-Kern K_m symmetrisch bezüglich des Mittelpunkts des betrachteten Intervalls, das heißt,

$$K_m(\tfrac{a+b}{2} + x) = K_m(\tfrac{a+b}{2} - x) \quad \text{für} \quad x \in [0, \tfrac{b-a}{2}].$$

Aufgabe 14.3. Zur näherungsweisen Berechnung des Integrals $\int_{-1}^{1} f(x)\,dx$ mit $f \in C^1[-1,1]$ betrachte man im Folgenden die Quadraturformel $Qf := \int_{-1}^{1} P(x)\,dx$, wobei das Polynom $P \in \Pi_5$ die Lösung der folgenden hermiteschen Interpolationsaufgabe bezeichnet,

$$P(x_j) = f(x_j), \qquad P'(x_j) = f'(x_j), \quad \text{für} \quad x_0 = -1,\, x_1 = 0,\, x_2 = 1.$$

Man kann zeigen (und darf für die Lösung dieser Aufgabe verwenden), dass die Quadraturformel von der Form

$$Qf = \tfrac{7}{15}f(-1) + \tfrac{1}{15}f'(-1) + \tfrac{16}{15}f(0) + \tfrac{7}{15}f(1) - \tfrac{1}{15}f'(1) \quad (14.3)$$

ist und den Genauigkeitsgrad 5 besitzt.

(a) Man berechne den Peano-Kern K_5 zu der Quadraturformel Q und zeige, dass dieser sein Vorzeichen nicht wechselt.

(b) Man bestimme unter Verwendung von (a) eine Fehlerdarstellung für die betrachtete Quadraturformel.

15 Approximationstheorie – Aufgaben

Aufgabe 15.1. Man weise nach, dass der Vektorraum $C[a,b]$ zusammen mit der Maximumnorm $\|\cdot\|_\infty$ nicht strikt normiert ist.

Aufgabe 15.2. In einem Vektorraum $\mathcal{V}$ mit innerem Produkt $\langle\cdot,\cdot\rangle$ sei $\mathcal{U}\subset\mathcal{V}$ ein endlich-dimensionaler linearer Unterraum mit gegebener Basis $u_1,u_2,\ldots,u_m$, und es sei $u^*\in\mathcal{U}$ ein Element mit der Darstellung $u^*=\sum_{k=1}^m\alpha_k u_k$. Man zeige: Das Element u^* ist genau dann ein $\mathcal{U}$-Proximum an ein gegebenes Element $v\in\mathcal{V}$, wenn die Koeffizienten $\alpha_1,\alpha_2,\ldots,\alpha_m$ dem folgenden linearen Gleichungssystem genügen,

$$\sum_{k=1}^m \langle u_k,u_j\rangle\alpha_k \;=\; \langle v,u_j\rangle \quad \text{für}\quad j=1,2,\ldots,m.$$

Aufgabe 15.3. Man weise für die Folge von Funktionen

$$p_n(t) \;=\; \frac{(-1)^n}{2n+1}\frac{T_{2n+1}(\sqrt{t})}{\sqrt{t}}, \qquad t>0 \qquad (n=0,1,\ldots)$$

Folgendes nach:

$$p_n \overset{(*)}{\in} \Pi_n, \qquad p_n(0)=1, \tag{15.1}$$

$$\max_{0\le t\le 1}|p_n(t)|\sqrt{t} \;=\; \frac{1}{2n+1} \quad \text{für}\quad n=0,1,\ldots, \tag{15.2}$$

$$\max_{0\le t\le 1}|p_n(t)|\sqrt{t} \;=\; \min_{\substack{p\in\Pi_n\\p(0)=1}}\max_{0\le t\le 1}|p(t)|\sqrt{t}. \tag{15.3}$$

Hierbei bezeichnet $T_{2n+1}\in\Pi_{2n+1}$ das Tschebyscheff-Polynom der zweiten Art vom Grad $2n+1$. Die Eigenschaft $(*)$ ist so zu verstehen, dass zu der Funktion p_n eine Fortsetzung nach 0 und darüber hinaus auf die negative reelle Halbachse existiert, welche ein Polynom von Grad $\le n$ darstellt.

Aufgabe 15.4. Man überlege sich, dass für die Folge von Funktionen

$$p_n(t) \;=\; \frac{1-T_{n+1}(1-2t)}{2(n+1)^2 t}, \qquad 0\ne t\in\mathbb{R} \qquad (n=0,1,\ldots)$$

Folgendes gilt:

$$p_n \in \Pi_n, \qquad p_n(0)=1, \tag{15.4}$$

$$\max_{0\le t\le 1}|p_n(t)|t \;=\; \frac{1}{(n+1)^2} \quad \text{für}\quad n=0,1,\ldots, \tag{15.5}$$

$$\max_{0\le t\le 1}|p_n(t)|t \;\ne\; \min_{\substack{p\in\Pi_n\\p(0)=1}}\max_{0\le t\le 1}|p(t)|t. \tag{15.6}$$

Aufgabe 15.5. Es ist $p_* \equiv 0$ bezüglich der Maximumnorm ein Π_{n-1}-Proximum an die Funktion $f(t) = \sin 3t$, $t \in [0, 2\pi]$ genau dann, wenn $n \leq 5$ gilt.

Aufgabe 15.6. Sei $\mathcal{U} \subset C[a,b]$ ein haarscher Raum der Dimension dim $\mathcal{U} = n$. Weiter seien n paarweise verschiedene Stützstellen $x_1, x_2, \ldots, x_n \in [a,b]$ sowie n reelle Zahlen $f_1, f_2, \ldots, f_n \in \mathbb{R}$ gegeben. Man zeige, dass genau ein Element $u \in \mathcal{U}$ mit der Interpolationseigenschaft

$$u(x_j) = f_j \quad \text{für} \quad j = 1, 2, \ldots, n$$

existiert.

Teil II Lösungen

1 Polynominterpolation – Lösungen

Lösung zu Aufgabe 1.1.
(a) Nach Voraussetzung existiert insbesondere für $\varepsilon = 1$ eine Umgebung $U \subset \mathbb{R}^N$ des Punktes x^* und eine Konstante $K \geq 0$, so dass $|f(x)| \leq K|g(x)|$ für alle $x \in \mathcal{U} \cap \mathcal{D}$ gilt. Damit ist (a) schon nachgewiesen.
(b) Nach dem ersten Teil der Annahme existieren eine Umgebung $U_1 \subset \mathbb{R}^N$ des Punktes x^* und eine Konstante $K \geq 0$, so dass

$$|f(x)| \leq K_1|g(x)| \quad \text{für alle } x \in \mathcal{U} \cap \mathcal{D}$$

gilt. Desweiteren existieren gemäß dem zweiten Teil der Annahme eine Umgebung $U_2 \subset \mathbb{R}^N$ des Punktes x^* und eine Konstante $K_2 \geq 0$, so dass

$$|g(x)| \leq K_2|h(x)| \quad \text{für alle } x \in \mathcal{U} \cap \mathcal{D}.$$

Damit gilt auch

$$|f(x)| \leq K_1|g(x)| \leq \underbrace{K_1 K_2}_{=:\,K}|h(x)| \quad \text{für alle } x \in \underbrace{\mathcal{U}_1 \cap \mathcal{U}_2}_{=:\,\mathcal{U}} \cap \mathcal{D},$$

wobei die Menge $\mathcal{U}$ als Durchschnitt zweier Umgebungen von x^* selbst wieder eine Umgebung von x^* darstellt.
(c) Für den Nachweis der Implikation "$\Longrightarrow$" sind zwei Funktionen $r, s : \mathbb{R}^N \supset \mathcal{D} \to \mathbb{R}$ mit den Eigenschaften $r(x) = \mathcal{O}(f(x))$ und $s(x) = o(g(x))$ für $\mathcal{D} \ni x \to x^*$ zu betrachten. Es ist nachzuweisen, dass $(rs)(x) = o((fg)(x))$ für $\mathcal{D} \ni x \to x^*$ erfüllt ist. Hierzu sei $\varepsilon > 0$. Dann existiert eine Umgebung $U_1 \subset \mathbb{R}^N$ des Punktes x^* und eine Konstante $K > 0$, so dass

$$|r(x)| \leq K|f(x)| \quad \text{für alle } x \in \mathcal{U}_1 \cap \mathcal{D} \tag{L-1.1}$$

gilt. Zu $\varepsilon_1 := \varepsilon/K$ existiert nach Annahme eine Umgebung $U_2 \subset \mathbb{R}^N$ mit

$$|s(x)| \leq \varepsilon_1|g(x)| \quad \text{für alle } x \in \mathcal{U}_2 \cap \mathcal{D}. \tag{L-1.2}$$

Die beiden Abschätzungen (L-1.1) und (L-1.2) ergeben

$$|(rs)(x)| \leq K|f(x)| \cdot \varepsilon_1|g(x)| = \varepsilon|f(x)g(x)| \quad \text{für alle } x \in \underbrace{\mathcal{U}_1 \cap \mathcal{U}_2}_{=:\,\mathcal{U}} \cap \mathcal{D},$$

womit die Aussage von (c) nachgewiesen ist.

Lösung zu Aufgabe 1.2. Zu gegebenen Stützwerten $f_0, f_1, \ldots, f_n \in \mathbb{R}$ und $g_0, g_1, \ldots, g_n \in \mathbb{R}$ bezeichne $\mathcal{P} \in \Pi_n$ und $\mathcal{Q} \in \Pi_n$ die jeweiligen interpolierenden Polynome. Für beliebige reelle Koeffizienten a und b gilt dann

$$a\mathcal{P} + b\mathcal{Q} \in \Pi_n,$$
$$(a\mathcal{P} + b\mathcal{Q})(x_j) = a\mathcal{P}(x_j) + b\mathcal{Q}(x_j) = af_j + bg_j \quad \text{für} \quad j = 0, 1, \ldots, n.$$

Damit ist $a\mathcal{P} + b\mathcal{Q}$ das interpolierende Polynom zu den Stützpunkten $(x_j, af_j + bg_j) \in \mathbb{R}^2$ für $j = 0, 1, \ldots, n$ und die Linearität der Interpolationsabbildung somit nachgewiesen.

Lösung zu Aufgabe 1.3. Es wird zunächst die Eindeutigkeitsfrage diskutiert. Hierzu seien $\mathcal{P}, \mathcal{Q} \in \Pi_n$ zwei Polynome, die den Interpolationsbedingungen genügen. Dann gilt für die Differenz $\mathcal{P} - \mathcal{Q}$ Folgendes:

$$\mathcal{P} - \mathcal{Q} \in \Pi_n, \quad (\mathcal{P} - \mathcal{Q})^{(\nu)}(x_j) = 0 \quad \text{für} \quad \begin{matrix} \nu = 0, 1, \ldots, m_{j-1}, \\ j = 0, 1, \ldots, r. \end{matrix}$$

Damit ist $\mathcal{P} - \mathcal{Q}$ ein Polynom vom Grad $\leq n$ mit mindestens $\sum_{j=0}^{r} m_j = n + 1$ verschiedenen Nullstellen, wobei diese jetzt entsprechend ihren Vielfachheiten gezählt werden. Damit gilt notwendigerweise (siehe beispielsweise Fischer [5, Abschnitt 1.3]) $\mathcal{P} - \mathcal{Q} \equiv 0$ beziehungsweise $\mathcal{P} \equiv \mathcal{Q}$.

Für den Existenzbeweis betrachtet man den Ansatz

$$\mathcal{P}(x) = \sum_{k=0}^{n} \alpha_k x^k$$

mit den Koeffizienten $\alpha_0, \alpha_1, \ldots, \alpha_n$. Die Interpolationsbedingungen sind dann gleichbedeutend mit

$$\mathcal{P}^{(\nu)}(x_j) = \sum_{k=0}^{n} a_{\nu, j, k} \alpha_k = f_j^{(\nu)} \quad \text{für} \quad \begin{matrix} \nu = 0, 1, \ldots, m_j - 1, \\ j = 0, 1, \ldots, n, \end{matrix} \quad \text{(L-1.3)}$$

mit den Koeffizienten

$$a_{\nu, j, k} = \begin{cases} k(k-1)\ldots(k-\nu+1)x_j^{k-\nu} & \text{für } \nu \leq k, \\ 0, & \text{sonst.} \end{cases}$$

Hierbei handelt es sich um ein System von $\sum_{j=0}^{r} m_j = n + 1$ linearen Gleichungen für die $n + 1$ Unbekannten $\alpha_0, \alpha_1, \ldots, \alpha_n$. Wegen der vorliegenden Eindeutigkeit des vorliegenden Interpolationsproblems ist klar, dass (L-1.3) im Fall $f_j^{(\nu)} = 0$ für $\nu = 0, 1, \ldots, m_j - 1$ und $j = 0, 1, \ldots, r$ nur die triviale Lösung $\alpha_0 = \alpha_1 = \ldots = \alpha_n = 0$ besitzt. Die zugehörige Systemmatrix (die letztlich noch von der Anordnung der Gleichungen abhängt) besitzt demnach einen trivialen Nullraum und ist somit auch regulär, das lineare Gleichungssystem (L-1.3) besitzt also eine Lösung.

Lösungen

Lösung zu Aufgabe 1.4.
(a) Die konstante Funktion $f = 1$ wird durch das konstante Polynom $\mathcal{P} = 1 \in \Pi_0$ interpoliert, wobei die spezielle Lage der Stützstellen ohne Bedeutung ist. Die lagrangesche Interpolationsformel liefert dann

$$1 = \sum_{k=0}^{n} \underbrace{f(x_k)}_{=1} L_k(x) = \sum_{k=0}^{n} L_k(x).$$

(b) Im Fall $s = 0$ erhält man die Lösung unmittelbar aus Teil (a). Im Fall $1 \leq s \leq n$ betrachtet man die Funktion $f(x) = x^s$. Diese wird durch das Polynom $\mathcal{P}(x) = x^s \in \Pi_s$ interpoliert, wobei dies wie schon in Teil (a) unabhängig von der Lage der Stützstellen ist. Mit der lagrangeschen Interpolationsformel erhält man dann

$$0 = f(0) = \sum_{k=0}^{n} f(x_k) L_k(0) = \sum_{k=0}^{n} L_k(0) x_k^s.$$

In der Situation $s = n+1$ schließlich betrachtet man die Funktion $f(x) = x^{n+1}$. Hier gilt $f^{(n+1)}(x) \equiv (n+1)!$, und die Darstellung für den Interpolationsfehler ergibt

$$\sum_{k=0}^{n} L_k(0) x_k^{n+1} = \mathcal{P}(0) = \mathcal{P}(0) - f(0) = -\frac{\omega(0) f^{(n+1)}(\xi)}{(n+1)!}$$
$$= (-1)^n x_0 \cdot x_1 \cdot \ldots \cdot x_n,$$

wobei $\mathcal{P} \in \Pi_n$ das zugehörige interpolierende Polynom bezeichnet und die Notation $\omega(x) := (x - x_0) \cdots (x - x_n)$ verwendet wird, und ξ bezeichnet eine Zwischenstelle.

Lösung zu Aufgabe 1.5.
(a) Für die ersten $m + 1$ Stützstellen $x_0, x_1, \ldots, x_m$ (mit $0 \leq m \leq n$) sind die lagrangeschen Basispolynome $L_k^{(m)} \in \Pi_m$, $k = 0, 1, \ldots, m$, von der Form

$$L_k^{(m)}(x) = \kappa_k^{(m)} \prod_{\substack{s=0 \\ s \neq k}}^{m} (x - x_s) \quad \text{für} \quad k = 0, 1, \ldots, m.$$

Für jeden Index k besitzt das lagrangesche Basispolynom $L_k^{(m)} \in \Pi_m$ demnach den führenden Koeffizienten $\kappa_k^{(m)}$ und lässt sich damit in der Form

$$L_k^{(m)}(x) = \kappa_k^{(m)} x^m + q_{m-1}(x)$$

schreiben mit einem von k abhängenden Polynom $q_{m-1} \in \Pi_{m-1}$. Andererseits gilt nach Teil (a) der Aufgabe 1.4 die Identität $\sum_{k=0}^{m} L_k^{(m)}(x) \equiv 1$, so dass im Fall $m \geq 1$ notwendigerweise $\sum_{k=0}^{m} \kappa_k^{(m)} = 0$ gilt.

(b) Die angegebene Darstellung erhält man wie folgt:

$$\frac{\kappa_k^{(m)}}{x_k - x_{m+1}} = \Big(\prod_{\substack{s=0 \\ s \neq k}}^{m} \frac{1}{x_k - x_s} \Big) \frac{1}{x_k - x_{m+1}} = \prod_{\substack{s=0 \\ s \neq k}}^{m+1} \frac{1}{x_k - x_s} = \kappa_k^{(m+1)}.$$

(c) Ein möglicher Algorithmus sieht so aus:

```
κ_0 = 1;
    for m = 0 to n − 1 do
        for k = 0 to m do
            κ_k = κ_k/(x_k − x_{m+1})
        end
        κ_{m+1} = − ∑_{k=0}^{m} κ_k
end
```

Für jeden Wert des Indexes m fallen in der inneren Schleife mit k als Laufindex insgesamt $2(m+1)$ arithmetische Operationen an. Für die Berechnung des Koeffizienten κ_{m+1} werden nochmals $(m+1)$ arithmetische Operationen benötigt. Insgesamt ergeben sich damit

$$\sum_{m=0}^{n-1} 3(m+1) \;=\; 3\sum_{m=1}^{n} m \;=\; 3\frac{n(n+1)}{2} \;=\; \tfrac{3}{2}n^2 + \mathcal{O}(n)$$

arithmetische Operationen.

Lösung zu Aufgabe 1.6.

(a) Im Falle äquidistanter Stützstellen erhält man für die Stützkoeffizienten Folgendes:

$$\kappa_k \;=\; \prod_{\substack{s=0\\s\neq k}}^{n} \frac{1}{x_k - x_s} \;=\; \prod_{\substack{s=0\\s\neq k}}^{n} \frac{1}{(k-s)h} \;=\; h^{-n}\Big(\prod_{s=0}^{k-1}\frac{1}{k-s}\Big)\Big(\prod_{s=k+1}^{n}\frac{1}{k-s}\Big)$$

$$\stackrel{(*)}{=} h^{-n}(-1)^{n-k}\frac{1}{k!}\frac{1}{(n-k)!} \;=\; h^{-n}(-1)^{n-k}\binom{n}{k}/n! \quad \text{für } k=0,1,\ldots,n.$$

(b) Aus der Darstellung (∗), verwendet mit dem Index $k-1$ anstelle k, folgt unmittelbar

$$\kappa_{k-1} \;=\; h^{-n}(-1)^{n-k+1}\frac{1}{(k-1)!}\frac{1}{(n-k+1)!}$$

und damit

$$-\kappa_{k-1}\frac{n-k+1}{k} \;=\; h^{-n}(-1)^{n-k}\frac{1}{k!}\frac{1}{(n-k)!} \;=\; \kappa_k,$$

wobei in der letzten Identität erneut die Darstellung (∗) eingeht.

Lösung zu Aufgabe 1.7. Mittels vollständiger Induktion über k wird

$$\frac{\Delta^k f_j}{k!h^k} \;=\; f[x_j,\ldots,x_{j+k}], \qquad \begin{array}{l} j=0,1,\ldots,n-k,\\ k=0,1,\ldots,n, \end{array} \qquad \text{(L-1.4)}$$

nachgewiesen. Die Aussage der vorliegenden Aufgabe erhält man dann aus der newtonschen Interpolationsformel. Die Identität (L-1.4) ist im Fall $k=0$ aufgrund der

Definition $\Delta^0 f_j = f_j$ für $j = 0, 1, \ldots, n$ offensichtlich richtig. Es wird nun vorausgesetzt, dass die Identität (L-1.4) für ein $0 \leq k \leq n - 1$ richtig ist. Dann berechnet man

$$\begin{aligned}
\Delta^{k+1} f_j &= \Delta^k f_{j+1} - \Delta^k f_j = k! h^k (f[x_{j+1}, \ldots, x_{j+1+k}] - f[x_j, \ldots, x_{j+k}]) \\
&= k! h^k (x_{j+1+k} - x_j) f[x_j, \ldots, x_{j+1+k}] \\
&= \underbrace{k! h^k (k+1) h}_{= (k+1)! h^{k+1}} f[x_j, \ldots, x_{j+1+k}]
\end{aligned}$$

für $j = 0, 1, \ldots, n - k - 1$, und der Induktionsschritt "$k \to k + 1$" ist damit abgeschlossen.

Lösung zu Aufgabe 1.8. Die Stützstellen sowie die zugehörigen Funktionswerte sind in der folgenden Tabelle aufgelistet:

x	$\pi/6$	$\pi/4$	$\pi/3$
$\tan^2 x$	$1/3$	1	3

Das Neville-Schema liefert hier das folgende Ergebnis:

$$\mathcal{P}_0(x) = \frac{1}{3},$$

$$\mathcal{P}_1(x) = 1, \quad \mathcal{P}_{01}(x) = \frac{8}{\pi} x - 1,$$

$$\mathcal{P}_2(x) = 3, \quad \mathcal{P}_{12}(x) = \frac{24}{\pi} x - 5, \quad \mathcal{P}_{012}(x) = \frac{96}{\pi^2} x^2 - \frac{32}{\pi} x + 3.$$

Dabei berechnen sich die Einträge folgendermaßen:

$$\mathcal{P}_{01}(x) = \frac{(x - x_0) P_1(x) - (x - x_1) P_0(x)}{x_1 - x_0} = \frac{(x - \pi/6) - (x - \pi/4)/3}{(\pi/4) - \pi/6} = \frac{8}{\pi} x - 1$$

beziehungsweise

$$\mathcal{P}_{12}(x) = \frac{(x - x_1) P_2(x) - (x - x_2) P_1(x)}{x_2 - x_1} = \frac{(x - \pi/4) 3 - (x - \pi/3)}{(\pi/3) - \pi/4} = \frac{24}{\pi} x - 5$$

sowie

$$\begin{aligned}
\mathcal{P}_{012}(x) &= \frac{(x - x_0) P_{12}(x) - (x - x_2) P_{01}(x)}{x_2 - x_0} \\
&= \frac{(x - \frac{\pi}{6})(\frac{24}{\pi} x - 5) - (x - \frac{\pi}{3})(\frac{8}{\pi} x - 1)}{(\pi/3) - \pi/6} \\
&= \frac{6}{\pi} \left(\frac{16}{\pi} x^2 - 8x + \frac{8}{3} x + \frac{\pi}{2} \right) = \frac{96}{\pi^2} x^2 - \frac{32}{\pi} x + 3.
\end{aligned}$$

Lösung zu Aufgabe 1.9. Die newtonsche Interpolationsformel für das interpolierende Polynom $\mathcal{P} \in \Pi_n$ zu den Stützpunkten $(x_0, f_0), (x_1, f_1), \ldots, (x_n, f_n)$ zeigt, dass der führende Koeffizient von $\mathcal{P}$ mit der dividierten Differenz $f[x_0, \ldots, x_n]$ übereinstimmt. Andererseits folgt aus der lagrangeschen Interpolationsformel, dass der führende Koeffizient von $\mathcal{P}$ mit der Zahl

$$\sum_{k=0}^{n} f_k \Big/ \prod_{\substack{s=0 \\ s \neq k}}^{n} (x_k - x_s)$$

übereinstimmt. Daraus folgt unmittelbar die in der Aufgabenstellung angegebene Identität.

Lösung zu Aufgabe 1.10. Seien $\mathcal{P} \in \Pi_n$ und $\mathcal{Q} \in \Pi_n$ die zu den (beliebigen) Stützpunkten $(x_0, f_0), (x_1, f_1), \ldots, (x_n, f_n) \in \mathbb{R}^2$ und $(x_0, g_0), (x_1, g_1), \ldots, (x_n, g_n) \in \mathbb{R}^2$ gehörenden interpolierenden Polynome. Die newtonsche Interpolationsformel (siehe zum Beispiel [26, (1.9)]) liefert

$$\mathcal{P}(x) = f[x_0] + f[x_0, x_1](x - x_0) + \ldots$$
$$\ldots + f[x_0, \ldots, x_n](x - x_0)(x - x_1) \cdots (x - x_{n-1}),$$
$$\mathcal{Q}(x) = g[y_0] + g[y_0, y_1](x - y_0) + \ldots$$
$$\ldots + g[y_0, \ldots, y_n](x - y_0)(x - y_1) \cdots (x - y_{n-1}),$$

damit ist $f[x_0, \ldots, x_n]$ führender Koeffizient von $\mathcal{P}$ und $g[y_0, \ldots, y_n]$ ist führender Koeffizient von $\mathcal{Q}$. Wenn nun (1.1) erfüllt ist, so folgt $\mathcal{P} \equiv \mathcal{Q}$, und damit stimmen natürlich auch die führenden Koeffizienten von $\mathcal{P}$ und $\mathcal{Q}$ überein, was die Aussage der Aufgabe nach sich zieht.

Lösung zu Aufgabe 1.11. Die dividierten Differenzen haben die folgenden Werte:

$f[x_0] = 17$
$f[x_1] = 8 \quad f[x_0, x_1] = -3$
$f[x_2] = 21 \quad f[x_1, x_2] = 13 \quad f[x_0, x_1, x_2] = 4$
$f[x_3] = 42 \quad f[x_2, x_3] = 21 \quad f[x_1, x_2, x_3] = 4 \quad f[x_0, \ldots, x_3] = 0$
$f[x_4] = 35 \quad f[x_3, x_4] = -7 \quad f[x_2, x_3, x_4] = -14 \quad f[x_1, \ldots, x_4] = -6 \quad f[x_0, \ldots, x_4] = -1$

Diese Werte berechnen sich dabei folgendermaßen:

$$f[x_0, x_1] = \frac{f[x_1] - f[x_0]}{x_1 - x_0} = \frac{8 - 17}{-2 + 5} = -3,$$

$$f[x_1, x_2] = \frac{f[x_2] - f[x_1]}{x_2 - x_1} = \frac{21 - 8}{1} = 13,$$

$$f[x_2, x_3] = \frac{42 - 21}{1} = 21, \qquad f[x_3, x_4] = \frac{35 - 42}{1} = -7,$$

$$f[x_0, x_1, x_2] = \frac{f[x_1, x_2] - f[x_0, x_1]}{x_2 - x_0} = \frac{13 + 3}{4} = 4,$$

$$f[x_1, x_2, x_3] = \frac{21 - 13}{2} = 4, \qquad f[x_2, x_3, x_4] = \frac{-7 - 21}{2} = -14,$$

$$f[x_0, \ldots, x_3] = \frac{4 - 4}{0 - (-5)} = 0, \qquad f[x_1, \ldots, x_4] = \frac{-14 - 4}{1 - (-2)} = -6,$$

$$f[x_0, \ldots, x_4] = \frac{-6 - 0}{6} = -1.$$

Das interpolierende Polynom lautet damit

$$\mathcal{P}(x) = 17 - 3(x+5) + 4(x+5)(x+2) - (x+5)(x+2)(x+1)x.$$

Lösung zu Aufgabe 1.12. Die lagrangeschen Basispolynome $L_0, L_1, \ldots, L_n \in \Pi_n$ (zu den gegebenen Stützstellen $x_0, x_1, \ldots, x_n$) sind stetig, daher gilt

$$\max_{k=0,\ldots,n} \|L_k\|_\infty =: K < \infty,$$

wobei $\|\cdot\|_\infty$ die Maximumnorm für reellwertige, auf dem Intervall $[a,b]$ definierte stetige Funktionen bezeichnet. Nach dem Satz von Weierstraß gibt es ein Polynom $\mathcal{Q}$ mit $\|\mathcal{Q} - f\|_\infty \le \varepsilon/M$, wobei die Konstante M wie folgt gewählt wird:

$$M = 1 + K(n+1).$$

Das Polynom

$$\mathcal{P} := \mathcal{Q} + \sum_{k=0}^{n} (f(x_k) - \mathcal{Q}(x_k)) L_k$$

leistet dann das Gewünschte:

$$\mathcal{P}(x_j) = \mathcal{Q}(x_j) + \sum_{k=0}^{n} (f(x_k) - \mathcal{Q}(x_k)) \overbrace{L_k(x_j)}^{=\delta_{jk}} = \mathcal{Q}(x_j) + f(x_j) - \mathcal{Q}(x_j)$$
$$= f(x_j) \quad \text{für } j = 0, 1, \ldots, n,$$

und

$$\|\mathcal{P} - f\|_\infty \le \|\mathcal{Q} - f\|_\infty + \sum_{k=0}^{n} \|f - \mathcal{Q}\|_\infty \|L_k\|_\infty$$
$$\le \frac{\varepsilon}{M} + \sum_{k=0}^{n} \frac{\varepsilon}{M} \cdot K = \varepsilon,$$

wobei wie üblich δ_{jk} das Kronecker-Symbol bezeichnet, das heißt, es gilt $\delta_{jj} = 1$ und $\delta_{jk} = 0$ für $j \ne k$.

Lösung zu Aufgabe 1.13. Man betrachtet hier die lineare Abbildung

$$A : \mathcal{V} \to \mathbb{R}^{n+1}, \qquad v \mapsto (\varphi_j(v))_{j=0,\ldots,n}.$$

Wegen der Identität $\dim \mathcal{V} = n+1$ ist die lineare Abbildung A injektiv genau dann, wenn sie bijektiv ist.

(a) "$\Longrightarrow$": Offensichtlich wird für die Funktion $f=0$ die verallgemeinerte Interpolationsaufgabe (1.2) durch die Funktion $v=0$ gelöst, die nach Voraussetzung die einzige Lösung ist.
"$\Longleftarrow$": Nach Voraussetzung ist die Abbildung A injektiv und damit auch bijektiv. Für jede stetige Funktion $f : [a,b] \to \mathbb{R}$ existiert demnach genau eine Funktion $v \in \mathcal{V}$, die der Interpolationsbedingung (1.2) genügt.

(b) Man betrachtet hier die Abbildung
$$Q : C[a,b] \to \mathbb{R}^{n+1}, \qquad f \mapsto (\varphi_j(f))_{j=0,\ldots,n}.$$
Die Abbildung Q ist linear und demnach auch die Abbildung $\mathcal{L}_n = A^{-1}Q$. Weiter löst für eine Funktion $f \in \mathcal{V}$ genau $v = f$ das gegebene Interpolationsproblem (1.2) und daher gilt $\mathcal{L}_n f = f$. Schließlich ist für jede stetige Funktion $f : [a,b] \to \mathbb{R}$ die Eigenschaft $\mathcal{L}_n f \in \mathcal{V}$ erfüllt, die Identität $\mathcal{L}_n f = f$ impliziert also $f \in \mathcal{V}$.

Lösung zu Aufgabe 1.14. Man betrachtet hier die stetige Funktion
$$g(x) = \sum_{k=0}^{n} \prod_{\substack{s=0 \\ s \neq k}}^{n} \left| \frac{x - x_s}{x_k - x_s} \right| \qquad \text{für} \quad x \in [a,b].$$
Die Aufgabenstellung besteht also darin, die Identität
$$\sup \left\{ \| \mathcal{L}_n f \|_\infty \; : \; f \in C[a,b], \; \| f \|_\infty = 1 \right\} = \| g \|_\infty \qquad \text{(L-1.5)}$$
herzuleiten, wobei es genügt, anstelle der Identität in (L-1.5) die zwei Ungleichungen "$\leq$" und "$\geq$" nachzuweisen. Für den Nachweis der Ungleichung "$\leq$" betrachtet man eine beliebige stetige Funktion $f : [a,b] \to \mathbb{R}$ und einen beliebigen Punkt $x \in [a,b]$. Dann gilt
$$|(\mathcal{L}_n f)(x)| \leq \sum_{k=0}^{n} |f(x_k)| \prod_{\substack{s=0 \\ s \neq k}}^{n} \left| \frac{x - x_s}{x_k - x_s} \right| \leq |g(x)| \| f \|_\infty \leq \| g \|_\infty \cdot \| f \|_\infty$$
und damit auch
$$\max_{x \in [a,b]} |(\mathcal{L}_n f)(x)| \leq \| g \|_\infty \cdot \| f \|_\infty.$$
Die Ungleichung "$\leq$" in (L-1.5) ist damit nachgewiesen, und für die Herleitung der Ungleichung "$\geq$" wählt man zu einem beliebigen Punkt $x \in [a,b]$ eine stetige Funktion $f : [a,b] \to \mathbb{R}$ mit der Eigenschaft
$$f(x_k) = \operatorname{sgn}\Big(\prod_{\substack{s=0 \\ s \neq k}}^{n} \frac{x - x_s}{x_k - x_s} \Big) \qquad \text{für} \quad k = 0, 1, \ldots, n, \qquad \| f \|_\infty = 1.$$
Dann gilt
$$\| \mathcal{L}_n \|_\infty \geq |(\mathcal{L}_n f)(x)| = \sum_{k=0}^{n} \prod_{\substack{s=0 \\ s \neq k}}^{n} \left| \frac{x - x_s}{x_k - x_s} \right| = |g(x)|$$
mit dem beliebigen gewählten Punkt $x \in [a,b]$, und dann gilt auch
$$\| \mathcal{L}_n \|_\infty \geq \max_{x \in [a,b]} |g(x)| = \| g \|_\infty.$$
Die Ungleichung "$\geq$" in (L-1.5) ist damit ebenfalls nachgewiesen.

Lösung zu Aufgabe 1.15. Gemäß der Darstellung [26, (1.14)] gilt für jedes $x \in [10, 12]$ die Fehlerdarstellung

$$f(x) - \mathcal{P}(x) = \frac{(x-10)(x-11)(x-12)f'''(\xi)}{6} \quad \text{(L-1.6)}$$

mit einer Zwischenstelle $\xi = \xi(x) \in [10, 12]$. Wegen

$$f'(x) = \frac{1}{x}, \quad f''(x) = -\frac{1}{x^2}, \quad f'''(x) = \frac{2}{x^3}$$

nimmt die Fehlerdarstellung (L-1.6) hier die Form

$$f(x) - \mathcal{P}(x) = (x-10)(x-11)(x-12)\frac{1}{3\xi^3}$$

an.

(a) Im Fall $x = 11.1$ erhält man die Fehlerdarstellung

$$f(11.1) - \mathcal{P}(11.1) = 1.1 \cdot 0.1 \cdot (-0.9)\frac{1}{3\xi^3} = -\frac{0.033}{\xi^3}$$

mit einer Zwischenstelle $\xi = \xi(11.1) \in [10, 12]$, und damit ergibt sich die Fehlerabschätzung

$$|f(11.1) - \mathcal{P}(11.1)| \leq \frac{0.033}{10^3} = 0.33 \cdot 10^{-4}.$$

(b) Wir bestimmen zunächst das Betragsmaximum der Funktion

$$\omega(x) := (x-10)(x-11)(x-12), \quad x \in [10, 12].$$

Es gilt

$$\omega(x) = (x-10)(x^2 - 23x + 132) = x^3 - 33x^2 + 362x - 1320,$$
$$\omega'(x) = 3x^2 - 66x + 362.$$

Eine kurze Rechnung liefert die Nullstellen $z_{1/2}$ von ω': es gilt

$$\omega'(z_{1/2}) = 0 \quad \text{für} \quad z_{1/2} = 11 \pm \sqrt{\tfrac{1}{3}}.$$

Eine weitere Rechnung liefert

$$\omega(z_1) = (1+\sqrt{\tfrac{1}{3}})\sqrt{\tfrac{1}{3}}(-1+\sqrt{\tfrac{1}{3}}) = (\tfrac{1}{3}-1)\sqrt{\tfrac{1}{3}} = -\tfrac{2}{3}\sqrt{\tfrac{1}{3}},$$
$$\omega(z_2) = (1-\sqrt{\tfrac{1}{3}})(-\sqrt{\tfrac{1}{3}})(-1-\sqrt{\tfrac{1}{3}}) = (1-\sqrt{\tfrac{1}{3}})\sqrt{\tfrac{1}{3}}(1+\sqrt{\tfrac{1}{3}})$$
$$= (1-\tfrac{1}{3})\sqrt{\tfrac{1}{3}} = \tfrac{2}{3}\sqrt{\tfrac{1}{3}}.$$

Es sind $10, 11$ und 12 die einzigen Nullstellen der Funktion ω, daher gilt

$$\max_{x \in [10,12]} |\omega(x)| = \tfrac{2}{3}\sqrt{\tfrac{1}{3}}.$$

Außerdem gilt
$$\max_{\xi \in [10,12]} \frac{1}{\xi^3} = 10^{-3},$$
insgesamt erhält man nun die Lösung zu dieser Aufgabe:
$$\sup_{x \in [10,12]} |f(x) - \mathcal{P}(x)| = \sup_{x \in [10,12]} \left| \frac{1}{3\xi(x)^3}(x-10)(x-11)(x-12) \right|$$
$$\leq \frac{1}{3} \sup_{\xi \in [10,12]} \left| \frac{1}{\xi^3} \right| \sup_{x \in [10,12]} |(x-10)(x-11)(x-12)| = \frac{1}{3} \cdot 10^{-3} \cdot \frac{2}{3} \cdot \sqrt{\frac{1}{3}}$$
$$= \frac{2}{9} \cdot \sqrt{\frac{1}{3}} \cdot 10^{-3} \approx 0.1283 \cdot 10^{-3}.$$

Lösung zu Aufgabe 1.16.

(a) Man benötigt hier die Identität
$$\sin((k+1)\theta) + \sin((k-1)\theta) = 2\sin(k\theta)\cos\theta \quad \text{für } \theta, k \in \mathbb{R}. \quad (\text{L-}1.7)$$

Die in der Aufgabenstellung angegebenen Darstellungen für U_0 und U_1 sind klar:
$$U_0(\cos\theta) = \frac{\sin\theta}{\sin\theta} = 1, \quad U_1(\cos\theta) = \frac{\sin 2\theta}{\sin\theta} \stackrel{(*)}{=} 2\cos\theta,$$

wobei die Identität $(*)$ unmittelbar aus (L-1.7) mit der speziellen Wahl $k = 1$ resultiert. Die angegebene Rekursionsformel für die Polynome U_n erhält man so:
$$U_n(\cos\theta) = \frac{\sin[(n+1)\theta]}{\sin\theta} \stackrel{(*)}{=} \frac{2\cos\theta \sin(n\theta) - \sin[(n-1)\theta]}{\sin\theta}$$
$$\stackrel{(**)}{=} 2(\cos\theta)U_{n-1}(\cos\theta) - U_{n-2}(\cos\theta) \quad \text{für } n \geq 1, \quad \theta \in (0, \pi).$$

Hierbei ergibt sich die Identität $(*)$ aus (L-1.7) angewandt mit $k = n$, und die Identität $(**)$ folgt unmittelbar aus der Definition der Polynome U_k.

(b) Die Eigenschaft $U_n \in \Pi_n$ und die Aussage über die führenden Koeffizienten werden nun simultan per vollständiger Induktion nachgewiesen. Offensichtlich ist per Definition U_0 ein Polynom vom Grad null mit führendem Koeffizienten eins, und U_1 ist ein Polynom vom Grad eins mit führendem Koeffizienten zwei. Für den Induktionsschritt nehmen wir nun an, dass die Aussage der Aufgabe für $n = 0, 1, \ldots, m$ richtig ist mit einer Zahl $m \geq 2$. Dann liefert die Rekursionsformel (1.4) Folgendes:

$$U_{m+1}(t) = 2t \underbrace{U_m(t)}_{\text{Grad} = m} - \underbrace{U_{m-1}(t)}_{\in \Pi_{m-1}},$$

(mit $\overbrace{}^{\text{Grad}=m+1}$)

und der führende Koeffizient von U_{m+1} berechnet sich gleichzeitig zu $2 \cdot 2^m = 2^{m+1}$.

(c) Sei zunächst t kein Randpunkt, $t \in (-1, 1)$. Dann wählt man $\theta \in (0, \pi)$ mit $\cos\theta = t$ und erhält für $n \geq 1$

$$-n\sin(n\theta) = \frac{d}{d\theta}\cos(n\theta) = \frac{d}{d\theta}T_n(\cos\theta) = -T_n'(\cos\theta) \cdot \sin\theta$$

beziehungsweise
$$T_n'(\cos\theta) = n\frac{\sin(n\theta)}{\sin\theta} = nU_{n-1}(\cos\theta).$$

Das ist die geforderte Aussage für $t \in (-1, 1)$. Aus Stetigkeitsgründen gilt sie dann auch für die beiden Randpunkte $t = 1$ und $t = -1$.

(d) Die Zahlen
$$u_j^{(n)} = \cos\left(\frac{j\pi}{n+1}\right) \quad \text{für} \quad j = 1, 2, \ldots, n$$
sind paarweise verschieden und liegen alle in dem offenen Intervall $(-1, 1)$. Zudem gilt
$$U_n(u_j^{(n)}) = U_n\left(\cos\left(\frac{j\pi}{n+1}\right)\right) = \frac{\sin((n+1)\frac{j\pi}{n+1})}{\sin(\frac{j\pi}{n+1})}$$
$$= \frac{\sin(j\pi)}{\sin(j\pi/(n+1))} = 0 \quad \text{für} \quad j = 1, 2, \ldots, n.$$

(e) Hier geht man so vor:
$$U_n(1) = \lim_{\theta \to 0+} U_n(\cos\theta) \stackrel{(*)}{=} \lim_{\theta \to 0+} \frac{(n+1)\cos[(n-1)\theta]}{\cos\theta} = n+1,$$
$$U_n(-1) = \lim_{\theta \to \pi-} U_n(\cos\theta) \stackrel{(**)}{=} \lim_{\theta \to \pi-} \frac{(n+1)\cos[(n-1)\theta]}{\cos\theta}$$
$$= \frac{(n+1)\cos[(n-1)\pi]}{-1} = (-1)^n(n+1),$$
wobei die Identitäten $(*)$ und $(**)$ jeweils aus der Regel von de L'Hospital folgen.

Lösung zu Aufgabe 1.17. Die zu interpolierende Funktion $f(x) := 1/(25x^2 + 1)$ für $x \in [-1, 1]$ stellt eine Transformation der Funktion aus dem klassischen Beispiel von Runge dar. In Bild 1.1 sind die numerischen Ergebnisse für $n = 10$ dargestellt.

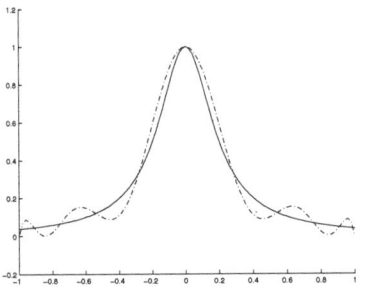
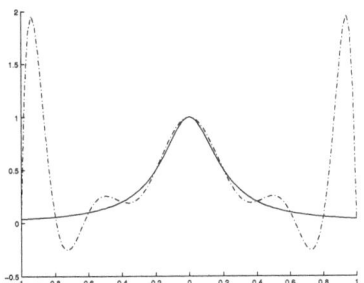

Bild 1.1: Numerische Ergebnisse für äquidistante Stützstellen (links) beziehungsweise solchen Stützstellen, die sich aus linear transformierten Tschebyscheff-Nullstellen (rechts) ergeben. Die Funktion f ist durchgezogen, das interpolierende Polynom jeweils gestrichelt dargestellt.

2 Splinefunktionen – Lösungen

Lösung zu Aufgabe 2.1.

(a) (i) Zunächst berechnet man Folgendes:

$$\|f' - s'\|_2^2 = \int_a^b (f' - s')^2(x)\,dx = \int_a^b \{f'(x)^2 - 2f'(x)s'(x) + s'(x)^2\}\,dx$$

$$= \|f'\|_2^2 - 2\int_a^b f'(x)s'(x)\,dx + \|s'\|_2^2$$

$$= \|f'\|_2^2 - 2\int_a^b (f'-s')(x)s'(x)\,dx - \|s'\|_2^2 \stackrel{(*)}{=} \|f'\|_2^2 - \|s'\|_2^2.$$

Hierbei erhält man die Identität (∗) aus dem Verschwinden des letzten auftretenden Integrals, was sich durch Zerlegung des Integrationsintervalls ergibt:

$$\int_a^b (f'-s')(x)s'(x)\,dx = \sum_{k=1}^N \int_{x_{k-1}}^{x_k} (f'-s')(x)s'(x)\,dx$$

$$\stackrel{(**)}{=} \sum_{k=1}^N s_k' \underbrace{\int_{x_{k-1}}^{x_k} (f'-s')(x)\,dx}_{\underbrace{(f-s)(x_k)}_{=0} - \underbrace{(f-s)(x_{k-1})}_{=0}} = 0.$$

Hierbei erhält man die Identität (∗∗) aus der Eigenschaft, dass die Ableitung s' auf jedem der betrachteten Teilintervalle $[x_{k-1}, x_k]$ einen konstanten Wert annimmt, der hier mit s_k' bezeichnet sei.

Man wendet nun die in (i) gewonnene Identität mit den Stützpunkten $f_j = f(x_j) - \psi(x_j)$ für $j = 0, 1, \ldots, N$ und mit der Funktion $f - \psi$ anstelle von f an. Die interpolierende lineare Splinefunktion für die Funktion $f - \psi$ ist $s - \psi$ und man erhält

$$\|f' - s'\|_2^2 = \|(f - \psi)' - (s - \psi)'\|_2^2 \stackrel{(\bullet)}{=} \|(f - \psi)'\|_2^2 - \underbrace{\|(s - \psi)'\|_2^2}_{\geq 0}$$

$$\leq \|f' - \psi'\|_2^2,$$

wobei die angesprochene Anwendung des Teils (i) dieser Aufgabe tatsächlich in die Identität (•) eingeht.

(b) Mit (i) aus Teil (a) aus dieser Aufgabe erhält man

$$0 \leq \|f' - s'\|_2^2 = \|f'\|_2^2 - \|s'\|_2^2$$

beziehungsweise

$$\|s'\|_2 \leq \|f'\|_2$$

für jede Funktion $f \in C_\Delta^1[a, b]$ mit $f(x_j) = f_j$ für $j = 0, 1, \ldots, N$.

Lösung zu Aufgabe 2.2. Für jeden Index $j \in \{0, 1, \ldots, N-1\}$ macht man auf dem Intervall $[x_j, x_{j+1}]$ den lokalen Ansatz

$$s(x) = a_j + b_j(x - x_j) + c_j(x - x_j)^2 =: p_j(x) \quad \text{für } x \in [x_j, x_{j+1}]. \quad \text{(L-2.1)}$$

Aus diesem Ansatz erhält man sowohl im Fall (a) als auch im Fall (b) die Bedingungen

$$p_j(x_j) = f_j \quad \text{für } j = 0, 1, \ldots, N-1, \quad \text{(L-2.2)}$$
$$p_j(x_{j+1}) = f_{j+1} \quad \text{———«———}, \quad \text{(L-2.3)}$$
$$p'_j(x_{j+1}) = p'_{j+1}(x_{j+1}) \quad \text{für } j = 0, 1, \ldots, N-2. \quad \text{(L-2.4)}$$

Mit der Notation

$$h_j := x_{j+1} - x_j \quad \text{für } j = 0, 1, \ldots, N-1$$

führt dies auf die Setzungen

$$a_j \stackrel{(*)}{=} f_j \quad \text{für } j = 0, 1, \ldots, N-1,$$
$$c_j \stackrel{(**)}{=} \frac{b_{j+1} - b_j}{2h_j}, \quad b_j + b_{j+1} = 2\frac{f_{j+1} - f_j}{h_j} \quad \text{für } j = 0, 1, \ldots, N-2,$$
$$c_{N-1} = \frac{f_N - f_{N-1}}{h_{N-1}^2} - \frac{b_{N-1}}{h_{N-1}}. \quad \text{(L-2.5)}$$

Hierbei ergeben sich die Identitäten $(*)$ und $(**)$ aus den Gleichungen (L-2.2) beziehungsweise (L-2.4), und die verbleibenden Identitäten resultieren aus (L-2.3). Für die Lösung der beiden Aufgabenteile (a) und (b) werden nun jeweils lineare Gleichungssysteme zur Bestimmung von $b_0, b_1, \ldots, b_N - 1$ hergeleitet.

(a) Hier ist $b_0 = f'_0$ und man erhält das lineare Gleichungssystem

$$\begin{pmatrix} 1 & & & & & \\ 1 & 1 & & & & \\ & 1 & 1 & & & \\ & & \ddots & \ddots & & \\ & & & \ddots & \ddots & \\ & & & & 1 & 1 \end{pmatrix} \begin{pmatrix} b_0 \\ b_1 \\ \vdots \\ \vdots \\ \vdots \\ b_{N-1} \end{pmatrix} = \begin{pmatrix} f'_0 \\ 2(f_1 - f_0)/h_0 \\ 2(f_2 - f_1)/h_1 \\ \vdots \\ \vdots \\ 2(f_{N-1} - f_{N-2})/h_{N-2} \end{pmatrix}.$$

Dieses lineare Gleichungssystem ist eindeutig lösbar, was zum Beispiel daraus folgt, dass die Determinante der auftretenden Matrix gleich eins ist. Ein möglicher Algorithmus zur Berechnung der Koeffizienten in dem lokalen Ansatz (L-2.1) lautet folgendermaßen:

- Setze $a_j = f_j$ für $j = 0, 1, \ldots, N-1$ sowie $b_0 = f'_0$.
- Berechne $b_{k+1} = 2\frac{f_{k+1} - f_k}{h_k} - b_k$ für $k = 0, 1, \ldots, N-2$.
- Berechne $c_k = \frac{b_{k+1} - b_k}{2h_k}$ für $k = 0, 1, \ldots, N-2$.

- Berechne $c_{N-1} = \dfrac{f_N - f_{N-1}}{h_{N-1}^2} - \dfrac{b_{N-1}}{h_{N-1}}$.

(b) Hier gilt zusätzlich

$$b_0 = p_0'(x_0) := p_{N-1}'(x_N) = b_{N-1} + 2c_{N-1}h_{N-1}$$
$$\stackrel{(*)}{=} b_{N-1} + 2\frac{f_N - f_{N-1}}{h_{N-1}} - 2b_{N-1},$$

wobei die Identität $(*)$ unmittelbar aus der Darstellung (L-2.5) folgt. Daraus resultiert unmittelbar

$$b_0 + b_{N-1} = 2\frac{f_N - f_{N-1}}{h_{N-1}},$$

und man erhält das folgende lineare Gleichungssystem:

$$\underbrace{\begin{pmatrix} 1 & 1 & & & \\ & 1 & 1 & & \\ & & \ddots & \ddots & \\ & & & 1 & 1 \\ 1 & & & & 1 \end{pmatrix}}_{=:A} \begin{pmatrix} b_0 \\ b_1 \\ \vdots \\ \vdots \\ b_{N-1} \end{pmatrix} = 2 \begin{pmatrix} (f_1 - f_0)/h_0 \\ (f_2 - f_1)/h_1 \\ \vdots \\ \vdots \\ (f_N - f_{N-1})/h_{N-1} \end{pmatrix}.$$

Eine Determinantenentwicklung der Matrix A nach der N-ten Zeile liefert

$$\det A = 1 + (-1)^{1+N} = \begin{cases} 0, & \text{falls } N \text{ gerade,} \\ 1 & \text{sonst.} \end{cases}$$

Für gerade Zahlen N ist die Interpolationsaufgabe also eindeutig lösbar, für ungerade Zahlen N hingegen nicht.

Lösung zu Aufgabe 2.3.

(a) Aufgrund der Annahmen $s'(a) = f_0'$ und $s'(b) = f_N'$ ist die Bedingung (b) aus [26, Theorem 2.7] erfüllt, die Aussage des genannten Theorems liefert dann

$$\|f''\|_2^2 - \|s''\|_2^2 = \|f'' - s''\|_2^2 \geq 0.$$

(b) Periodische Randbedingungen an die kubische Splinefunktion bedeuten

$$s'(a) = s'(b), \qquad s''(a) = s''(b),$$

Daher ist [26, Theorem 2.7, Bedingung (c)] erfüllt, und die Aussage des genannten Theorems liefert dann

$$\|f''\|_2^2 - \|s''\|_2^2 = \|f'' - s''\|_2^2 \geq 0.$$

(c) Seien $s_1, s_2 \in S_{\Delta,3}$ zwei interpolierende kubische Splinefunktionen, die beide eine der drei genannten Randbedingungen erfüllen. Dann ist

$$s := s_1 - s_2 \in S_{\Delta,3}$$

eine kubische Splinefunktion, die in allen vorgegebenen Knoten verschwindet, $s(x_j)$ = 0 für $j = 0, 1, \ldots, N$. Außerdem ist eine der beiden folgenden Randbedingungen erfüllt:

(i) $\quad s''(a) = s''(b) = 0 \quad$ beziehungsweise $\quad$ (ii) $\quad s'(a) = s'(b) = 0$.

In jedem der beiden genannten Fälle liefert [26, Theorem 2.7] angewandt mit $f = 0$ die Identität $\|s''\|_2 = 0$ beziehungsweise $s'' \equiv 0$, so dass die kubische Splinefunktion s notwendigerweise ein Polynom vom Grad ≤ 1 ist. Außerdem besitzt s die beiden verschiedenen Nullstellen $x_0 = a$ und $x_N = b$, so dass notwendigerweise s verschwindet, das heißt, $s \equiv 0$.

Lösung zu Aufgabe 2.4. Mit den Setzungen

$$p_0(x) = (x+1) + (x+1)^3 \quad \text{für} \quad -1 \leq x \leq 0,$$
$$p_1(x) = 4 + (x-1) + (x-1)^3 \quad \text{für} \quad 0 < x \leq 1$$

erhält man

$p_0'(x) = 1 + 3(x+1)^2, \quad p_0''(x) = 6(x+1) \quad$ für $\quad -1 \leq x \leq 0,$
$p_1'(x) = 1 + 3(x-1)^2, \quad p_1''(x) = 6(x-1) \quad$ für $\quad 0 \leq x \leq 1,$
$p_0(0) = 2 = p_1(0), \quad p_0'(0) = 4 = p_1'(0), \quad p_0''(0) = 6, \quad p_1''(0) = -6,$
$p_0''(-1) = 0 = p_1''(1).$

Die Funktion f besitzt also alle Eigenschaften einer kubischen Splinefunktion mit natürlichen Randbedingungen bezüglich der zugehörigen Zerlegung bis auf eine Einzige: die zweite Ableitung ist im Punkt $x = 0$ nicht stetig.

Lösung zu Aufgabe 2.5. Wir gehen von dem lokalen Ansatz

$$s(x) = a_j + b_j(x - x_j) + c_j(x - x_j)^2 + d_j(x - x_j)^3 =: p_j(x),$$
$$\text{für } x \in [x_j, x_{j+1}], \quad j = 0, 1,$$

aus und berechnen die Koeffizienten entsprechend der Vorgehensweise in [26, Abschnitt 2.4]. Das lineare Gleichungssystem [26, (2.12)] zur Berechnung der Momente reduziert sich hier auf die eine Gleichung

$$4s_1'' = g_1 = 6(0-2) - 6(2-1) = -12 - 6 = -18,$$

wobei $h_0 = h_1 = 1$ berücksichtigt ist. Daraus ergibt sich $2c_1 = s_1'' = -\frac{9}{2}$. Mit den Darstellungen (2.13) und (2.14) erhält man weiter

$b_0 = \frac{2-1}{1} - \frac{1}{6}(-\frac{9}{2} + 0) = 1 + \frac{3}{4} = \frac{7}{4},$

$b_1 = \frac{0-2}{1} - \frac{1}{6}(0 - 9) = -2 + \frac{3}{2} = -\frac{1}{2},$

$d_0 = (-\frac{9}{4} - 0)/3 = -\frac{3}{4}, \quad d_1 = (0 + \frac{9}{4})/3 = \frac{3}{4},$

$a_0 = 1, \quad a_1 = 2.$

Wir erhalten damit

$$p_1(x) = 1 + \frac{7}{4}x - \frac{3}{4}x^3, \quad p_2(x) = 2 - \frac{1}{2}(x-1) - \frac{9}{4}(x-1)^2 + \frac{3}{4}(x-1)^3.$$

Lösung zu Aufgabe 2.6. Hier gilt $h_j = 1$ für $j = 0, 1, \ldots, 4$, die benachbarten Knoten haben also jeweils den Abstand eins. Das lineare Gleichungssystem [26, (2.12)] nimmt hier demnach die folgende Form an:

$$\begin{array}{rcrcrcrcl}
4s_1'' & + & s_2'' & & & & & = & g_1 \\
s_1'' & + & 4s_2'' & + & s_3'' & & & = & g_2 \\
& & s_2'' & + & 4s_3'' & + & s_4'' & = & g_3 \\
& & & & s_3'' & + & 4s_4'' & = & g_4
\end{array}$$

mit den rechten Seiten

$$\begin{aligned}
g_1 &= 6(f_2 - f_1 - (f_1 - f_0)) = 6(-3 - (-5)) = 12, \\
g_2 &= 6(f_3 - f_2 - (f_2 - f_1)) = 6(-1 - (-3)) = 12, \\
g_3 &= 6(f_4 - f_3 - (f_3 - f_2)) = 6(1 - (-1)) = 12, \\
g_4 &= 6(f_5 - f_4 - (f_4 - f_3)) = 6(3 - 1) = 12.
\end{aligned}$$

Lösung zu Aufgabe 2.7. Es ist $\|f^{(4)}\|_\infty = 1$, und [26, Theorem 2.16] liefert mit der Konstanten $C = 3/4$ die Fehlerabschätzung $|s(x) - f(x)| \leq h^4$ für $x \in [0,1]$. Der Fehler fällt also sicher kleiner als 10^{-12} aus, wenn $h^4 = N^{-4} < 10^{-12}$ beziehungsweise $10^{12/4} = 10^3 = 1000 < N$ gilt.

Lösung zu Aufgabe 2.8. Hier gilt

$$f''(x) = -L^2 \sin(Lx), \quad f^{(4)}(x) = L^4 \sin(Lx)$$

und damit

$$\max_{x \in [0,\pi]} |f''(x)| = L^2, \quad \max_{x \in [0,\pi]} |f^{(4)}(x)| = L^4.$$

Für die interpolierende lineare Splinefunktion s zur gegebenen Zerlegung des vorgegebenen Intervalls ergibt sich daraus und nach [26, Theorem 2.4] die Fehlerabschätzung

$$\max_{x \in [0,\pi]} |s(x) - f(x)| \leq \frac{\pi^2}{8} \cdot L^2 \cdot \frac{1}{N^2}.$$

Für die interpolierende kubische Splinefunktion s zur gegebenen Zerlegung des vorgegebenen Intervalls und mit natürlichen Randbedingungen ergibt sich nach [26, Theorem 2.16] die Fehlerabschätzung

$$\max_{x \in [0,\pi]} |s(x) - f(x)| \leq (\pi \cdot L)^4 \cdot \frac{1}{N^4}.$$

Lösung zu Aufgabe 2.9. Auf jedem Teilintervall (x_j, x_{j+1}) ist die Ableitung s' eine konstante Funktion mit

$$s'(x) = \frac{s(x_{j+1}) - s(x_j)}{h_j} \quad \text{für} \quad x_j < x < x_{j+1} \quad \text{mit} \quad h_j := x_{j+1} - x_j. \quad \text{(L-2.6)}$$

Es wird nun für f eine möglichst ähnliche Darstellung hergeleitet. Hierzu werden zwei Taylorentwicklungen der Funktion f in dem Punkt $x \in (x_j, x_{j+1})$ vorgenommen:

$$f(x_{j+1}) = f(x) + (x_{j+1} - x)f'(x) + \frac{(x_{j+1} - x)^2}{2} f''(\alpha_j),$$

$$f(x_j) = f(x) + (x_j - x)f'(x) + \frac{(x_j - x)^2}{2} f''(\beta_j),$$

mit gewissen Zwischenstellen $\alpha_j, \beta_j \in [x_j, x_{j+1}]$. Subtraktion der letzten beiden Gleichungen und eine anschließende Division durch h_j liefert

$$f'(x) = \frac{f(x_{j+1}) - f(x_j)}{h_j} - \frac{(x_{j+1} - x)^2}{2h_j} f''(\alpha_j) - \frac{(x - x_j)^2}{2h_j} f''(\beta_j). \tag{L-2.7}$$

Die Subtraktion "(L-2.6)–(L-2.7)" ergibt dann

$$s'(x) - f'(x) = \frac{(x_{j+1} - x)^2}{2h_j} f''(\alpha_j) + \frac{(x - x_j)^2}{2h_j} f''(\beta_j) \tag{L-2.8}$$

unter Berücksichtigung der Identitäten $s(x_j) = f(x_j)$ und $s(x_{j+1}) = f(x_{j+1})$. Aus der Darstellung (L-2.8) erhält man dann die geforderte Abschätzung:

$$|s'(x) - f'(x)| \leq \frac{1}{2h_j} \underbrace{\left[(x_{j+1} - x)^2 + (x - x_j)^2 \right]}_{\leq h_j^2} \| f'' \|_\infty \leq \tfrac{1}{2} h_j \| f'' \|_\infty.$$

Lösung zu Aufgabe 2.10. Die Splinekurve ist in Bild 2.1 dargestellt. Die neun zu interpolierenden Punkte sind dabei mit den Symbolen "+" gekennzeichnet.

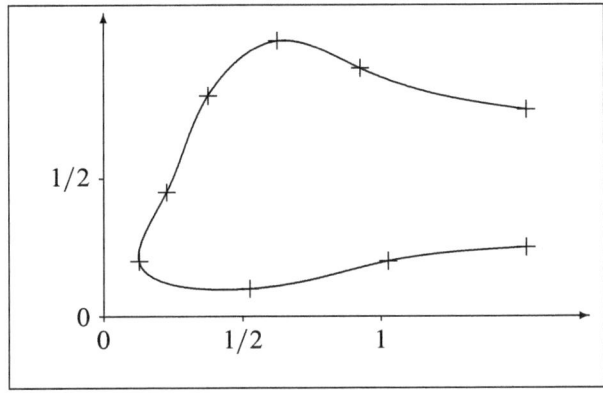

Bild 2.1: Darstellung der interpolierenden Splinekurve

3 Diskrete Fouriertransformation – Lösungen

Lösung zu Aufgabe 3.1.
Man überlegt sich zunächst die beiden folgenden Aussagen:

(i) Jedes reelle trigonometrische Polynom von der Form (3.1) lässt sich in der Form

$$T(x) = \sum_{k=-N/2}^{N/2} c_k e^{ikx} = \Big(\sum_{k=0}^{N} c_{k-(N/2)} e^{ikx}\Big) e^{-i(N/2)x} \quad \text{für } x \in \mathbb{R} \quad \text{(L-3.1)}$$

schreiben mit komplexen Koeffizienten $c_{k-(N/2)}$ für $k = 0, 1, \ldots, N$.

(ii) Umgekehrt lässt sich jede Funktion von der Form (L-3.1) als ein reelles trigonometrisches Polynom von der Form (3.1) darstellen.

Wir beginnen mit dem Nachweis der Aussage (ii). Ausgehend von der Darstellung (L-3.1) erhält man

$$\begin{aligned} T(x) &= \sum_{k=-N/2}^{N/2} c_k (\cos kx + i \sin kx) \\ &= c_0 + \sum_{k=1}^{N/2} \big((c_k + c_{-k}) \cos kx + i(c_k - c_{-k}) \sin kx \big) \\ &= \frac{A_0}{2} + \sum_{k=1}^{N/2} \big(A_k \cos kx + B_k \sin kx \big) \end{aligned} \quad \text{(L-3.2)}$$

mit den Koeffizienten

$$A_0 = 2c_0, \quad \underbrace{\begin{pmatrix} 1 & 1 \\ i & -i \end{pmatrix}}_{=:\, S} \begin{pmatrix} c_k \\ c_{-k} \end{pmatrix} = \begin{pmatrix} A_k \\ B_k \end{pmatrix} \quad \text{für } k = 1, 2, \ldots, N/2. \quad \text{(L-3.3)}$$

Die Darstellung (L-3.2) stimmt mit derjenigen in (3.1) überein, was den Nachweis der Aussage (ii) komplettiert. Für den Nachweis der Aussage (i) stellt man als Erstes fest, dass die in (L-3.3) auftretende Matrix S wegen $\det S = -2i \neq 0$ regulär ist. Damit existieren zu vorgegebenen Koeffizienten A_k, B_k (für alle in Frage kommenden Indizes k) Koeffizienten $c_{k-(N/2)}$ für $k = 0, 1, \ldots, N$, die den Bedingungen in (L-3.3) genügen. Ausgehend von der Darstellung in (L-3.2) führt man die vorgestellten Umformungen in der umgekehrten Richtung aus und gelangt so zu der Darstellung (L-3.1). Damit sind die Aussagen (i) und (ii) über die alternative Darstellung der reellen trigonometrischen Polynome abgeschlossen, und im Folgenden wird die Darstellung (L-3.1) verwendet.

(a) Es ist klar, dass das vorgegebene Interpolationsproblem äquivalent zu der Forderung

$$\begin{aligned} p(e^{ix_j}) &= e^{i(N/2)x_j} f_j \quad \text{für } j = 0, 1, \ldots, N \quad \text{mit } p \in \Pi_N \quad \text{(L-3.4)}\\ T(x) &:= p(x) e^{-i(N/2)x} \end{aligned}$$

ist. Es ist bereits bekannt, dass dieses Interpolationsproblem (L-3.4) eindeutig lösbar ist und damit auch das in dieser Aufgabe betrachtete Interpolationsproblem.

(b) In der vorliegenden Situation gilt

$$f_j = \overline{f_j} = \overline{T(x_j)} = \sum_{k=-N/2}^{N/2} \overline{c_k} e^{-ikx_j} = \sum_{k=-N/2}^{N/2} \overline{c_{-k}} e^{ikx_j}$$

für $j = 0, 1, \ldots, N$. Wegen der Eindeutigkeit der Lösung des vorgegebenen Interpolationsproblems gilt notwendigerweise

$$c_k = \overline{c_{-k}} \quad \text{für} \quad -\frac{N}{2} \leq k \leq \frac{N}{2},$$

und damit $A_0 = 2c_0 \in \mathbb{R}$ beziehungsweise

$$A_k = c_k + c_{-k} = c_k + \overline{c_k} = 2\operatorname{Re} c_k \in \mathbb{R},$$
$$B_k = i(c_k - c_{-k}) = 2i^2 \operatorname{Im} c_k \in \mathbb{R} \quad \text{für} \quad k = 1, 2, \ldots, N/2.$$

Lösung zu Aufgabe 3.2. (a) Im Folgenden werden die Räume

$$\mathcal{U}_n = \operatorname{span}\{1, \sin x, \cos x, \ldots, \sin nx, \cos nx\} \quad \text{für} \quad n = 1, 2, \ldots$$

genauer betrachtet.

(i) Für Zahlen $b, c \in [0, 2\pi]$ betrachte man die Funktion

$$w(x) = \sin\left(\frac{x-b}{2}\right) \cdot \sin\left(\frac{x-c}{2}\right) \quad \text{für} \quad x \in \mathbb{R}.$$

Es gilt $w \in \mathcal{U}_1$, denn

$$w(x) = \tfrac{1}{2}\left\{\cos\left(\tfrac{b-c}{2}\right) - \cos\left(x - \tfrac{b+c}{2}\right)\right\}$$
$$= \tfrac{1}{2}\cos\left(\tfrac{b-c}{2}\right) - \tfrac{1}{2}\cos\left(\tfrac{b+c}{2}\right)\cos x - \tfrac{1}{2}\sin\left(\tfrac{b+c}{2}\right)\sin x.$$

(ii) Wir sind fertig, wenn für beliebige Indizes $n, m \geq 1$ die Implikation

$$g_1 \in \mathcal{U}_n, \ g_2 \in \mathcal{U}_m \implies g_1 \cdot g_2 \in \mathcal{U}_{n+m} \tag{L-3.5}$$

nachgewiesen ist. Dieser Nachweis wird im Folgenden geführt. Für zwei Funktionen $g_1 \in \mathcal{U}_n$ und $g_2 \in \mathcal{U}_m$ existieren Darstellungen

$$g_1(x) = \frac{a_0^{(1)}}{2} + \sum_{k=1}^{n}\left(a_k^{(1)}\cos kx + b_k^{(1)}\sin kx\right),$$
$$g_2(x) = \frac{a_0^{(2)}}{2} + \sum_{\ell=1}^{m}\left(a_\ell^{(2)}\cos \ell x + b_\ell^{(2)}\sin \ell x\right)$$

mit gewissen reellen Koeffizienten $a_s^{(r)}$ und $b_s^{(r)}$ für $r = 1, 2$ und jeweils alle in Frage kommenden Indizes s. Damit gelten auch die Darstellungen

$$g_1(x) = \sum_{k=-n}^{n} c_k^{(1)} e^{ikx} =: r_1(e^{ix}), \quad g_2(x) = \sum_{\ell=-m}^{m} c_\ell^{(2)} e^{i\ell x} =: r_2(e^{ix})$$

mit
$$r_1(z) = \sum_{k=-n}^{n} c_k^{(1)} z^k, \qquad r_2(z) = \sum_{\ell=-m}^{m} c_\ell^{(2)} z^\ell$$

und den Koeffizienten
$$\overline{c_{-s}^{(\nu)}} := c_s^{(\nu)} := \tfrac{1}{2}\left(a_s^{(\nu)} - \mathrm{i} b_s^{(\nu)}\right), \qquad c_0^{(\nu)} := \frac{a_0^{(\nu)}}{2}$$

für $\nu = 1, 2$ und jeweils alle in Frage kommenden Indizes s. Es gilt dann
$$r(z) := r_1(z) \cdot r_2(z) = \sum_{k=-n}^{n} \sum_{\ell=-m}^{m} c_k^{(1)} c_\ell^{(2)} z^{k+\ell} = \sum_{\mu=-(n+m)}^{n+m} c_\mu z^\mu$$

mit den Koeffizienten
$$c_\mu := \sum_{k+\ell=\mu} c_k^{(1)} c_\ell^{(2)}.$$

Damit gilt auch
$$c_{-\mu} = \sum_{-k+(-\ell)=\mu} c_k^{(1)} c_\ell^{(2)} = \sum_{k+\ell=\mu} c_{-k}^{(1)} c_{-\ell}^{(2)} = \overline{\sum_{k+\ell=\mu} c_k^{(1)} c_\ell^{(2)}} = \overline{c_{-\mu}}$$

und somit
$$(g_1 g_2)(x) = r(e^{\mathrm{i}x}) = \sum_{\mu=-(n+m)}^{n+m} c_\mu e^{\mathrm{i}\mu x} = \frac{d_0}{2} + \sum_{\mu=1}^{n+m} \left(d_\mu \cos \mu x + e_\mu \sin \mu x\right)$$

mit den Koeffizienten
$$d_\mu = 2\operatorname{Re} c_\mu, \qquad e_\mu = -2\operatorname{Im} c_\mu, \qquad \text{für } \mu \geq 1, \qquad d_0 = 2c_0.$$

Damit ist die Implikation (L-3.5) und somit auch Teil (a) der Aufgabe nachgewiesen. Teil (b) folgt unmittelbar aus der Eigenschaft $t_k(x_j) = 0$ für alle Indizes j, k mit $j \neq k$.

Lösung zu Aufgabe 3.3. Mit den Notationen
$$v^{(k)} := \left(1, \omega^k, \omega^{2k}, \ldots, \omega^{(N-1)k}\right)^\top \in \mathbb{C}^N \qquad \text{für } k = 0, 1, \ldots, N-1$$

mit $\omega = e^{\mathrm{i} 2\pi/N}$ gilt
$$(D_2 v^{(k)})_j \overset{(*)}{=} -e^{\mathrm{i}(j-1)k 2\pi/N} + 2 e^{\mathrm{i}jk 2\pi/N} - e^{\mathrm{i}(j+1)k 2\pi/N}$$
$$= \left(-e^{-\mathrm{i}k 2\pi/N} + 2 - e^{\mathrm{i}k 2\pi/N}\right) e^{\mathrm{i}jk 2\pi/N} = \left(2 - 2\cos\left(\frac{k 2\pi}{N}\right)\right) v_j^{(k)}$$
$$= 4 \sin\left(\frac{k\pi}{N}\right) v_j^{(k)},$$

wobei die Identität (*) auch für die Situationen $j = 0$ beziehungsweise $j = N - 1$ richtig ist, denn es gilt
$$e^{\mathrm{i}N k 2\pi/N} = 1 = v_0^{(k)}, \qquad e^{-\mathrm{i}k 2\pi/N} = e^{\mathrm{i}(N-1)k 2\pi/N} = v_{N-1}^{(k)}.$$

Damit gilt also

$$D_2 v^{(k)} = \lambda_k v^{(k)} \quad \text{für} \quad k = 0, 1, \ldots, N-1.$$

Weiter gilt

$$\mathcal{F}^{-1} \mathbf{e}_k = v^{(k)}, \qquad \mathcal{F} v^{(k)} = \mathbf{e}_k \quad \text{für} \quad k = 0, 1, \ldots, N-1,$$

wobei $\mathbf{e}_k \in \mathbb{R}^N$ den k-ten Einheitsvektor bezeichnet. Daraus erhält man

$$\mathcal{F} D_2 \mathcal{F}^{-1} \mathbf{e}_k = \mathcal{F} D_2 v^{(k)} = \mathcal{F}(\lambda_k v^{(k)}) = \lambda_k \mathcal{F} v^{(k)}$$
$$= \lambda_k \mathbf{e}_k \quad \text{für} \quad k = 0, 1, \ldots, N-1.$$

Dies ist gleichbedeutend mit $\mathcal{F} D_2 \mathcal{F}^{-1} = M$ beziehungsweise mit $D_2 = \mathcal{F}^{-1} M \mathcal{F}$. Damit gilt aber auch für $\lambda \in \mathbb{C}$

$$D_2 - \lambda I = \mathcal{F}^{-1}(M - \lambda I)\mathcal{F}.$$

Damit sind die beiden Aussagen der vorliegenden Aufgabe nachgewiesen.

Lösung zu Aufgabe 3.4.

(a) Zwischen dem transformierten Datensatz $\tilde{d} := (\tilde{d}_0, \tilde{d}_1, \ldots, \tilde{d}_{N-1})^\top \in \mathbb{C}^N$ und der diskreten Fouriertransformierten $d := (d_0, d_1, \ldots, d_{N-1})^\top \in \mathbb{C}^N$ von $f := (f_0, f_1, \ldots, f_{N-1})^\top \in \mathbb{C}^N$ besteht wegen

$$\tilde{d}_k = \gamma_k \underbrace{\left(\frac{1}{N} \sum_{j=0}^{N-1} f_j e^{-ijk2\pi/N} \right)}_{= d_k} e^{-ik\pi/N} \quad \text{für} \quad k = 0, 1, \ldots, N-1$$

der Zusammenhang

$$\tilde{d} = Dd \quad \text{mit} \quad D := \text{diag}(\gamma_k e^{-ik\pi/N} : k = 0, 1, \ldots, N-1).$$

Mit der diskreten Fourier-Rücktransformation

$$\begin{pmatrix} f_0 \\ \vdots \\ f_{N-1} \end{pmatrix} = V \begin{pmatrix} d_0 \\ \vdots \\ d_{N-1} \end{pmatrix} \quad \text{mit} \quad \begin{aligned} V &:= (\omega^{kj})_{k,j=0,\ldots,N-1} \in \mathbb{C}^{N \times N}, \\ \omega &:= e^{i2\pi/N}, \end{aligned}$$

erhält man schließlich

$$f = Vd = VD^{-1}\tilde{d}$$

beziehungsweise in Komponentenschreibweise

$$f_j = \sum_{k=0}^{N-1} e^{ik\pi/N} \frac{\tilde{d}_k}{\gamma_k} e^{ijk2\pi/N} = \sum_{k=0}^{N-1} \frac{\tilde{d}_k}{\gamma_k} e^{i(2j+1)k\pi/N} \quad \text{für} \quad j = 0, 1, \ldots, N-1.$$

(b) Wegen der Symmetriebedingung an den vorgegebenen Datensatz erhält man

$$\tilde{d}_k = \frac{\gamma_k}{N} \sum_{j=0}^{N/2-1} \left\{ f_j \left(e^{-i(2j+1)k\pi/N} + e^{-i(2N-2-2j+1)k\pi/N} \right) \right\}$$

$$\stackrel{(*)}{=} \frac{\gamma_k}{N} \sum_{j=0}^{N/2-1} \left\{ f_j \big(\underbrace{\text{———} \text{«} \text{———} + e^{i(2j+1)k\pi/N}}_{= 2\cos((2j+1)k\pi/N)} \big) \right\} \qquad \text{(L-3.6)}$$

$$= \frac{\gamma_k}{n} \sum_{j=0}^{n-1} f_j \cos((2j+1)k\pi/2n) \qquad \text{(L-3.7)}$$

für $k = 0, 1, \ldots, N-1$, wobei in (∗) die Identität

$$e^{-i(2N-2-2j+1)k\pi/N} = e^{i(2j+1)k\pi/N} \cdot \underbrace{(e^{iNk2\pi/N})}_{=1}{}^{-1}$$

verwendet wird. Die gerade gewonnene Darstellung für den transformierten Datensatz bedeutet insbesondere

$$\tilde{d}_k = d_k \quad \text{für} \quad k = 0, 1, \ldots, n-1,$$

und außerdem erhält man

$$\tilde{d}_{N-k} = \frac{\gamma_k}{n} \sum_{j=0}^{n-1} \left\{ f_j \cos((2j+1)(N-k)\pi/N) \right\}$$

$$= \frac{\gamma_k}{n} \sum_{j=0}^{n-1} \left\{ f_j \cos\big((2j+1)\pi - (2j+1)k\pi/N\big) \right\} \stackrel{(*)}{=} -d_k$$

für $k = 1, 2, \ldots, n$, wobei in (∗) Additionstheoreme der Form $\cos(x + 2\pi) = \cos x$ und $\cos(x + \pi) = -\cos x$ eingehen. Man beachte, dass diese Symmetrieeigenschaft insbesondere

$$\tilde{d}_n = 0 \qquad \text{(L-3.8)}$$

bedeutet. Nun lässt sich mit Hilfe von Teil (a) die gesuchte Darstellung für den Datensatz $f_0, f_1, \ldots, f_{n-1}$ herleiten:

$$f_j = \frac{d_0}{\gamma_0} + 2 \sum_{k=0}^{N/2-1} \left\{ \frac{d_k}{\gamma_k} \left(e^{i(2j+1)k\pi/N} - e^{i(2j+1)(N-k)\pi/N} \right) \right\}$$

$$= \frac{d_0}{\gamma_0} + 2 \sum_{k=0}^{N/2-1} \left\{ \frac{d_k}{\gamma_k} \big(\underbrace{\text{———} \text{«} \text{———} - e^{-i(2j+1)k\pi/N + j2\pi + \pi}}_{= -e^{-i(2j+1)k\pi/N}} \big) \right\}$$

$$= \frac{d_0}{\gamma_0} + 2 \sum_{k=0}^{n-1} \frac{d_k}{\gamma_k} \cos\left(\frac{(2j+1)k\pi}{2n}\right) \quad \text{für} \quad j = 0, 1, \ldots, n-1.$$

Lösungen

Lösung zu Aufgabe 3.5.
(a) Die Lösung erhält man unmittelbar mit Teil (b) der Aufgabe 3.4.
(b) Es gilt $T_k \in \Pi_k$ für $k = 1, 2, \ldots, n - 1$ und damit offensichtlich $\mathcal{P} \in \Pi_{n-1}$. Die Interpolationseigenschaft erhält man wiederum unmittelbar mit Teil (b) der Aufgabe 3.4: für $j = 0, 1, \ldots, n - 1$ gilt

$$T_k(t_{j+1}^{(n)}) = \cos(k \arccos(t_{j+1}^{(n)})) = \cos\left(k \frac{(2j+1)\pi}{2n}\right) \quad \text{für} \quad k = 1, 2, \ldots, n-1.$$

Lösung zu Aufgabe 3.6. Es wird zunächst die Richtigkeit der Identität (3.7) nachgewiesen. Zunächst überlegt man sich mit der Notation

$$a_k = \begin{cases} d_0/2, & \text{falls } k = 0, \\ d_k & \text{sonst} \end{cases}$$

mittels vollständiger Induktion die Richtigkeit der Identität

$$\mathcal{P}(x) = \sum_{k=0}^{m-2} a_k T_k(x) + (a_{m-1} - b_{m+1}) T_{m-1}(x) + b_m T_m(x) \quad \text{(L-3.9)}$$

$$\text{für} \quad m = n - 1, n - 2, \ldots, 1.$$

Die Darstellung (L-3.9) ist wegen $b_n = 0$ und $b_{n-1} = d_{n-1}$ richtig für $m = n - 1$. Wir nehmen nun an, dass sie für ein $m \geq 2$ richtig ist. Man berechnet dann Folgendes:

$$\mathcal{P}(x) = \sum_{k=0}^{m-2} a_k T_k(x) + (a_{m-1} - b_{m+1}) T_{m-1}(x) + b_m \underbrace{(2x T_{m-1}(x) - T_{m-2}(x))}_{\stackrel{(*)}{=} T_m(x)}$$

$$= \sum_{k=0}^{m-3} a_k T_k(x) + (a_{m-2} - b_m) T_{m-2}(x) + \underbrace{(a_{m-1} - b_{m+1} + 2x b_m)}_{\stackrel{(**)}{=} b_{m-1}} T_{m-1}(x),$$

wobei die Identität (∗) gerade die Rekursionsformel für Tschebyscheff-Polynome der ersten Art darstellt, und Identität (∗∗) resultiert unmittelbar aus der Definition des Koeffizienten b_{m-1}. Damit ist die Darstellung (L-3.9) für $m = n - 1, n - 2, \ldots, 1$ nachgewiesen. Für $m = 1$ liefert diese Darstellung (L-3.9) Folgendes:

$$\mathcal{P}(x) = \left(\frac{d_0}{2} - b_2\right) \underbrace{T_0(x)}_{= 1} + b_1 \underbrace{T_1(x)}_{= x} \stackrel{(*)}{=} \frac{d_0}{2} - b_2 + \frac{1}{2}(b_0 + b_2 - d_0)$$

$$= \frac{b_0 - b_2}{2},$$

wobei die Identität (∗) aus der Definition für b_0 folgt. Die Identität (3.7) ist damit nachgewiesen.

Es werden nun einige numerische Resultate vorgestellt. Es werden die Fehler lediglich an ausgewählten Stellen und für einige der erforderlichen Werte von n (dies entspricht hier der Anzahl der Stützstellen) angegeben:

$f(x) = x^{1/3}, n = 4$	
x	Absoluter Fehler in x
-0.9	0.048
-0.6	0.073
-0.3	0.020
0.0	0.043
0.3	0.012
0.6	0.024
0.9	0.006

$f(x) = x^{1/3}, n = 64$	
x	Absoluter Fehler in x
-0.9	0.000250
-0.6	0.000072
-0.3	0.000035
0.0	0.000034
0.3	0.000019
0.6	0.000018
0.9	0.000013

$f(x) = x^{1/3}, n = 1024$	
x	Absoluter Fehler in x
-0.9	$0.187 * 10^{-6}$
-0.6	$0.033 * 10^{-6}$
-0.3	$0.015 * 10^{-6}$
0.0	$0.019 * 10^{-6}$
0.3	$0.008 * 10^{-6}$
0.6	$0.008 * 10^{-6}$
0.9	$0.010 * 10^{-6}$

$f(x) = \ln(x), n = 4$	
x	Absoluter Fehler in x
-0.9	0.139
-0.6	0.187
-0.3	0.048
0.0	0.103
0.3	0.028
0.6	0.057
0.9	0.013

$f(x) = \ln(x), n = 64$	
x	Absoluter Fehler in x
-0.9	0.00386
-0.6	0.00105
-0.3	0.00051
0.0	0.00045
0.3	0.00027
0.6	0.00026
0.9	0.00020

$f(x) = \ln(x), n = 1024$	
x	Absoluter Fehler in x
-0.9	$0.175 * 10^{-4}$
-0.6	$0.031 * 10^{-4}$
-0.3	$0.014 * 10^{-4}$
0.0	$0.017 * 10^{-4}$
0.3	$0.007 * 10^{-4}$
0.6	$0.008 * 10^{-4}$
0.9	$0.009 * 10^{-4}$

Lösung zu Aufgabe 3.7.

(i) Zunächst wird die Identität $\sigma_q^2 = I$ nachgewiesen, wobei hier I die identische Abbildung auf der Menge $\mathcal{M}_q = \{0, 1, \ldots, 2^q - 1\}$ bezeichnet. Für $k = \sum_{\ell=0}^{q-1} b_\ell 2^\ell \in \mathcal{M}_q$ beliebig gilt nämlich

$$\sigma_q(k) = \sum_{\ell=0}^{q-1} c_\ell 2^\ell \quad \text{mit} \quad c_\ell = b_{q-1-\ell}$$

und somit

$$\sigma_q^2(k) = \sigma_q(\sigma_q(k)) = \sum_{\ell=0}^{q-1} c_{q-1-\ell} 2^\ell = \sum_{\ell=0}^{q-1} b_\ell 2^\ell$$

wegen $c_{q-1-\ell} = b_{q-1-(q-1-\ell)} = b_\ell$.

(ii) Für jede Zahl $k = \sum_{\ell=0}^{r-1} b_\ell 2^\ell \in \mathcal{M}_r$ gilt

$$2k = \sum_{\ell=0}^{r-1} b_\ell 2^{\ell+1} = \sum_{\ell=1}^{r} \underbrace{b_{\ell-1}}_{=: c_\ell} 2^\ell \in \mathcal{M}_{r+1} \tag{L-3.10}$$

und somit (mit der Setzung $c_0 = 0$)

$$\sigma_{r+1}(2k) = \sum_{\ell=0}^{r} c_{r-\ell} 2^\ell = \sum_{\ell=0}^{r-1} b_{r-1-\ell} 2^\ell = \sigma_r(k).$$

Ausgehend von der Darstellung (L-3.10) erhält man $2k + 1 = \sum_{\ell=0}^{r} c_\ell 2^\ell$ (mit der Setzung $c_0 = 1$) und dann

$$\sigma_{r+1}(2k+1) = \sum_{\ell=0}^{r} c_{r-\ell} 2^\ell = 2^r + \underbrace{\sum_{\ell=0}^{r-1} b_{r-1-\ell} 2^\ell}_{\sigma_r(k)}.$$

Lösung zu Aufgabe 3.8. Für Teil (a) hat man nur einzusetzen:

$$p(x_{j_1}, y_{j_2}) = \sum_{k_1=0}^{N_1-1} \sum_{k_2=0}^{N_2-1} d_{k_1,k_2} e^{ik_1 2\pi \overbrace{x_{j_1}/L_1}^{=j_1/N_1}} e^{ik_2 2\pi \overbrace{y_{j_2}/L_2}^{=j_2/N_2}},$$

und die Lösung folgt nun unmittelbar aus der Definition der zweidimensionalen diskreten Fourier-Rücktransformation. Im Fall (b) ergibt eine Umindizierung Folgendes:

$$r(x, y) = \sum_{k_1=0}^{N_1-1} \sum_{k_2=0}^{N_2-1} d_{k_1-N_1/2, k_2-N_2/2} e^{i(k_1-N_1/2)2\pi x/L_1} e^{i(k_2-N_2/2)2\pi y/L_2}$$

$$= e^{-iN_1\pi x/L_1} e^{-iN_2\pi x/L_2} \overbrace{\sum_{k_1=0}^{N_1-1} \sum_{k_2=0}^{N_2-1} d_{k_1-N_1/2, k_2-N_2/2} e^{ik_1 2\pi x/L_1} e^{ik_2 2\pi y/L_2}}^{=: \; p(x)}$$

mit einem trigonometrischen Polynom p, das von der Form aus Teil (a) zu dieser Aufgabe ist. Aus eben diesem Teil (a) sowie den Darstellungen

$$e^{-iN_1\pi x_{j_1}/L_1} = e^{-ij_1\pi} = (-1)^{j_1}, \qquad e^{-iN_2\pi y_{j_2}/L_2} = e^{-ij_2\pi} = (-1)^{j_2},$$

ergibt sich nun die Lösung von Teil (b).

Lösung zu Aufgabe 3.9. Die numerischen Ergebnisse (nacheinander störungsfreie und fehlerbehaftete Funktion sowie die Rekonstruktion) sehen so aus:

98 Kapitel 3 Diskrete Fouriertransformation

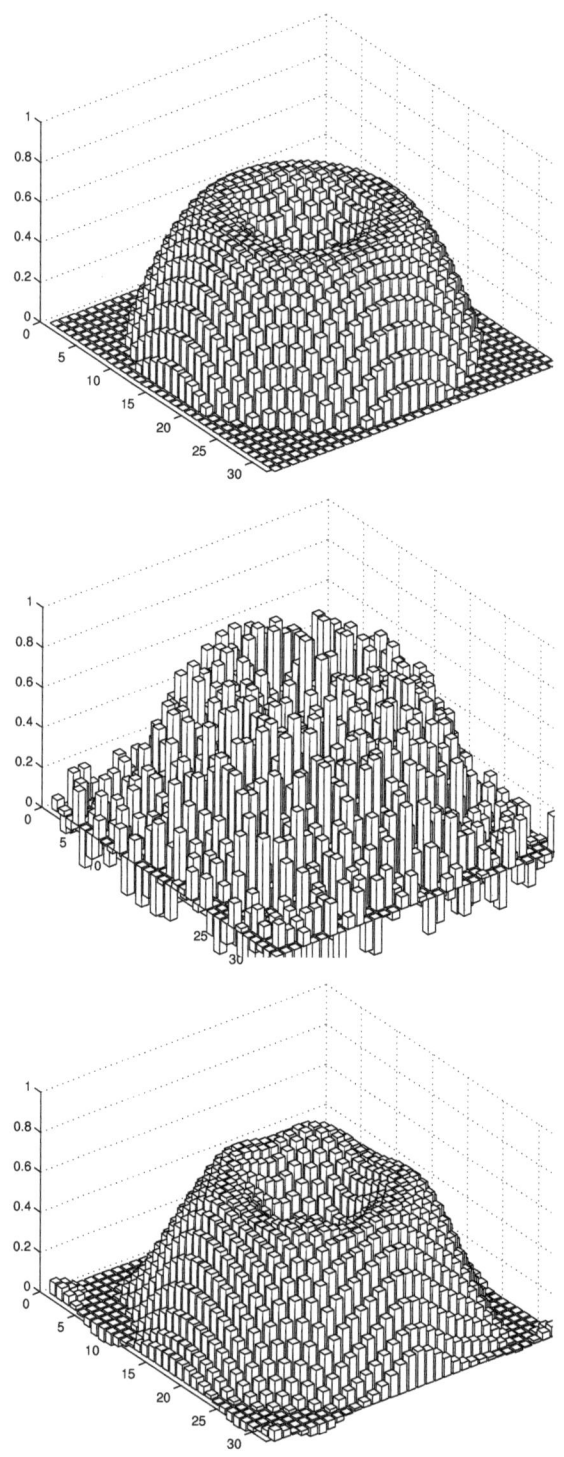

4 Lineare Gleichungssysteme – Lösungen

Lösung zu Aufgabe 4.1. Ohne Pivotsuche ergeben sich nach dem ersten und einzigen Eliminationsschritt die folgende Matrix und die folgende rechte Seite:

$$\begin{pmatrix} 10^{-4} & 1 \\ 0 & 1-10^4 \end{pmatrix} = \begin{pmatrix} 10^{-4} & 1 \\ 0 & -9999 \end{pmatrix} = \begin{pmatrix} 10^{-4} & 1 \\ 0 & -10^4 \end{pmatrix},$$

$$\begin{pmatrix} 1 \\ 2 \end{pmatrix} = \begin{pmatrix} 1 \\ 2-10^4 \end{pmatrix} = \begin{pmatrix} 1 \\ -10^4 \end{pmatrix},$$

wobei jeweils im letzten Schritt gerundet worden ist. Für die nach dem Runden gewonnene Näherungslösung gilt damit $x_2 = 1$, $10^{-4} x_1 + 1 = 1$ und somit $x_1 = 0$.

Bei Anwendung des Gauß-Algorithmus mit Pivotsuche sind ein Zeilentausch sowie ein Eliminationsschritt erforderlich. Die Matrix- bzw. Vektoroperationen sehen hier konkret so aus:

$$\begin{pmatrix} 1 & 1 \\ 10^{-4} & 1 \end{pmatrix} \Longrightarrow \begin{pmatrix} 1 & 1 \\ 0 & 1-10^{-4} \end{pmatrix} = \begin{pmatrix} 1 & 1 \\ 0 & 0.9999 \end{pmatrix} = \begin{pmatrix} 1 & 1 \\ 0 & 1 \end{pmatrix},$$

$$\begin{pmatrix} 2 \\ 1 \end{pmatrix} \Longrightarrow \begin{pmatrix} 2 \\ 1-2\cdot 10^{-4} \end{pmatrix} = \begin{pmatrix} 2 \\ 0.9998 \end{pmatrix} = \begin{pmatrix} 2 \\ 1 \end{pmatrix},$$

wobei jeweils im letzten Schritt gerundet worden ist. Für die nach dem Runden gewonnene Näherungslösung $x = (x_1, x_2)^\top$ gilt damit $x_2 = 1$, $x_1 = 1$. Ein Vergleich zeigt, dass dies eine vernünftige Näherung an die exakte Lösung

$$x_2 = \frac{9998}{9999}, \qquad x_1 = \frac{10000}{9999},$$

darstellt. Dagegen ist die Differenz zwischen der durch den Gauß-Algorithmus ohne Pivotsuche gewonnenen Näherung und der exakten Lösung erheblich.

Lösung zu Aufgabe 4.2. Ein vereinfachter Gauß-Algorithmus für Tridiagonalmatrizen ist in Schema 4.1 angegeben.

```
for j = 1, 2, ..., N - 1
    ℓ_j       = a_{j+1,j} / a_{jj};
    b_{j+1}   = b_{j+1} - ℓ_j b_j;
    a_{j+1,j+1} = a_{j+1,j+1} - ℓ_j a_{j,j+1};
end
```

Schema 4.1: Gauß-Algorithmus für Tridiagonalmatrizen

Dabei fallen $5(N-1) = 5N + \mathcal{O}(1)$ arithmetische Operationen an, was man leicht nachrechnet.

Lösung zu Aufgabe 4.3. Sei $1 \leq s \leq N - 1$ fest gewählt. Ausgehend von der Annahme, dass die Matrix $A^{(s)}$ die gleiche Bandstruktur wie die Ausgangsmatrix A besitzt (für den Fall $s = 1$ ist dies sicher richtig) erhält man

$$\ell_{js} = \frac{a_{js}^{(s)}}{a_{ss}^{(s)}} = 0 \quad \text{für} \quad j > s + p, \qquad a_{sk}^{(s)} = 0 \quad \text{für} \quad k > s + q.$$

Für die auftretenden Indizes j und k gelten damit die folgenden elementaren Implikationen:

$$k > j + q, \quad j \geq s + 1 \implies a_{sk}^{(s)} = 0,$$
$$k < j - p, \quad k \geq s + 1 \implies \ell_{js} = 0,$$

so dass sich die Bandstruktur von der Matrix $A^{(s)}$ auf die Matrix $A^{(s+1)}$ überträgt. Ein entsprechender Gauß-Algorithmus für Bandmatrizen ist in Schema 4.2 angegeben.

```
for s = 1, 2, ..., N − 1
    for j = s + 1, s + 2, ..., s + p
        ℓ_js = a_js / a_ss;      b_j = b_j − ℓ_js b_s;
        for k = s + 1, ..., min{s + q, N}
            a_jk = a_jk − ℓ_js a_sk;
        end
    end
end
```

Schema 4.2: Gauß-Algorithmus für Bandmatrizen

Die Anzahl der dabei anfallenden arithmetischen Operationen lässt sich abschätzen durch

$$\sum_{s=1}^{N-1}\left\{\sum_{j=s+1}^{s+p}\left(1 + 2 + \sum_{k=s+1}^{s+q} 2\right)\right\} = \sum_{s=1}^{N-1}\left\{\sum_{j=s+1}^{s+p}(3 + 2q)\right\} = p(3 + 2q)(N - 1).$$

Lösung zu Aufgabe 4.4.

(a) Hier wird vollständige Induktion bezüglich s angewandt. Nach Annahme ist die Aussage richtig für die Matrix $B^{(1)} = A$. Im Folgenden wird nun angenommen, dass sie für ein $1 \leq s \leq N - 1$ richtig ist. Für die Einträge der Matrix

$$B^{(s+1)} = \begin{pmatrix} a_{s+1,s+1}^{(s+1)} & \cdots & a_{s+1,N}^{(s+1)} \\ \vdots & & \vdots \\ a_{N,s+1}^{(s+1)} & \cdots & a_{NN}^{(s+1)} \end{pmatrix} \in \mathbb{R}^{(N-s)\times(N-s)}$$

gilt dann mit den Koeffizienten

$$\ell_{js} = a_{js}^{(s)}/a_{ss}^{(s)}, \qquad j = s + 1, s + 2, \ldots, N$$

Folgendes:

$$a_{kj}^{(s+1)} = a_{kj}^{(s)} - \ell_{ks}a_{sj}^{(s)} \overset{(*)}{=} a_{jk}^{(s)} - \overbrace{\frac{a_{js}^{(s)}}{a_{ss}^{(s)}}}^{\ell_{js}} a_{sk}^{(s)}$$
$$= a_{jk}^{(s+1)}, \qquad j,k = s+1, s+2, \ldots, N,$$

wobei in der Identität (∗) an drei Stellen die Symmetrie der Matrix $B^{(s)}$ eingeht.

(b) (i) Wir benötigen das folgende Resultat:

Lemma. Ist die Matrix

$$A = \left(\begin{array}{c|c} a & b^\top \\ \hline b & C \end{array}\right) \in \mathbb{R}^{N \times N}$$

mit $C \in \mathbb{R}^{(N-1) \times (N-1)}$ sowie $b \in \mathbb{R}^{N-1}$ und $0 \neq a \in \mathbb{R}$ positiv definit (das heißt, $x^\top A x > 0$ für alle $0 \neq x \in \mathbb{R}^N$), so ist auch die Matrix

$$S = C - \frac{1}{a}bb^\top \in \mathbb{R}^{(N-1) \times (N-1)}$$

positiv definit.

BEWEIS. Sei $0 \neq x \in \mathbb{R}^{N-1}$. Dann gilt

$$x^\top S x = x^\top C x - \frac{1}{a}(x^\top b)b^\top x = x^\top C x - \frac{1}{a}(b^\top x)^2. \qquad \text{(L-4.1)}$$

Andererseits gilt

$$0 < \left(\begin{array}{c} d \\ x \end{array}\right)^\top \left(\begin{array}{c|c} a & b^\top \\ \hline b & C \end{array}\right) \left(\begin{array}{c} d \\ x \end{array}\right) = (d \mid x^\top) \left(\begin{array}{c} ad + b^\top x \\ db + Cx \end{array}\right)$$
$$= ad^2 + 2db^\top x + x^\top C x \qquad \text{für } d \in \mathbb{R}.$$

Daher folgt aus der Identität (L-4.1) die Abschätzung $x^\top S x > 0$, wenn in der vorherigen Rechnung die Zahl $d \in \mathbb{R}$ so gewählt werden kann, dass

$$ad^2 + 2db^\top x = -\frac{1}{a}(b^\top x)^2$$

beziehungsweise

$$d^2 + 2\left(\frac{b^\top x}{a}\right)d + \left(\frac{b^\top x}{a}\right)^2 = 0$$

gilt. Diese quadratische Gleichung besitzt eine Lösung:

$$d_{1/2} = -\frac{b^\top x}{a} \pm \sqrt{\left(\frac{b^\top x}{a}\right)^2 - \left(\frac{b^\top x}{a}\right)^2} = -\frac{b^\top x}{a}.$$

Somit die Matrix S tatsächlich positiv definit und der Beweis des Lemmas damit komplettiert. □

(ii) Mithilfe des in Teil (i) angegebenen Lemmas lässt sich aus der positiven Definitheit der Matrix $B^{(s)}$ die der Matrix $B^{(s+1)}$ schlussfolgern: Für $B^{(s)}$ geschrieben in der Form

$$\left(\begin{array}{c|c} a_{ss}^{(s)} & b^\top \\ \hline b & C_s \end{array} \right) \quad \text{mit} \quad b = (a_{s+1,s}^{(s)}, \ldots, a_{Ns}^{(s)})^\top,$$

erhält man

$$B^{(s+1)} = C_s - \frac{1}{a_{ss}^{(s)}} (a_{js}^{(s)} a_{sk}^{(s)})_{s+1 \leq j,k \leq N} = C_s - \frac{1}{a_{ss}^{(s)}} bb^\top.$$

Dies komplettiert den Beweis der Aussage (b) der vorliegenden Aufgabe, wenn man noch bedenkt, dass $a_{ss}^{(s)} = \mathbf{e}_1^\top B^{(s)} \mathbf{e}_1 > 0$ gilt und der Schritt $B^{(s)} \to B^{(s+1)}$ somit durchführbar ist. Hier bezeichnet $\mathbf{e}_1 = (1, 0, \ldots, 0)^\top \in \mathbb{R}^{N-s+1}$ den ersten Einheitsvektor.

(c) Ein Gauß-Algorithmus für symmetrische Matrizen ist in Schema 4.3 angegeben.

```
for s = 1, 2, ..., N − 1
    for j = s + 1, s + 2, ..., N
        ℓ_js = a_js / a_ss;      b_j = b_j − ℓ_js b_s;
        for k = s + 1, ..., j
            a_jk = a_jk − ℓ_js a_ks;
        end
    end
end
```

Schema 4.3: Gauß-Algorithmus für symmetrische Matrizen

Die Zahl der anfallenden arithmetischen Operationen ist hier

$$\sum_{s=1}^{N-1} \sum_{j=s+1}^{N} \left[3 + \sum_{k=s+1}^{j} 2 \right] = \sum_{s=1}^{N-1} \sum_{j=s+1}^{N} [3 + 2(j - s)]$$

$$= \sum_{s=1}^{N-1} \left[3(N - s) + 2 \sum_{m=1}^{N-s} m \right] = 3 \sum_{\ell=1}^{N-1} \ell + 2 \sum_{s=1}^{N-1} \frac{(N-s)(N-s+1)}{2}$$

$$= 3 \frac{N(N-1)}{2} + \sum_{m=1}^{N-1} m(m+1)$$

$$= \underbrace{\frac{3}{2} N(N-1)}_{= \mathcal{O}(N^2)} + \underbrace{\sum_{m=1}^{N-1} m^2}_{= \frac{(N-1)N(2N-1)}{6}} + \underbrace{\sum_{m=1}^{N-1} m}_{= \mathcal{O}(N^2)} = \frac{1}{3} N^3 + \mathcal{O}(N^2).$$

Lösung zu Aufgabe 4.5. Es wird mit vollständiger Induktion über $s = 1, 2, \ldots, N-1$ nachgewiesen, dass die Matrix $B^{(s)}$ diagonaldominant und regulär ist, wobei hier die Notation (4.1) aus Aufgabe 4.4 verwendet wird. Für die Ausgangsmatrix $B^{(1)} = A$ ist dies nach Voraussetzung richtig, und nun sei für ein $1 \leq s \leq N-1$ die Matrix $B^{(s)}$ als diagonaldominant und regulär angenommen. Im Fall $a_{ss}^{(s)} = 0$ würden aufgrund der Diagonaldominanz der Matrix $B^{(s)}$ alle Einträge in deren s-ten Zeile verschwinden, das heißt, $a_{sk}^{(s)} = 0$ für $k = s, s+1, \ldots, N$. Dies steht im Widerspruch zur angenommenen Regularität der Matrix $B^{(s)}$, so dass notwendigerweise doch $a_{ss}^{(s)} \neq 0$ gilt. Somit ist der Gauß-Eliminationsschritt auf $B^{(s)}$ anwendbar und liefert die Matrix $B^{(s+1)} = (a_{jk}^{(s+1)})_{s+1 \leq j,k \leq N} \in \mathbb{R}^{(N-s) \times (N-s)}$ mit

$$(a_{j,s+1}^{(s+1)}, \ldots, a_{jN}^{(s+1)}) = (a_{j,s+1}^{(s)}, \ldots, a_{jN}^{(s)}) - \ell_{js}(a_{s,s+1}^{(s)}, \ldots, a_{sN}^{(s)}),$$
$$j = s+1, s+2, \ldots, N,$$

mit den Faktoren

$$\ell_{js} = a_{js}^{(s)} / a_{ss}^{(s)}, \qquad j = s+1, s+2, \ldots, N.$$

Man erhält nun die Diagonaldominanz der Matrix $B^{(s+1)}$: für $j = s+1, s+2, \ldots, N$ gilt

$$\sum_{\substack{k=s+1 \\ k \neq j}}^{N} |a_{jk}^{(s+1)}| \leq \sum_{\substack{k=s+1 \\ k \neq j}}^{N} |a_{jk}^{(s)}| + |\ell_{js}| \sum_{\substack{k=s+1 \\ k \neq j}}^{N} |a_{sk}^{(s)}|$$

$$\leq |a_{jj}^{(s)}| - |a_{js}^{(s)}| + \frac{|a_{js}^{(s)}|}{|a_{ss}^{(s)}|}(|a_{ss}^{(s)}| - |a_{sj}^{(s)}|)$$

$$= |a_{jj}^{(s)}| - |\ell_{js}||a_{sj}^{(s)}| \leq |a_{jj}^{(s+1)}|.$$

Es ist außerdem so, dass die auftretenden Zeilenoperationen den Wert einer Determinante nicht ändern. Ausgehend von der Regularität der Matrix $B^{(s)}$ erhält man daraus Folgendes:

$$0 \neq \det(B^{(s)}) = \det\begin{pmatrix} a_{ss}^{(s)} & a_{s,s+1}^{(s)}, \ldots, a_{sN}^{(s)} \\ \hline 0 & \\ \vdots & B^{(s+1)} \\ 0 & \end{pmatrix} \stackrel{(*)}{=} \underbrace{a_{ss}^{(s)}}_{\neq 0} \det(B^{(s+1)}),$$

wobei die Identität $(*)$ aus einer Determinantenentwicklung nach der ersten Spalte resultiert. Dies bedeutet $0 \neq \det(B^{(s+1)})$ und damit die nachzuweisende Regularität der Matrix $B^{(s+1)}$. Der Induktionsschritt "$s \to s+1$" ist damit abgeschlossen.

Lösung zu Aufgabe 4.6.

(a) Mit der zweiten Identität aus [26, Theorem 4.10] angewandt mit den Vektoren $a_j = \mathbf{e}_{\pi^{-1}(j)}$ für $j = 1, 2, \ldots, N$ erhält man

$$\left(\mathbf{e}_{\pi^{-1}(1)} \middle| \ldots \middle| \mathbf{e}_{\pi^{-1}(N)}\right) P = \left(a_{\pi(1)} \middle| \ldots \middle| a_{\pi(N)}\right) = \left(\mathbf{e}_1 \middle| \ldots \middle| \mathbf{e}_N\right) = I,$$

wobei $a_{\pi(j)} = \mathbf{e}_j$ für $j = 1, 2, \ldots, N$ berücksichtigt ist. (Die Identität $k = \pi(j)$ bedeutet $\pi^{-1}(k) = j$ und damit $a_{\pi(j)} = a_k = \mathbf{e}_j$.)

(b) Aus [26, Lemma 4.9] und Teil (a) dieser Aufgabe folgt

$$P^\top = \left(\mathbf{e}_{\pi^{-1}(1)} \middle| \cdots \middle| \mathbf{e}_{\pi^{-1}(N)}\right) = P^{-1}.$$

Lösung zu Aufgabe 4.7. Im Folgenden sind die numerischen Resultate des Gauß-Algorithmus angegeben. Es zeigt sich, das für das vorliegende Problem auf eine Pivotsuche nicht verzichtet werden kann. Es liefern allerdings Spalten- und Totalpivotsuche dieselben Ergebnisse.

ohne Pivotisierung	
$x_1 =$	1.0000
$x_2 =$	1.0000
$\vdots$	$\vdots$
$x_{11} =$	1.0000
$x_{12} =$	0.9998
$x_{13} =$	1.0010
$x_{14} =$	1.0156
$x_{15} =$	1.0156
$x_{16} =$	0
$\vdots$	$\vdots$
$x_{19} =$	0
$x_{20} =$	1

mit Spaltenpivotsuche	
$x_1 =$	1.0000
$x_2 =$	1.0000
$\vdots$	$\vdots$
$x_{16} =$	1.0000
$x_{17} =$	0.9997
$x_{18} =$	0.9917
$x_{19} =$	0.9091
$x_{20} =$	1.0000

mit Totalpivotsuche	
$x_1 =$	1.0000
$x_2 =$	1.0000
$\vdots$	$\vdots$
$x_{16} =$	1.0000
$x_{17} =$	0.9997
$x_{18} =$	0.9917
$x_{19} =$	0.9091
$x_{20} =$	1.0000

Lösung zu Aufgabe 4.8. $\Longleftarrow$: Diese Richtung der Aussage wird mittels vollständiger Induktion über N geführt. Für $N = 1$ ist eine Matrix $A = (\alpha) \in \mathbb{R}^{1\times 1}$ eine Zahl $\alpha \in \mathbb{R}$. Die Tatsache, dass alle Hauptuntermatrizen regulär sind, ist hier gleichbedeutend mit der Tatsache, dass A eine reguläre Matrix ist beziehungsweise $\alpha \neq 0$ gilt. Die LR-Faktorisierung mit einer regulären Matrix R ist dann von der Form

$$\alpha = 1 \cdot r, \quad \text{mit} \quad r \neq 0.$$

Wir nehmen nun an, dass die Behauptung richtig ist für $N - 1$ und betrachten dann eine Matrix $A \in \mathbb{R}^{N \times N}$, für die alle in der Aufgabenstellung betrachteten Hauptuntermatrizen regulär sind. Die Matrix A lässt sich in der Form

$$\left(\begin{array}{c|c} A_{N-1} & b \\ \hline c^\top & a_{NN} \end{array}\right)$$

partitionieren mit Vektoren $b \in \mathbb{R}^{N-1}$ und $c \in \mathbb{R}^{N-1}$ und einer Matrix $A_{N-1} \in \mathbb{R}^{(N-1)\times(N-1)}$. Nach Induktionsvoraussetzung gibt es eine skalierte untere Dreiecksmatrix $L_{N-1} = (\ell_{jk}) \in \mathbb{R}^{(N-1)\times(N-1)}$ mit $\ell_{jj} = 1$ für $j = 1, 2, \ldots, N-1$ und eine

Lösungen

reguläre obere Dreiecksmatrix $R_{N-1} = (r_{jk}) \in \mathbb{R}^{(N-1)\times(N-1)}$ mit der folgenden Eigenschaft:
$$A_{N-1} = L_{N-1} R_{N-1}.$$
Die beiden gesuchten Matrizen $L \in \mathbb{R}^{N\times N}$ und $R \in \mathbb{R}^{N\times N}$ setzt man nun in der Form

$$L = \left(\begin{array}{c|c} L_{N-1} & 0 \\ \hline x^\top & 1 \end{array}\right), \qquad R = \left(\begin{array}{c|c} R_{N-1} & y \\ \hline 0 & \alpha \end{array}\right),$$

an mit dem Ziel, Vektoren $x \in \mathbb{R}^{N-1}$ und $y \in \mathbb{R}^{N-1}$ und eine Zahl $\alpha > 0$ so zu bestimmen, dass

$$A = \left(\begin{array}{c|c} A_{N-1} & b \\ \hline c^\top & a_{NN} \end{array}\right) \stackrel{!}{=} \left(\begin{array}{c|c} L_{N-1} & 0 \\ \hline x^\top & 1 \end{array}\right) \left(\begin{array}{c|c} R_{N-1} & y \\ \hline 0 & \alpha \end{array}\right) \quad \text{(L-4.2)}$$

gilt. Gleichheit in (L-4.2) liegt genau dann vor, wenn

$$L_{N-1} y = b, \qquad R_{N-1}^\top x = c, \quad \text{(L-4.3)}$$
$$x^\top y + \alpha = a_{NN} \quad \text{(L-4.4)}$$

gilt. Die beiden in (L-4.3) angegebenen linearen Gleichungssysteme besitzen sicher (eindeutige) Lösungsvektoren $y = L_{N-1}^{-1} b$ und $x = (R_{N-1}^\top)^{-1} c$, da die Matrix $L_{N-1} \in \mathbb{R}^{(N-1)\times(N-1)}$ als skalierte untere Dreiecksmatrix sowieso regulär und die obere Dreiecksmatrix $R_{N-1} \in \mathbb{R}^{(N-1)\times(N-1)}$ nach Annahme regulär ist. Auch die Gleichung (L-4.4) besitzt eine Lösung $\alpha \in \mathbb{R}$, mit der dann die Faktorisierung (L-4.2) gültig ist. Wir zeigen abschließend $\alpha \neq 0$. Nach Annahme gilt

$$\det(A) = \det\left(\begin{array}{c|c} L_{N-1} & 0 \\ \hline x^\top & 1 \end{array}\right) \det\left(\begin{array}{c|c} R_{N-1} & y \\ \hline 0 & \alpha \end{array}\right) = \det(R_{N-1})\alpha,$$

und wegen $\det(A) \neq 0$ und $\det(R_{N-1}) \neq 0$ folgt schließlich wie behauptet $\alpha \neq 0$.

$\Longrightarrow$: Nach Annahme existiert für die Matrix $A \in \mathbb{R}^{N\times N}$ eine Faktorisierung von der Form

$$A = \begin{pmatrix} 1 & & & \\ \ell_{21} & 1 & & \\ \vdots & \ddots & \ddots & \\ \ell_{N1} & \ldots & \ell_{N,N-1} & 1 \end{pmatrix} \begin{pmatrix} r_{11} & r_{12} & \ldots & r_{NN} \\ & r_{22} & & \vdots \\ & & \ddots & \vdots \\ & & & r_{NN} \end{pmatrix} \quad \text{(L-4.5)}$$

beziehungsweise in Komponentenschreibweise

$$a_{jk} = \sum_{s=1}^{\min\{j,k\}} \ell_{js} r_{sk} \quad \text{für} \quad j, k = 1, 2, \ldots, N. \tag{L-4.6}$$

Die Gleichungen in (L-4.6) für die Indizes $j, k = 1, 2, \ldots, n$ bedeuten aber wiederum eine Faktorisierung von der Form (L-4.5) mit N ersetzt durch n,

$$\begin{pmatrix} a_{11} & \cdots & a_{1n} \\ \vdots & \ddots & \vdots \\ a_{n1} & \cdots & a_{nn} \end{pmatrix} = \begin{pmatrix} 1 & & & \\ \ell_{21} & 1 & & \\ \vdots & \ddots & \ddots & \\ \ell_{n1} & \cdots & \ell_{n,n-1} & 1 \end{pmatrix} \begin{pmatrix} r_{11} & r_{12} & \cdots & r_{nn} \\ & r_{22} & & \vdots \\ & & \ddots & \vdots \\ & & & r_{nn} \end{pmatrix}$$

und implizieren insbesondere die Regularität der in der Aufgabenstellung angegebenen Hauptuntermatrizen für $n = 1, 2, \ldots, N$.

Lösung zu Aufgabe 4.9.

(a) Für den j-ten Einheitsvektor $\mathbf{e}_j \in \mathbb{R}^N$ gilt $0 < \mathbf{e}_j^\top A \mathbf{e}_j = a_{jj}$.

(b) Für Indizes $j \neq k$ zieht man den Vektor $x = (x_s) \in \mathbb{R}^N$ mit

$$x = \begin{cases} 1, & s = j, \\ 0, & s \neq j, s \neq k, \\ \alpha, & s = k, \end{cases}$$

mit einem reellen Parameter α heran. Damit erhält man

$$0 < x^\top A x = \sum_{m=1}^{N} x_m (Ax)_m = \sum_{m=1}^{N} x_m \sum_{n=1}^{N} a_{mn} x_n$$

$$= \sum_{m=1}^{N} x_m (a_{mj} + \alpha a_{mk}) = a_{jj} + \alpha a_{kj} + \alpha a_{jk} + \alpha^2 a_{kk}$$

$$= a_{jj} + 2\alpha a_{jk} + \alpha^2 a_{kk},$$

das heißt, die quadratische Gleichung $\alpha^2 a_{kk} + 2\alpha a_{jk} + a_{jj} = 0$ besitzt keine reelle Lösung. Damit gilt

$$\left(\frac{a_{jk}}{a_{kk}}\right)^2 - \frac{a_{jj}}{a_{kk}} < 0$$

beziehungsweise die in der Aufgabenstellung angegebene Ungleichung $a_{jk}^2 < a_{jj} a_{kk}$.

(c) Gäbe es Indizes $j \neq k$ mit

$$|a_{jk}| > a_{ss} \quad \text{für} \quad s = 1, 2, \ldots, N,$$

so würde insbesondere $|a_{jk}| > a_{jj}$ sowie $|a_{jk}| > a_{kk}$ gelten und damit notwendigerweise auch $a_{jk}^2 > a_{jj} a_{kk}$. Dies stellt einen Widerspruch zu Teil (b) dieser Aufgabe dar.

Lösung zu Aufgabe 4.10. Gemäß Schema 4.1 erhält man die folgende Anzahl arithmetischer Operationen:

$$\sum_{n=1}^{N} \left\{ \sum_{k=n}^{N} 2(n-1) + \sum_{j=n+1}^{N} [2(n-1) + 1] \right\}$$

$$= \sum_{n=1}^{N} \left\{ 2(n-1)(N-(n-1)) + 2(n-1)(N-n) + (N-n) \right\}$$

$$= \sum_{n=1}^{N} \left\{ 2(n-1)(N-n) + 2(n-1) + \underline{} \text{«} \underline{} \right\}$$

$$= \left(\sum_{n=1}^{N} 4n(N-n) \right) + \mathcal{O}(N^2) = 4\left(N \sum_{n=1}^{N} n - \sum_{n=1}^{N} n^2 \right) + \mathcal{O}(N^2)$$

$$= 4\left(\frac{N^2(N+1)}{2} - \frac{N(N+1)(2N+1)}{6} \right) + \mathcal{O}(N^2)$$

$$= 4\left(\frac{1}{2} - \frac{2}{6}\right)N^3 + \mathcal{O}(N^2) = \frac{2}{3}N^3 + \mathcal{O}(N^2).$$

Lösung zu Aufgabe 4.11. Im Folgenden seien L, $L^{(1)}$ und $L^{(2)}$ skalierte untere Dreiecksmatrizen in $\mathbb{R}^{N \times N}$, und R, $R^{(1)}$ und $R^{(2)}$ bezeichne obere Dreiecksmatrizen in $\mathbb{R}^{N \times N}$. Außerdem bezeichne $\mathbf{e}_k \in \mathbb{R}^N$ den k-ten Einheitsvektor.

(a) (i) Die Gleichung $Lx \stackrel{(*)}{=} \mathbf{e}_k$ bedeutet ausgeschrieben

$$\sum_{k=1}^{j} \ell_{jk} x_k = \delta_{jk} \quad \text{für } j = 1, 2, \ldots, N,$$

und damit $x_1 = x_2 = \ldots = x_{k-1} = 0$ und $x_k = 1$. Da der Vektor $x \in \mathbb{R}^N$ aufgrund des Ansatzes (*) mit dem k-ten Spaltenvektor der inversen Matrix $L^{-1} \in \mathbb{R}^{N \times N}$ übereinstimmt, ist diese inverse Matrix wie die Matrix L selbst eine skalierte untere Dreiecksmatrix.

(ii) Die Einträge des Produkts $L^{(1)} L^{(2)}$ der Matrizen $L^{(1)} = (\ell_{jk}^{(1)}) \in \mathbb{R}^{N \times N}$ und $L^{(2)} = (\ell_{jk}^{(2)}) \in \mathbb{R}^{N \times N}$ sind von der Form

$$(L^{(1)} L^{(2)})_{jk} = \sum_{s=1}^{N} \ell_{js}^{(1)} \ell_{sk}^{(2)} = 0 \quad \text{für } k > j,$$

denn in dieser Situation gilt für jeden Index $s = 1, 2, \ldots, N$ notwendigerweise $s > j$ oder $k > s$ (und damit $\ell_{js}^{(1)} = 0$ beziehungsweise $\ell_{sk}^{(2)} = 0$). Damit ist das Produkt $L^{(1)} L^{(2)}$ ebenfalls eine untere Dreiecksmatrix. Es ist außerdem skaliert,

$$(L^{(1)} L^{(2)})_{jj} = \sum_{s=1}^{N} \ell_{js}^{(1)} \ell_{sj}^{(2)} = \ell_{jj}^{(1)} \ell_{jj}^{(2)} + 0 = 1 \quad \text{für } j = 1, 2, \ldots, N.$$

(b) (i) Die Gleichung $Rx = \mathbf{e}_k$ bedeutet ausgeschrieben

$$\sum_{k=j}^{N} r_{jk} x_k = \delta_{jk} \quad \text{für} \quad j = 1, 2, \ldots, N,$$

und damit $x_N = x_{N-1} = \ldots = x_{k+1} = 0$ und $x_k \neq 0$. Der Vektor $x \in \mathbb{R}^N$ stimmt mit dem k-ten Spaltenvektor der inversen Matrix $R^{-1} \in \mathbb{R}^{N \times N}$ überein; diese Matrix ist daher wie die Matrix R selbst eine obere Dreiecksmatrix.

(ii) Die Einträge des Produkts $R^{(1)} R^{(2)}$ der Matrizen $R^{(1)} = (r_{jk}^{(1)}) \in \mathbb{R}^{N \times N}$ und $R^{(2)} = (r_{jk}^{(2)}) \in \mathbb{R}^{N \times N}$ sind von der Form

$$(R^{(1)} R^{(2)})_{jk} = \sum_{s=1}^{N} r_{js}^{(1)} r_{sk}^{(2)} = 0 \quad \text{für} \quad k < j,$$

denn in der vorliegenden Situation gilt für jeden Index $s = 1, 2, \ldots, N$ sicher $s < j$ oder $k < s$ (und damit $r_{js}^{(1)} = 0$ beziehungsweise $r_{sk}^{(2)} = 0$). Daher ist das Matrixprodukt $R^{(1)} R^{(2)}$ ebenfalls eine untere Dreiecksmatrix. Es ist außerdem regulär, denn es gilt

$$(R^{(1)} R^{(2)})_{jj} = \sum_{s=1}^{N} r_{js}^{(1)} r_{sj}^{(2)} = \underbrace{r_{jj}^{(1)} r_{jj}^{(2)}}_{\neq 0} + 0 \neq 0 \quad \text{für} \quad j = 1, 2, \ldots, N.$$

(c) Aus dem Ansatz

$$A = L^{(1)} R^{(1)} = L^{(2)} R^{(2)}$$

erhält man unmittelbar $(L^{(2)})^{-1} L^{(1)} = R^{(2)} (R^{(1)})^{-1}$. Wegen Teil (a) und (b) dieser Aufgabe kann dies nur bedeuten, dass diese beiden zuletzt betrachteten Matrixprodukte jeweils zugleich skalierte untere und obere Dreiecksmatrizen sind, es gilt also $(L^{(2)})^{-1} L^{(1)} = R^{(2)} (R^{(1)})^{-1} = I$ beziehungsweise

$$L^{(1)} = L^{(2)}, \qquad R^{(1)} = R^{(2)}.$$

Lösung zu Aufgabe 4.12. Wir verwenden die Vorgehensweise aus [26, Abschnitt 4.3.3], wobei allerdings auf die Pivotsuche verzichtet wird. Dies liefert nacheinander die folgenden Matrizen:

$$\begin{pmatrix} 1 & 2 & 3 & -4 \\ 2 & 8 & 6 & -14 \\ 3 & 6 & a & -15 \\ -4 & -14 & -15 & 30 \end{pmatrix} \to \begin{pmatrix} 1 & 2 & 3 & -4 \\ 2 & 4 & 0 & -6 \\ 3 & 0 & a-9 & -3 \\ -4 & -6 & -3 & 14 \end{pmatrix}$$

$$\to \begin{pmatrix} 1 & 2 & 3 & -4 \\ 2 & 4 & 0 & -6 \\ 3 & 0 & a-9 & -3 \\ -4 & -\frac{3}{2} & -3 & 5 \end{pmatrix} \to \begin{pmatrix} 1 & 2 & 3 & -4 \\ 2 & 4 & 0 & -6 \\ 3 & 0 & a-9 & -3 \\ -4 & -\frac{3}{2} & -\frac{3}{a-9} & 5-\frac{9}{a-9} \end{pmatrix}.$$

Hierbei bezeichnet die erste Matrix die Ausgangsmatrix, und die in der Matrix L entstehenden Einträge sind unterhalb der Treppe angegeben. Dabei ist noch zu beachten, dass der Algorithmus nur im Fall $a \neq 9$ durchführbar ist. Die Matrizen L und R sind also von der Form

$$L = \begin{pmatrix} 1 & 0 & 0 & 0 \\ 2 & 1 & 0 & 0 \\ 3 & 0 & 1 & 0 \\ -4 & -\frac{3}{2} & -\frac{3}{a-9} & 1 \end{pmatrix}, \qquad R = \begin{pmatrix} 1 & 2 & 3 & -4 \\ 0 & 4 & 0 & -6 \\ 0 & 0 & a-9 & -3 \\ 0 & 0 & 0 & 5-\frac{9}{a-9} \end{pmatrix}.$$

Lösung zu Aufgabe 4.13. In einem direkten Ansatz zur Bestimmung einer solchen Faktorisierung $A = RR^\top$ fasst man diese als $N(N+1)/2$ Bestimmungsgleichungen für die $N(N+1)/2$ gesuchten Zahlen r_{jk} ($k \geq j$) auf:

$$a_{jk} = \sum_{s=k}^{N} r_{js} r_{ks}, \qquad 1 \leq j \leq k \leq N. \tag{L-4.7}$$

Aus den Gleichungen in (L-4.7) lassen sich die Einträge der oberen Dreiecksmatrix $R \in \mathbb{R}^{N \times N}$ spaltenweise von rechts nach links berechnen. Die innerhalb jeder Spalte gewählte Reihenfolge zur Bestimmung der Einträge spielt – abgesehen von der Bestimmung des Diagonaleintrags – keine Rolle. Dies führt auf den im folgenden Schema 4.4 beschriebenen Algorithmus. Bei der Durchführbarkeit des Algorithmus

---

for $k = N, N-1, \ldots, 1$
$\quad r_{kk} = \left(a_{kk} - \sum_{s=k+1}^{N} r_{ks}^2 \right)^{1/2};$
$\quad$ for $j = 1 : k-1 \quad r_{jk} = \left(a_{jk} - \sum_{s=k+1}^{N} r_{js} r_{ks} / \right) r_{kk};$ end
end

Schema 4.4: Die Faktorisierung $A = RR^\top$

ist zu beachten, dass zur Berechnung des Diagonaleintrags r_{kk} aus der Matrix R lediglich die Einträge der Spalten $s = k+1, k+2, \ldots, N$ benötigt werden. Diese sind entsprechend der Vorgehensweise des Algorithmus tatsächlich zuvor berechnet worden. Für die anschließende Berechnung der Nichtdiagonaleinträge in der k-ten Spalte der oberen Dreiecksmatrix $R \in \mathbb{R}^{N \times N}$ werden wiederum lediglich die bereits berechneten Einträge aus den Spalten $s \geq k+1$ der Matrix R sowie der zuvor berechnete Diagonaleintrag r_{kk} benötigt. Der Algorithmus ist somit durchführbar.

Lösung zu Aufgabe 4.14. Die Einträge der gesuchten Matrix

$$L = \begin{pmatrix} \ell_{11} & 0 & 0 & 0 & 0 \\ \ell_{21} & \ell_{22} & 0 & 0 & 0 \\ 0 & \ell_{32} & \ell_{33} & 0 & 0 \\ 0 & 0 & \ell_{43} & \ell_{44} & 0 \\ 0 & 0 & 0 & \ell_{54} & \ell_{55} \end{pmatrix}$$

lassen sich beispielsweise mit dem in Schema 4.5 beschriebenen Algorithmus berechnen. Man erhält so nacheinander die folgenden Werte:

$$\ell_{11} = \sqrt{2}, \quad \ell_{21} = -\sqrt{\tfrac{1}{2}}, \quad \ell_{22} = \sqrt{2-\tfrac{1}{2}} = \sqrt{\tfrac{3}{2}}, \quad \ell_{32} = -\sqrt{\tfrac{2}{3}}$$

$$\ell_{33} = \sqrt{2-\tfrac{2}{3}} = \sqrt{\tfrac{4}{3}}, \quad \ell_{43} = -\sqrt{\tfrac{3}{4}}, \quad \ell_{44} = \sqrt{2-\tfrac{3}{4}} = \sqrt{\tfrac{5}{4}}, \quad \ell_{54} = -\sqrt{\tfrac{4}{5}}$$

$$\ell_{55} = \sqrt{2-\tfrac{4}{5}} = \sqrt{\tfrac{6}{5}}.$$

Die gesuchte Matrix L in der Cholesky-Faktorisierung hat somit die Form

$$L = \begin{pmatrix} \sqrt{2} & 0 & 0 & 0 & 0 \\ -\sqrt{\tfrac{1}{2}} & \sqrt{\tfrac{3}{2}} & 0 & 0 & 0 \\ 0 & -\sqrt{\tfrac{2}{3}} & \sqrt{\tfrac{4}{3}} & 0 & 0 \\ 0 & 0 & -\sqrt{\tfrac{3}{4}} & \sqrt{\tfrac{5}{4}} & 0 \\ 0 & 0 & 0 & -\sqrt{\tfrac{4}{5}} & \sqrt{\tfrac{6}{5}} \end{pmatrix}.$$

Lösung zu Aufgabe 4.15. Die Faktorisierung $A = LL^T$ bedeutet im Einzelnen

$$a_{jk} = \sum_{s=1}^{k} \ell_{js}\ell_{ks}, \qquad 1 \leq k \leq j \leq N.$$

Auflösung in der zu den Indizes j und k gehörenden Gleichung nach ℓ_{jk} liefert

$$\ell_{jk} = \Big(a_{jk} - \sum_{s=1}^{k-1} \ell_{js}\ell_{ks}\Big)/\ell_{kk}, \qquad 1 \leq k \leq j \leq N.$$

Es genügt nun im Folgenden nachzuweisen, dass für jeden Index $p + 1 \leq j \leq N$ notwendigerweise

$$\ell_{jk} = 0 \quad \text{für} \quad k = 1, 2, \ldots, j - p \qquad \text{(L-4.8)}$$

gilt, was mittels vollständiger Induktion über k geschieht. Es ist $\ell_{j1} = a_{j1} = 0$, und es sei nun bereits $\ell_{j1} = \ell_{j2} = \ldots = \ell_{j,k-1} = 0$ gezeigt mit $2 \leq k \leq j - p$. Dann gilt auch

$$\ell_{jk} = \Big(\underbrace{a_{jk}}_{=0} - \sum_{s=1}^{k-1} \underbrace{\ell_{js}}_{=0} \ell_{ks}\Big)/\ell_{kk} = 0,$$

was den Induktionsbeweis komplettiert.

Lösung zu Aufgabe 4.16.

(a) Man berechnet

$$A^{-1} = \frac{1}{101^2 - 99^2}\begin{pmatrix} 101 & -99 \\ -99 & 101 \end{pmatrix} = \frac{1}{400}\begin{pmatrix} 101 & -99 \\ -99 & 101 \end{pmatrix},$$

und demnach gilt $\|A\|_\infty = 200$, $\|A^{-1}\|_\infty = 1/2$ und $\mathrm{cond}_\infty(A) = 100$. Für die Matrix B berechnet man

$$B^{-1} = \frac{1}{101^2 + 99^2}\begin{pmatrix} 101 & -99 \\ 99 & 101 \end{pmatrix} = \frac{1}{20002}\begin{pmatrix} 101 & -99 \\ 99 & 101 \end{pmatrix}$$

und demnach

$$\|B\|_\infty = 200, \qquad \|B^{-1}\|_\infty = \frac{200}{20002} < \frac{1}{100}, \qquad \mathrm{cond}_\infty(B) = \frac{40000}{20002} < 2.$$

(b) Der Vektor

$$x = \frac{1}{200}\begin{pmatrix} 1 \\ 1 \end{pmatrix}$$

löst das Gleichungssystem $Ax = b$, und die Lösungen der fehlerbehafteten linearen Gleichungssysteme lauten

$$x^\delta = x + \frac{\delta}{200}\begin{pmatrix} 1 \\ 1 \end{pmatrix}, \qquad \widehat{x}^\delta = x + \frac{\delta}{2}\begin{pmatrix} 1 \\ -1 \end{pmatrix}.$$

Damit gilt

$$\frac{\|x - x^\delta\|_\infty}{\|x\|_\infty} = 100\delta, \qquad \frac{\|x - \widehat{x}^\delta\|_\infty}{\|x\|_\infty} = \delta,$$

während der relative Fehler in den rechten Seiten bezüglich der Maximumnorm in beiden Fällen δ beträgt. Im ersten Fall wird die Störung also erheblich verstärkt, während dies im zweiten Fall nicht der Fall ist. Die in der Aufgabenstellung angegebene Abschätzung überschätzt also in konkreten Fällen den Fehler erheblich, lässt sich jedoch nicht prinzipiell verbessern.

Lösung zu Aufgabe 4.17. Im Einzelnen bedeutet die Singulärwertzerlegung Folgendes:

$$A = \underbrace{\begin{pmatrix} | & & | \\ v_1 & \cdots & v_N \\ | & & | \end{pmatrix}}_{=V} \underbrace{\begin{pmatrix} \sigma_1 & & \\ & \ddots & \\ & & \sigma_N \end{pmatrix}}_{=\Sigma} \underbrace{\begin{pmatrix} \rule[.5ex]{2em}{0.4pt} u_1^\top \rule[.5ex]{2em}{0.4pt} \\ \vdots \\ \rule[.5ex]{2em}{0.4pt} u_N^\top \rule[.5ex]{2em}{0.4pt} \end{pmatrix}}_{=U^\top}$$

mit den paarweise orthonormalen Spaltenvektoren $v_1, v_2, \ldots, v_N \in \mathbb{R}^N$ der Matrix $V \in \mathbb{R}^{N \times N}$ beziehungsweise den paarweise orthonormalen Spaltenvektoren u_1, u_2,

$\ldots, u_N \in \mathbb{R}^N$ der Matrix $U \in \mathbb{R}^{N \times N}$. Für jeden Vektor $x \in \mathbb{R}^N$ erhält man so über die Darstellung $x = \sum_{k=1}^{N} c_k u_k$ Folgendes:

$$
\begin{aligned}
Ax &= \sum_{k=1}^{N} c_k \left(v_1 \bigg| \ldots \bigg| v_N \right) \begin{pmatrix} \sigma_1 & & \\ & \ddots & \\ & & \sigma_N \end{pmatrix} \begin{pmatrix} \underline{\quad u_1^\top \quad} \\ \vdots \\ \underline{\quad u_N^\top \quad} \end{pmatrix} u_k \\
&= \underline{\quad\quad} \ll \underline{\quad\quad} \quad \ll \underline{\quad\quad} \begin{pmatrix} u_1^\top u_k \\ \vdots \\ u_N^\top u_k \end{pmatrix} \\
&= \underline{\quad\quad} \ll \underline{\quad\quad} \quad \ll \underline{\quad\quad} \quad \mathbf{e}_k \\
&= \underline{\quad\quad} \ll \underline{\quad\quad} \quad\quad \sigma_k \mathbf{e}_k \quad = \sum_{k=1}^{N} c_k \sigma_k v_k.
\end{aligned}
$$

(b) (i) Die Darstellung in (a) liefert für $x = \sum_{k=1}^{N} c_k u_k$

$$\|Au\|_2^2 = \sum_{k=1}^{N} c_k^2 \sigma_k^2 \leq \sigma_1^2 \sum_{k=1}^{N} c_k^2 = \sigma_1^2 \|u\|_2^2$$

beziehungsweise $\|A\|_2 \leq \sigma_1$. Außerdem erhält man aus der Darstellung in (a) mit der speziellen Wahl $x = u_1$ die Abschätzung $\|A\|_2 \geq \|Au_1\|_2 = \sigma_1$.

(ii) Die Singulärwertzerlegung für die inverse Matrix A^{-1} ist offensichtlich $A^{-1} = U \Sigma^{-1} V^\top$, und die Aussage in (i) hierauf angewandt liefert $\|A^{-1}\|_2 = 1/\sigma_N$.

(iii) Die Aussagen aus (i) und (ii) zusammen ergeben $\mathrm{cond}_2(A) = \sigma_1/\sigma_N$.

(c) Mit der Darstellung $x = \sum_{k=1}^{N} c_k u_k$ erhält man $b = \sum_{k=1}^{N} c_k \sigma_k v_k$ beziehungsweise

$$\|x\|_2^2 = \sum_{k=1}^{N} c_k^2, \qquad \|b\|_2^2 = \sum_{k=1}^{N} c_k^2 \sigma_k^2.$$

Die erste Gleichheit $\|b\|_2 = \|A\|_2 \|x\|_2 \;(= \sigma_1 \|x\|_2)$ gilt demnach genau dann, wenn $c_k = 0$ für alle Indizes k mit $\sigma_k \neq \sigma_1$ erfüllt ist.

Genauso erhält man ausgehend von der Darstellung $\Delta x = \sum_{k=1}^{N} d_k u_k$ die Identität $\Delta b = \sum_{k=1}^{N} d_k \sigma_k v_k$ beziehungsweise

$$\|\Delta x\|_2^2 = \sum_{k=1}^{N} d_k^2, \qquad \|\Delta b\|_2^2 = \sum_{k=1}^{N} d_k^2 \sigma_k^2.$$

Die zweite Gleichheit $\|\Delta b\|_2 = \|A^{-1}\|_2 \|\Delta x\|_2 \;(= \sigma_N^{-1} \|x\|_2)$ gilt demnach genau dann, wenn $d_k = 0$ für alle Indizes k mit $\sigma_k \neq \sigma_N$ erfüllt ist. Aus den hergeleiteten Aussagen ergibt sich, dass die angegebene letzte Identität genau dann richtig ist, wenn sowohl $c_k = 0$ für alle Indizes k mit $\sigma_k \neq \sigma_1$ als auch $d_k = 0$ für alle Indizes k mit $\sigma_k \neq \sigma_N$ erfüllt ist.

Lösung zu Aufgabe 4.18. Bei dieser Aufgabe geht es um die Gewinnung von oberen Schranken für den bei der Approximation der Inversen $A^{-1} \in \mathbb{R}^{N \times N}$ durch eine

Matrix $B \in \mathbb{R}^{N \times N}$ auftretenden relativen Fehler. Die Aufgabe zeigt, dass sich dieser relative Fehler in natürlicher Weise abschätzen lässt durch den Abstand des Produkts der Matrizen A und B zur Einheitsmatrix $I \in \mathbb{R}^{N \times N}$, wobei die Heranziehung sowohl des Matrixprodukts AB als die des Matrixprodukts BA zulässig ist.

Für die Herleitung der angegebenen Abschätzungen verwendet man die folgenden Ungleichungen:

$$\frac{\|A^{-1} - B\|}{\|A^{-1}\|} = \frac{\|A^{-1}(I - AB)\|}{\|A^{-1}\|} \leq \frac{\|A^{-1}\|\|I - AB\|}{\|A^{-1}\|} = \|I - AB\|$$

und

$$\underline{\quad\text{"}\quad} = \frac{\|(I - BA)A^{-1}\|}{\|A^{-1}\|} \leq \frac{\|I - BA\|\|A^{-1}\|}{\|A^{-1}\|} = \|I - BA\|.$$

Die beiden oberen Schranken lassen sich gegeneinander abschätzen:

$$\|BA - I\| = \|(B - A^{-1})A\| = \|A^{-1}(AB - I)A\| \leq \text{cond}(A)\|AB - I\|,$$
$$\|AB - I\| = \|A(BA - I)A^{-1}\| \leq \text{cond}(A)\|BA - I\|.$$

Diese Abschätzungen legen nahe, dass die beiden oberen Schranken $\|AB - I\|$ und $\|BA - I\|$ für den relativen Fehler im Fall $\text{cond}(A) \gg 1$ sehr unterschiedlich ausfallen können. Dies lässt sich auch durch konkrete Beispiele belegen. Die in der Aufgabe angegebene Beispielmatrix B stellt eine Approximation an die Inverse $A^{-1} \in \mathbb{R}^{N \times N}$ der Matrix $A \in \mathbb{R}^{N \times N}$ dar, die Matrizen $AB - I$ und $BA - I$ jedoch fallen sehr unterschiedlich aus. Das kurze MATLAB-Skript

```
A = [9999     9998; 10000     9999];
B = [9999.9999    -9997.0001;    -10001     9998];
C = inv(A);     D = A*B - eye(2);     E = B*A - eye(2);
C, D, E
```

etwa liefert die folgenden Werte:

$$C \approx 10^4 * \begin{pmatrix} 0.9999 & -0.9998 \\ -1.0000 & 0.9999 \end{pmatrix}, \quad D \approx \begin{pmatrix} 10^{-4} & 10^{-4} \\ 0 & 0 \end{pmatrix},$$

$$E \approx 10^4 * \begin{pmatrix} 1.9997 & 1.9995 \\ -1.9999 & -1.9997 \end{pmatrix}.$$

Lösung zu Aufgabe 4.19. Teil (b) dieser Aufgabe enthält die eigentliche Aussage dieser Aufgabe: Eine Multiplikation der einzelnen Zeilen einer gegebenen Matrix derart, dass in der resultierenden Matrix die Beträge der Einträge in jeder einzelnen Zeile aufsummiert die Zahl eins geben, liefert eine Matrix mit einer Konditionszahl, die jedenfalls nicht schlechter als die der Ausgangsmatrix ist.

(a) Mit der Notation $D = \text{diag}(d_1, d_2, \ldots, d_N) \in \mathbb{R}^{N \times N}$ erhält man

$$\|DB\|_\infty = \max_{j=1,\ldots,N} \sum_{k=1}^{N} |d_j||b_{jk}| = \max_{j=1,\ldots,N} |d_j|.$$

Weiter erhält man mit der Notation $B^{-1} = (c_{jk}) \in \mathbb{R}^{N \times N}$

$$\begin{aligned}\|(DB)^{-1}\|_\infty &= \|B^{-1} D^{-1}\|_\infty = \max_{j=1,\ldots,N} \sum_{k=1}^{N} |c_{jk}| \left|\frac{1}{d_k}\right| \\ &\geq \left\{ \min_{j=1,\ldots,N} |d_j| \right\}^{-1} \|B^{-1}\|_\infty.\end{aligned}$$

Insgesamt ergibt sich

$$\mathrm{cond}_\infty(DB) = \|DB\|_\infty \|(DB)^{-1}\|_\infty \geq \|B\|_\infty \|B^{-1}\|_\infty = \mathrm{cond}_\infty(B).$$

(b) Mit der speziellen Wahl

$$d_j = 1 \Big/ \sum_{k=1}^{N} |a_{jk}| \quad \text{für } j = 1, 2, \ldots, N$$

erhält man

$$\sum_{k=1}^{N} |d_j a_{jk}| = 1 \quad \text{für } j = 1, 2, \ldots, N.$$

Die Matrix DA ist also zeilenäquilibriert. Die in Teil (b) angegebene Abschätzung folgt mit Teil (a) dieser Aufgabe, angewandt mit $B = DA$ und mit D^{-1} als Diagonalmatrix.

Lösung zu Aufgabe 4.20. Wir verwenden die Notation $A = QR = (a_1 | a_2 | \ldots | a_N)$, mit der orthogonalen Matrix $Q = (q_1 | q_2 | \ldots | q_N) \in \mathbb{R}^{N \times N}$ und der oberen Dreiecksmatrix $R = (r_{jk}) \in \mathbb{R}^{N \times N}$. Die Vektoren $a_k \in \mathbb{R}^N$ und $q_k \in \mathbb{R}^N$ für $k = 1, 2, \ldots, N$ bezeichnen dabei die Spaltenvektoren der Matrizen A beziehungsweise Q. Es gilt einerseits

$$|\det A| = \underbrace{|\det Q|}_{=1} |\det R| = \prod_{k=1}^{N} |r_{kk}|, \tag{L-4.9}$$

und andererseits gilt

$$\left(\sum_{j=1}^{N} |a_{jk}|^2 \right)^{1/2} = \|a_k\|_2 \stackrel{(*)}{=} \left(\sum_{j=1}^{k} |r_{jk}|^2 \right)^{1/2} \geq |r_{kk}| \quad \text{für } k = 1, \ldots, N, \tag{L-4.10}$$

wobei die Identität $(*)$ aus der Darstellung $a_k = \sum_{j=1}^{k} r_{jk} q_j$ und der paarweisen Orthonormalität der Vektoren $q_1, q_2, \ldots, q_N$ resultiert. Eine Anwendung der Abschätzung (L-4.10) in der Darstellung (L-4.9) ergibt die in der vorliegenden Aufgabe angegebene Abschätzung.

Lösung zu Aufgabe 4.21. (a) Mit den Notationen

$$A = \begin{pmatrix} | & & | \\ a_1 & \ldots & a_N \\ | & & | \end{pmatrix}, \quad Q = \begin{pmatrix} | & & | \\ q_1 & \ldots & q_N \\ | & & | \end{pmatrix}, \quad R = \begin{pmatrix} r_{11} & \cdots & r_{1N} \\ & \ddots & \vdots \\ & & r_{NN} \end{pmatrix} \tag{L-4.11}$$

Lösungen   115

(mit Vektoren a_k, $q_k \in \mathbb{R}^M$) führt der Ansatz $A = QR$ auf die folgenden Forderungen,

$$a_k = \sum_{j=1}^{k} r_{jk} q_j \quad \text{für} \quad k = 1, 2, \ldots, N, \tag{L-4.12}$$

$$\text{mit} \quad q_1, \ldots, q_N \in \mathbb{R}^M \quad \text{paarweise orthonormal.} \tag{L-4.13}$$

Im Folgenden wird beschrieben, wie man mittels einer *Gram-Schmidt-Orthogonalisierung* eine solche Faktorisierung (L-4.12)–(L-4.13) gewinnt.

Algorithmus. (Gram-Schmidt-Orthogonalisierung für eine Matrix $A \in \mathbb{R}^{M \times N}$ mit maximalem Rang) Hier geht man schrittweise für $k = 1, 2, \ldots, N$ so vor: Ausgehend von bereits gewonnenen orthonormalen Vektoren $q_1, \ldots, q_{k-1} \in \mathbb{R}^M$ mit

$$\text{span}\{a_1, \ldots, a_{k-1}\} = \text{span}\{q_1, \ldots, q_{k-1}\} =: \mathcal{M}_{k-1}$$

bestimmt man in Schritt $k \geq 1$ das Lot von a_k auf den linearen Unterraum $\mathcal{M}_{k-1} \subset \mathbb{R}^M$,

$$\widehat{q}_k := a_k - \sum_{j=1}^{k-1} (a_k^\top q_j) q_j, \tag{L-4.14}$$

und nach der Normierung

$$q_k := \frac{\widehat{q}_k}{\|\widehat{q}_k\|_2} \tag{L-4.15}$$

sind die Vektoren $q_1, \ldots, q_k \in \mathbb{R}^M$ paarweise orthonormal mit

$$\text{span}\{a_1, \ldots, a_k\} = \text{span}\{q_1, \ldots, q_k\}. \qquad \triangle$$

Der Gleichung (L-4.14) entnimmt man unmittelbar die Darstellung

$$a_k = \underbrace{\|\widehat{q}_k\|_2}_{=: \, r_{kk}} q_k + \sum_{j=1}^{k-1} \underbrace{(a_k^\top q_j)}_{=: \, r_{jk}} q_j \quad \text{für} \quad k = 1, 2, \ldots, N, \tag{L-4.16}$$

und mit den Notationen aus (L-4.15) beziehungsweise (L-4.16) erhält man nach Abschluss der Gram-Schmidt-Orthogonalisierung die gesuchte Faktorisierung (L-4.12)–(L-4.13) beziehungsweise in Matrixschreibweise und mit der Notation aus (L-4.11) die Faktorisierung $A = QR$.

(b) Es wird zunächst

$$\|Qz - b\|_2^2 = \|z - Q^\top b\|_2^2 + \|b - QQ^\top b\|_2^2 \quad \text{für} \quad z \in \mathbb{R}^N, \ b \in \mathbb{R}^M \tag{L-4.17}$$

nachgewiesen. Hierzu berechnet man

$$\|Qz - b\|_2^2 = \|(Qz - QQ^\top b) - (b - QQ^\top b)\|_2^2$$

$$= \|Qz - QQ^\top b\|_2^2 \underbrace{- 2(Qz - QQ^\top b)^\top(b - QQ^\top b)}_{= 0, \text{ siehe unten}} + \|b - QQ^\top b\|_2^2$$

$$\stackrel{(*)}{=} \|Q(z - Q^\top b)\|_2^2 + \|b - QQ^\top b\|_2^2$$

$$\stackrel{(**)}{=} \|z - Q^\top b\|_2^2 + \text{———«———},$$

wobei für den Nachweis der Identität (*) noch die folgende Rechnung nachzutragen ist:

$$(Qz - QQ^\top b)^\top(b - QQ^\top b) = (z - Q^\top b)^\top(Q^\top b - \underbrace{Q^\top Q}_{= I} Q^\top b) = 0,$$

und in der Identität (**) geht die Isometrieeigenschaft $\|Qx\|_2 = \|x\|_2$ für $x \in \mathbb{R}^N$ ein. Damit ist die Eigenschaft (L-4.17) nachgewiesen.

Bei fest gewähltem Vektor $b \in \mathbb{R}^M$ ist auf der rechten Seite der Identität (L-4.17) der zweite Term konstant, so dass die linke Seite der Identität (L-4.17) minimal ausfällt für $z = Q^\top b$. Für die Lösung des eigentlichen Minimierungsproblems $\|Ax - b\|_2 = \|QRx - b\|_2 \to \min$ für $x \in \mathbb{R}^N$ ist also (nach Berechnung des Matrix-Vektor-Produkts $Q^\top b$) nur noch das gestaffelte Gleichungssystem $Rx = Q^\top b$ zu lösen.

Lösung zu Aufgabe 4.22.

(a) Die Lösung ergibt sich unmittelbar aus der folgenden Rechnung:

$$(A + uv^\top)\left(A^{-1} - \frac{A^{-1}uv^\top A^{-1}}{1 + v^\top A^{-1} u}\right)$$

$$= I - \frac{uv^\top A^{-1}}{1 + v^\top A^{-1} u} + uv^\top A^{-1} - \frac{u(v^\top A^{-1} u)v^\top A^{-1}}{1 + v^\top A^{-1} u}$$

$$= I + \underbrace{\left(\frac{-1}{1 + v^\top A^{-1} u} + 1 - \frac{v^\top A^{-1} u}{1 + v^\top A^{-1} u}\right)}_{= 0} uv^\top A^{-1} = I.$$

(b) Es gilt $u \neq 0$ und

$$(A + uv^\top)A^{-1}u = u + u\underbrace{v^\top A^{-1} u}_{= -1} = u - u = 0,$$

so dass die Matrix $A + uv^\top$ einen nichttrivialen Nullraum besitzt und damit singulär ist.

Lösung zu Aufgabe 4.23. Auf dem Weg zur Gewinnung einer Triangulierung mittels Householdertransformationen wählt man beziehungsweise berechnet man im ersten

Schritt

$$w_1 := \frac{1}{\sqrt{2}} \begin{pmatrix} 1 \\ 0 \\ 1 \\ 0 \end{pmatrix} \quad \leadsto \quad (I - 2w_1 w_1^\top) \begin{pmatrix} 0 & 1 & 0 \\ 0 & 0 & 1 \\ 1 & 0 & 1 \\ 0 & 0 & 1 \end{pmatrix} = \begin{pmatrix} -1 & 0 & -1 \\ 0 & 0 & 1 \\ 0 & -1 & 0 \\ 0 & 0 & 1 \end{pmatrix},$$

denn

$$(I - 2w_1 w_1^\top) \begin{pmatrix} 1 \\ 0 \\ 0 \\ 0 \end{pmatrix} = \begin{pmatrix} 1 \\ 0 \\ 0 \\ 0 \end{pmatrix} - \frac{2}{\sqrt{2}\sqrt{2}} \cdot 1 \cdot \begin{pmatrix} 1 \\ 0 \\ 1 \\ 0 \end{pmatrix} = \begin{pmatrix} 0 \\ 0 \\ -1 \\ 0 \end{pmatrix},$$

$$(I - 2w_1 w_1^\top) \begin{pmatrix} 0 \\ 1 \\ 1 \\ 1 \end{pmatrix} = \begin{pmatrix} 0 \\ 1 \\ 1 \\ 1 \end{pmatrix} - \frac{2}{\sqrt{2}\sqrt{2}} \cdot 1 \cdot \begin{pmatrix} 1 \\ 0 \\ 1 \\ 0 \end{pmatrix} = \begin{pmatrix} -1 \\ 1 \\ 0 \\ 1 \end{pmatrix}.$$

Im zweiten Schritt zur Gewinnung einer Triangulierung mittels Householdertransformationen wählt man

$$w_2 := \frac{1}{\sqrt{2}} \begin{pmatrix} 1 \\ -1 \\ 0 \end{pmatrix}$$

und berechnet

$$\left(\begin{array}{c|ccc} 1 & 0 & 0 & 0 \\ \hline 0 & & & \\ 0 & & I - 2w_2 w_2^\top & \\ 0 & & & \end{array} \right) \begin{pmatrix} -1 & 0 & -1 \\ 0 & 0 & 1 \\ 0 & -1 & 0 \\ 0 & 0 & 1 \end{pmatrix} = \begin{pmatrix} -1 & 0 & -1 \\ 0 & -1 & 0 \\ 0 & 0 & 1 \\ 0 & 0 & 1 \end{pmatrix},$$

denn

$$(I - 2w_2 w_2^\top) \begin{pmatrix} 1 \\ 0 \\ 1 \end{pmatrix} = \begin{pmatrix} 1 \\ 0 \\ 1 \end{pmatrix} - \frac{2}{\sqrt{2}\sqrt{2}} \cdot 1 \cdot \begin{pmatrix} 1 \\ -1 \\ 0 \end{pmatrix} = \begin{pmatrix} 0 \\ 1 \\ 1 \end{pmatrix}.$$

Im dritten und letzten Schritt zur Gewinnung einer Triangulierung mittels Householdertransformationen setzt beziehungsweise berechnet man

$$w_3 := \frac{1}{\sqrt{4 + 2\sqrt{2}}} \begin{pmatrix} 1 + \sqrt{2} \\ 1 \end{pmatrix}$$

$$\leadsto \left(\begin{array}{cc|cc} 1 & 0 & 0 & 0 \\ 0 & 1 & 0 & 0 \\ \hline 0 & 0 & & \\ 0 & 0 & & I - 2w_3 w_3^\top \end{array} \right) \begin{pmatrix} -1 & 0 & -1 \\ 0 & -1 & 0 \\ 0 & 0 & 1 \\ 0 & 0 & 1 \end{pmatrix} = \begin{pmatrix} -1 & 0 & -1 \\ 0 & -1 & 0 \\ 0 & 0 & -\sqrt{2} \\ 0 & 0 & 0 \end{pmatrix}.$$

Lösung zu Aufgabe 4.25. (a) Allgemein gilt

$$\|a+b\|_2^2 = \|a\|_2^2 + 2a^\top b + \|b\|_2^2 \quad \text{für } a, b \in \mathbb{R}^M,$$

und damit erhält man für jede Lösung $x^* \in \mathbb{R}^N$ der Normalengleichung und beliebige Vektoren $z \in \mathbb{R}^N$ Folgendes:

$$\|Az - b\|_2^2 = \|A(z - x^*) + Ax^* - b\|_2^2$$
$$= \|A(z - x^*)\|_2^2 + \|Ax^* - b\|_2^2 + 2(z - x^*)^\top \overbrace{A^\top(Ax^* - b)}^{=0}$$
$$= \underline{\hspace{2cm}} \ll \underline{\hspace{3cm}} \geq \|Ax^* - b\|_2^2,$$

und in der letzten Abschätzung liegt Gleichheit vor mit der speziellen Wahl $z = x^*$. Somit ist der Vektor x^* auch eine Lösung des angegebenen Minimierungsproblems.

(b) Der Nachweis dieses Teils der Aufgabe wird indirekt geführt. Hierzu sei $x^* \in \mathbb{R}^N$ ein Vektor, der keine Lösung der Normalengleichung darstellt, es gilt also $r := A^\top(b - Ax^*) \neq 0$. Für den Vektor $z = x^* + tr$ mit einer (gleich noch etwas zu spezifizierenden) positiven reellen Zahl t berechnet man dann

$$\|Az - b\|_2^2 = \|A(\overbrace{z - x^*}^{=tr}) + Ax^* - b\|_2^2$$
$$= \underbrace{t^2\|Ar\|_2^2 + 2t\, \overbrace{r^\top A^\top(Ax^* - b)}^{=-\|r\|^2}}_{<\, 0 \text{ für } t > 0 \text{ hinreichend klein}} + \|Ax^* - b\|_2^2,$$

so dass also für hinreichend kleine positive reelle Zahlen $t > 0$ die Ungleichung $\|Az - b\|_2 < \|Ax^* - b\|_2$ gilt. Damit stellt der Vektor $x^* \in \mathbb{R}^N$ auch keine Lösung des Minimierungsproblems $\|Ax - b\|_2 \to \min$ für $x \in \mathbb{R}^N$ dar.

Lösung zu Aufgabe 4.26. Hier ist der Ausdruck $\|Ax - b\|_2$ zu minimieren mit

$$A = \begin{pmatrix} 1 & 0 & 0 \\ 1 & 1 & 1 \\ 1 & 2 & 4 \\ 1 & 3 & 9 \end{pmatrix}, \quad b = \begin{pmatrix} 0 \\ 1 \\ 2 \\ 0 \end{pmatrix}, \quad x = \begin{pmatrix} a_0 \\ a_1 \\ a_2 \end{pmatrix}.$$

Die zugehörigen Normalgleichungen lauten $A^\top A x = A^\top b$, wobei die Matrix und die rechte Seite des linearen Gleichungssystems die folgende konkrete Form besitzen:

$$A^\top A = \begin{pmatrix} 4 & 6 & 14 \\ 6 & 14 & 36 \\ 14 & 36 & 98 \end{pmatrix}, \quad A^\top b = \begin{pmatrix} 3 \\ 5 \\ 9 \end{pmatrix}.$$

Es ist nun die Cholesky-Faktorisierung $A^\top A = L^\top L$ zu berechnen mit einer unteren Dreiecksmatrix L. Diese untere Dreiecksmatrix ist von der Form

$$L = \begin{pmatrix} 2 & 0 & 0 \\ 3 & \sqrt{5} & 0 \\ 7 & 3\sqrt{5} & 2 \end{pmatrix}.$$

Dies berechnet sich gemäß [26, Schema 4.5] folgendermaßen, wobei die Notation $A^T A = (b_{jk})$ verwendet wird, die Einträge der Matrix $A^T A$ werden also mit b_{jk} für $1 \leq j, k \leq 3$ bezeichnet:

$$\ell_{11} = 2, \quad \ell_{21}\ell_{11} = b_{21} = 6 \implies \ell_{21} = 3,$$
$$\ell_{31}\ell_{11} = b_{31} = 14 \implies \ell_{31} = 7,$$
$$\ell_{22} = (b_{22} - \ell_{21}^2)^{1/2} = (14 - 9)^{1/2} = \sqrt{5},$$
$$\ell_{32} = (b_{32} - \ell_{31}\ell_{21})/\ell_{22} = (36 - 7 \cdot 3)/\sqrt{5} = 15/\sqrt{5} = 3\sqrt{5},$$
$$\ell_{33} = (b_{33} - \ell_{31}^2 - \ell_{32}^2)^{1/2} = (98 - 49 - 9 \cdot 5)^{1/2} = (98 - 94)^{1/2} = 2.$$

Man löst nun nacheinander die beiden gestaffelten linearen Gleichungssysteme $Lz = A^T b$ und $L^T x = z$. Dies liefert Folgendes:

$$2z_1 = 3 \implies z_1 = 3/2,$$
$$3z_1 + \sqrt{5}z_2 = 5 \implies z_2 = (5 - 9/2)/\sqrt{5} = \sqrt{5} - 9/(2\sqrt{5}),$$
$$7z_1 + 3 \cdot \sqrt{5}z_2 + 2z_3 = 9$$
$$\implies z_3 = (9 - 10.5 - 15 + 13.5)/2 = -3/2.$$

Nun ist noch das gestaffelte lineare Gleichungssystem

$$L^T x = z \quad \text{mit} \quad L^T = \begin{pmatrix} 2 & 3 & 7 \\ 0 & \sqrt{5} & 3\sqrt{5} \\ 0 & 0 & 2 \end{pmatrix}$$

zu lösen. Man erhält hier Folgendes:

$$2a_3 = z_3 \implies a_3 = -3/4,$$
$$\sqrt{5}a_2 + 3\sqrt{5}a_3 = z_2$$
$$\implies a_2 = (\sqrt{5} - 9/(2 \cdot \sqrt{5}) + 3 \cdot \sqrt{5} \cdot 3/4)/\sqrt{5}$$
$$= 1 - (9/10) + 9/4 = 47/20,$$
$$2a_1 + 3a_2 + 7a_3 = 3/2,$$
$$\implies a_1 = ((3/2) - 3 \cdot (47/20) + 7 \cdot 3/4)/2 = -3/20.$$

Damit ist das Polynom

$$p(y) = -\frac{3}{20} + \frac{47}{20}y - \frac{3}{4}y^2$$

die gesuchte Lösung des vorgegebenen Ausgleichsproblems.

5 Nichtlineare Gleichungssysteme – Lösungen

Lösung zu Aufgabe 5.1. Bei den ersten vier in (5.1) und (5.2) angegebenen Iterationsverfahren handelt es sich jeweils um spezielle Fixpunktiterationen von der Form

$$x_{n+1} = \Phi(x_n) \quad \text{für} \quad n = 0, 1, \ldots \tag{L-5.1}$$

mit einer in dem Punkt x_* differenzierbaren Iterationsfunktionen Φ. Diese Fixpunktiterationen sind jeweils genau dann (lokal) mindestens linear konvergent, wenn x_* ein Fixpunkt der Funktion Φ ist und außerdem $|\Phi'(x_*)| < 1$ gilt.

Bei dem ersten Verfahren in (5.1) ist die Fixpunktiteration von der Form $\Phi(x) = -\ln x$ für $x \in [0.5, 0.6]$. Hier gilt

$$\Phi(x_*) = x_*, \qquad |\Phi'(x)| = \frac{1}{x} \geq \frac{5}{3} \quad \text{für} \quad x \in [0.5, 0.6],$$

so dass dieses Verfahren nicht lokal konvergent sein kann.

Zu dem zweiten Verfahren in (5.1) gehört die Fixpunktiteration $\Phi(x) = e^{-x}$ für $x \in [0.5, 0.6]$. Hier gilt

$$\Phi(x_*) = x_*, \qquad |\Phi'(x_*)| = x_* \leq 0.6,$$

dieses Verfahren ist also mindestens linear konvergent.

Die Fixpunktiteration des dritten Verfahrens in (5.1) ist von der Form $\Phi(x) = (x + e^{-x})/2$ für $x \in [0.5, 0.6]$, und dann gilt

$$\Phi(x_*) = x_*, \qquad |\Phi'(x_*)| = \frac{1 - x_*}{2} \leq \frac{1}{4},$$

dieses Verfahren ist also ebenfalls mindestens linear konvergent.

Die Fixpunktiteration des ersten Verfahrens in (5.2) lautet $\Phi(x) = (ax + e^{-x})/(a+1)$ für $x \in [0.5, 0.6]$, und damit gilt

$$\Phi(x_*) = x_*, \qquad \Phi'(x) = \frac{a - e^{-x}}{a+1}.$$

Die Wahl $a = x_*$ ergibt $\Phi'(x_*) = 0$, so dass das resultierende Verfahren lokal quadratisch konvergent ist. Allerdings ist dieses Verfahren nicht brauchbar, da der Wert $a = x_*$ ja nicht bekannt ist.

Das zweite Verfahren in (5.2) ist im Allgemeinen nicht von der Form (L-5.1). Es soll ja $x_n \approx x_*$ gelten, eine praktikable Variante des vorhergehenden Verfahrens ist also das hier betrachtete zweite Verfahren aus (5.2) mit der speziellen Wahl $a_n = x_n$ für $n = 0, 1, \ldots$. Mit dieser Wahl von a_n ist dieses Verfahren von der Form (L-5.1) mit

$$\Phi(x) = \frac{x^2 + e^{-x}}{x+1},$$

und es gilt

$$\Phi(x_*) = x_*, \qquad \Phi'(x) = \frac{(x+2)(x-e^{-x})}{(x+1)^2}, \qquad \Phi'(x_*) = 0.$$

Das resultierende Verfahren ist also durchführbar und lokal mindestens quadratisch konvergent.

Lösung zu Aufgabe 5.2. Es gilt $f'(x) = e^x$ und damit

$$\Phi(x) := x - \frac{f(x)}{f'(x)} = x - 1 + ae^{-x}.$$

Die Iterationsvorschrift lautet also

$$x_{n+1} = x_n - 1 + ae^{-x_n} \quad \text{für} \quad n = 0, 1, \ldots.$$

Zur Bestimmung der Konvergenzordnung berechnet man

$$\Phi'(x) = 1 - ae^{-x}, \qquad \Phi'(\ln a) = 1 - ae^{-\ln a} = 1 - \frac{a}{a} = 0,$$

so dass also mindestens quadratische Konvergenz vorliegt. Wegen

$$\Phi''(x) = ae^{-x}, \qquad \Phi''(\ln a) = \frac{a}{a} = 1 \neq 0$$

liegt keine höhere Konvergenz vor. Die ersten vier Iterierten sind

$x_1 = 0.3679,$ 0 Nachkommastellen genau
$x_2 = 0.\underline{0}601,$ 1 ——— « ———
$x_3 = 0.\underline{00}18,$ 2 ——— « ———
$x_4 = 0.\underline{00000}15641,$ 5 ——— « ———

wobei die mit den Ziffern der exakten Lösung übereinstimmenden Nachkommastellen unterstrichen sind. So wird verdeutlicht, dass sich mit jedem Iterationsschritt die Zahl der mit der exakten Lösung übereinstimmenden Nachkommastellen mindestens verdoppelt.

Lösung zu Aufgabe 5.3. Für die störungsfreie Folge

$$x_{n+1} := \Phi(x_n) \quad \text{für} \quad n = 0, 1, \ldots,$$

gilt die aus [26] bekannte a priori-Fehlerabschätzung

$$\|x_n - x_*\| \leq \frac{L^n}{1-L} \|x_1 - x_0\| \quad \text{für} \quad n = 1, 2, \ldots,$$

und damit erhält man

$$\|x_n^\delta - x_*\| \leq \|x_n^\delta - x_n\| + \|x_n - x_*\|$$
$$\leq \|x_n^\delta - x_n\| + \frac{L^n}{1-L} \|x_1 - x_0\| \quad \text{für} \quad n = 1, 2, \ldots. \quad \text{(L-5.2)}$$

Den letzten Term in (L-5.2) schätzt man so ab:

$$\begin{aligned}
\|x_1 - x_0\| &= \|x_1 - x_1^\delta + x_1^\delta - (x_0^\delta - \Delta x_0)\| \\
&\leq \|x_1 - x_1^\delta\| + \|x_1^\delta - x_0^\delta\| + \delta \\
&= \|\Phi(x_0) - \Phi(x_0^\delta) - \Delta x_1\| + \text{\textemdash\,«\,\textemdash} \\
&\leq L\delta + 2\delta + \text{\textemdash\,«\,\textemdash}\,.
\end{aligned}$$

Der erste Term in (L-5.2) lässt sich folgendermaßen abschätzen:

$$\begin{aligned}
\|x_n^\delta - x_n\| &= \|\Phi(x_{n-1}^\delta) + \Delta x_n - \Phi(x_{n-1})\| \leq L\|x_{n-1}^\delta - x_{n-1}\| + \delta \\
&\leq L(L\|x_{n-2}^\delta - x_{n-2}\| + \delta) + \delta = L^2\|x_{n-2}^\delta - x_{n-2}\| + L\delta + \delta \\
&\vdots \\
&\leq \left(\sum_{k=0}^n L^k\right)\delta \leq \frac{\delta}{1-L}.
\end{aligned}$$

Diese beiden Abschätzungen zusammen mit (L-5.2) liefern schließlich die in der Aufgabe angegebene Abschätzung.

Lösung zu Aufgabe 5.4. (a) (i) Die gegebene Abbildung $\Phi : \mathbb{R}^N \to \mathbb{R}^N$ ist bezüglich der Maximumnorm nicht kontrahierend, denn für $0 < s < \pi/2$ gilt

$$\|\Phi\begin{pmatrix}s\\s\end{pmatrix} - \Phi\begin{pmatrix}0\\0\end{pmatrix}\|_\infty \Big/ \|\begin{pmatrix}s\\s\end{pmatrix} - \begin{pmatrix}0\\0\end{pmatrix}\|_\infty = \frac{1}{2s}\left\|\begin{pmatrix}\frac{\sin s}{4} + s \\ \sin s + s\end{pmatrix}\right\|_\infty = \frac{1}{2s}(\sin s + s)$$

$$= \frac{1}{2}\left(\frac{\sin s}{s} + 1\right) \to 1 \quad \text{für} \quad s \to 0+.$$

(ii) Wir zeigen im Folgenden, dass

$$\|\mathcal{D}_x\Phi\|_2 \leq L \quad \text{für} \quad x \in \mathbb{R}^2 \tag{L-5.3}$$

gilt mit einer noch zu spezifizierenden Konstanten $0 < L < 1$. Hierzu stellt man als Erstes fest, dass die Matrix

$$\mathcal{D}_x\Phi = \frac{1}{2}\begin{pmatrix}\frac{\cos u}{4} & 1 \\ 1 & \cos v\end{pmatrix} =: \frac{1}{2}A, \quad \text{mit} \quad x = \begin{pmatrix}u\\v\end{pmatrix}$$

symmetrisch ist. Bei symmetrischen Matrizen stimmt die zugehörige durch die euklidische Vektornorm induzierte Matrixnorm mit dem betragsmäßig größten Eigenwert der Matrix überein, vergleiche [26, (4.35)]. Damit gilt also

$$\|\mathcal{D}_x\Phi\|_2 = \tfrac{1}{2}\max\{|\lambda| : \lambda \in \sigma(A)\}, \tag{L-5.4}$$

wobei $\sigma(A)$ die Menge der Eigenwerte der Matrix A bezeichne. Nun berechnet man

$$\begin{aligned}
\det(A - \lambda I) &= \left(\frac{\cos u}{4} - \lambda\right)(\cos v - \lambda) - 1 \\
&= \lambda^2 - \left(\frac{\cos u}{4} + \cos v\right)\lambda + \frac{\cos u}{4}\cos v - 1
\end{aligned}$$

und damit

$$\det(A - \lambda I) = 0$$
$$\iff \lambda = \tfrac{1}{2}\left(\tfrac{\cos u}{4} + \cos v\right) \pm \sqrt{\tfrac{1}{4}\left(\tfrac{\cos u}{4} + \cos v\right)^2 - \tfrac{\cos u}{4}\cos v + 1}$$
$$= \tfrac{1}{2}\left(\text{———«———} \pm \sqrt{\left(\tfrac{\cos u}{4} - \cos v\right)^2 + 4}\right) =: \lambda_{1/2}.$$

Die Beträge der Eigenwerte $\lambda_{1/2}$ der Matrix A lassen sich folgendermaßen abschätzen:

$$|\lambda_{1/2}| \leq \tfrac{1}{2}\left(\left|\tfrac{\cos u}{4}\right| + |\cos v| + \sqrt{\left(\left|\tfrac{\cos u}{4}\right| + |\cos v|\right)^2 + 4}\right)$$
$$\leq \tfrac{1}{2}\left(\tfrac{1}{4} + 1 + \sqrt{\left(\tfrac{5}{4}\right)^2 + 4}\right) = \tfrac{5 + \sqrt{89}}{8}.$$

Zusammen mit der Darstellung (L-5.4) erhält man so die folgende Abschätzung:

$$\|\mathcal{D}_x \Phi\|_2 \leq \underbrace{\tfrac{5 + \sqrt{89}}{16}}_{=:\ L} < 0.903,$$

so dass die vorgegebene Abbildung $\Phi : \mathbb{R}^N \to \mathbb{R}^N$ bezüglich der euklidischen Vektornorm kontrahierend ist.

(b) Mit der speziellen Wahl $x_0 = (0,0)^\top$ erhält man $x_1 = \tfrac{1}{2}(1,1)^\top$, und die a priori-Fehlerabschätzung aus dem banachschen Fixpunktsatz liefert dann

$$\|x_n - x_*\|_2 \leq \tfrac{L^n}{1-L}\|x_1 - x_0\|_2 = \tfrac{L^n}{1-L} \cdot \tfrac{1}{\sqrt{2}} \quad \text{für} \quad n = 1, 2, \ldots.$$

Demnach gilt $\|x_n - x_*\|_2 \leq 0.01$, falls

$$\tfrac{L^n}{1-L} \cdot \tfrac{1}{\sqrt{2}} \leq 0.01 \iff L^n \leq 0.01 \cdot \sqrt{2} \cdot \tfrac{11 - \sqrt{89}}{16} \approx 1.383 \cdot 10^{-3}$$
$$\iff n \geq 64.$$

Schließlich zeigen numerische Berechnungen, dass man nach zwölf Iterationen die Approximationen

$$x_{11} = \begin{pmatrix} 1.4935 \\ 1.7391 \end{pmatrix}, \qquad x_{12} = \begin{pmatrix} 1.4942 \\ 1.7397 \end{pmatrix}$$

erhält, so dass mit der Iterierten x_{12} die gewünschte Genauigkeit erzielt wird:

$$\|x_{12} - x_*\|_2 \leq \tfrac{L}{1-L}\|x_{12} - x_{11}\|_2 \approx 0.0081.$$

Lösung zu Aufgabe 5.5.
(a) Die zweite Gleichung $uv = 0$ bedeutet $u = 0$ oder $v = 0$. Im ersten Fall $u = 0$ wird die erste der zwei Gleichungen zu $-v - 1 = 0$ beziehungsweise $v = -1$, und im zweiten Fall $v = 0$ wird die erste Gleichung zu $u - 1 = 0$ beziehungsweise $u = 1$. Es stellen also
$$\begin{pmatrix} 0 \\ -1 \end{pmatrix}, \quad \begin{pmatrix} 1 \\ 0 \end{pmatrix},$$
die beiden Lösungen des betrachteten nichtlinearen Gleichungssystems dar.
(b) Zur Herleitung der Verfahrensvorschrift des zugehörigen Newton-Verfahrens ist die Jacobi-Matrix der Abbildung
$$F(x) = \begin{pmatrix} uv + u - v - 1 \\ uv \end{pmatrix} \quad \text{für} \quad x = (u, v)^\mathsf{T}$$
zu berechnen. Sie hat die Form
$$\mathcal{J}(x) = \begin{pmatrix} v + 1 & u - 1 \\ v & u \end{pmatrix} \quad \text{für} \quad x = (u, v)^\mathsf{T}.$$
Im Fall des ersten Startvektors $x_0 = (0, 0)^\mathsf{T}$ gilt also
$$\mathcal{J}(x_0) = \begin{pmatrix} 1 & -1 \\ 0 & 0 \end{pmatrix}.$$
Diese Matrix ist singulär, so dass das Newton-Verfahren hier bereits im ersten Schritt abbricht. Im Fall des zweiten Startvektors $x_0 = (1, 1)^\mathsf{T}$ nimmt die Jacobi-Matrix die Form
$$\mathcal{J}(x_0) = \begin{pmatrix} 2 & 0 \\ 1 & 1 \end{pmatrix}$$
an. Diese Matrix ist regulär, und zur Bestimmung der ersten Iterierten $x_1 = x_0 + \Delta_0$ ist die Lösung des linearen Gleichungssystems
$$\mathcal{J}(x_0)\Delta_0 = -F(x_0) = -\begin{pmatrix} 1 + 1 - 1 - 1 \\ 1 \end{pmatrix} = \begin{pmatrix} 0 \\ -1 \end{pmatrix}$$
zu bestimmen. Diese Lösung lautet $\Delta_0 = (0, -1)^\mathsf{T}$, und man erhält die erste Iterierte
$$x_1 = x_0 + \Delta_0 = \begin{pmatrix} 1 \\ 1 \end{pmatrix} + \begin{pmatrix} 0 \\ -1 \end{pmatrix} = \begin{pmatrix} 1 \\ 0 \end{pmatrix}.$$
Diese stimmt mit einer der beiden exakten Lösungen des betrachteten nichtlinearen Gleichungssystems überein.

Lösung zu Aufgabe 5.6. Mit der Notation $R_n = AX_n - I$ für $n = 0, 1, \ldots$ erhält man
$$\begin{aligned} R_{n+1} &= AX_{n+1} - I = A(X_n - X_n(AX_n - I)) - I \\ &= AX_n - AX_n(AX_n - I) - I \\ &= R_n - AX_n R_n = -R_n^2. \end{aligned}$$
Mittels vollständiger Induktion erhält man daraus
$$R_n = (-1)^n R_0^{(2^n)}, \qquad \|R_n\| \leq q^{(2^n)} \quad \text{für} \quad n = 0, 1, \ldots.$$

Außerdem erhält man aus der Definition für die Matrix R_0 die Darstellung $A^{-1} = X_0(R_0 + I)^{-1}$ und somit $\|A^{-1}\| \leq \|X_0\|/(1-q)$. Dies führt schließlich auf die in der Aufgabenstellung angegebene Abschätzung:

$$\begin{aligned} \|X_n - A^{-1}\| &= \|A^{-1}(AX_n - I)\| \leq \frac{\|X_0\|}{1-q} \|R_n\| \\ &\leq \frac{\|X_0\|}{1-q} q^{(2^n)} \quad \text{für } n = 0, 1, \ldots. \end{aligned}$$

Lösung zu Aufgabe 5.7.
(a) Hier ist der Stoppindex $n = 4$, und die gewonnene Iterierte ist

$$x_4 = \begin{pmatrix} 0.789 \\ 1.571 \end{pmatrix}.$$

Diese stellt eine gute Approximation an eine der Lösungen des vorliegenden nichtlinearen Gleichungssystems dar.
(b) Der Stoppindex ist hier $n = 8$, die gewonnene Näherung ist wiederum $x_8 = \begin{pmatrix} 0.789 \\ 1.571 \end{pmatrix}$.
(c) In diesem Fall bricht das Verfahren mit $n = 22$ ab, die zugehörige Näherung ist

$$x_{22} = \begin{pmatrix} 0.000 \\ -1.732 \end{pmatrix}.$$

Diese ist ebenfalls eine gute Approximation an eine der Lösungen.
(d) Hier findet kein vorzeitiger Abbruch statt, es gilt also $n = n_{\max} = 100$, und das Verfahren liefert den Vektor

$$x_{100} = \begin{pmatrix} -0.99 * 10^{90} \\ 1.3 * 10^{90} \end{pmatrix}.$$

Damit wird keine der Lösungen des betrachteten nichtlinearen Gleichungssystems angenähert.

Lösung zu Aufgabe 5.8. Als Erstes stellt man fest, dass

$$x - \frac{f(x)}{f'(x)} < x \quad \text{für alle } x_* < x \leq b \qquad \text{(L-5.5)}$$

gilt, denn wegen der Annahmen an die Funktion f gilt $f(x) > f(x_*) = 0$ und $f'(x) > 0$ für jedes $x_* < x \leq b$. Es wird im Folgenden noch

$$x - \frac{f(x)}{f'(x)} \geq x_* \quad \text{für } x_* \leq x \leq b \qquad \text{(L-5.6)}$$

nachgewiesen. Aus den beiden Abschätzungen (L-5.5) und (L-5.6) erschließt man mittels vollständiger Induktion, dass für einen Startwert $x_0 > x_*$ das Newton-Verfahren eine monoton fallende Folge $x_1, x_2, \ldots$ mit $x_n \geq x_*$ für $n = 0, 1, \ldots$ liefert, und dann liegt notwendigerweise Konvergenz vor mit einem Grenzwert, der als Fixpunkt der stetigen Iterationsabbildung (vergleiche [26, Beweis von Theorem 5.6]) auch eine Nullstelle der Funktion f darstellt und somit mit x_* übereinstimmt.

Für den Nachweis der Ungleichung (L-5.6) benötigt man das folgende Lemma.

Lemma. Für alle konvexen differenzierbaren Funktionen $\psi : [a,b] \to \mathbb{R}$ gilt
$$\psi'(x)(z-x) \leq \psi(z) - \psi(x) \quad \text{für} \quad z, x \in [a,b].$$

BEWEIS. Für jede Zahl $0 < t \leq 1$ gilt
$$\psi(x + t(z-x)) \leq \psi(x) + t(\psi(z) - \psi(x))$$
beziehungsweise
$$\frac{\psi(x + t(z-x)) - \psi(x)}{t} \leq \psi(z) - \psi(x).$$

Der Grenzübergang $t \to 0$ liefert die Aussage des Lemmas. $\square$

Es wird nun die Ungleichung (L-5.6) nachgewiesen. Angenommen, es gilt die Ungleichung $x - f(x)/f'(x) \stackrel{(*)}{<} x_*$ für eine Zahl x mit $x_* \leq x \leq b$. Daraus resultiert unmittelbar der Widerspruch

$$f(x_*) \geq f'(x)x_* + f(x) - f'(x)x > 0 = f(x_*), \tag{L-5.7}$$

so dass die Ungleichung (L-5.6) doch richtig ist. Die erste Abschätzung in (L-5.7) resultiert dabei aus dem angegebenen Lemma, und die zweite Abschätzung in (L-5.7) ist eine unmittelbare Folgerung aus der Ungleichung $(*)$.

6 Numerische Integration – Lösungen

Lösung zu Aufgabe 6.1. Die Existenz solcher Koeffizienten erhält man unmittelbar mit den Resultaten über interpolatorische Quadraturformeln. Der Vollständigkeit halber werden hier ein paar Einzelheiten genannt. Die lagrangeschen Basispolynome

$$L_k(x) = \prod_{\substack{s=0 \\ s \neq k}}^{n} \frac{x - x_s}{x_k - x_s} \quad \text{für} \quad k = 0, 1, \ldots, n$$

bilden eine Basis des Raums Π_n der Polynome vom Grad $\leq n$, mit der Basisdarstellung

$$\mathcal{P} = \sum_{k=0}^{n} \mathcal{P}(x_k) L_k \quad \text{für} \quad \mathcal{P} \in \Pi_n.$$

Eine Integration dieser Entwicklung liefert nun die Existenz solcher Koeffizienten a_k:

$$\int_a^b \mathcal{P}(x) \, dx = \sum_{k=0}^{n} \mathcal{P}(x_k) \underbrace{\int_a^b L_k(x) \, dx}_{=:\, a_k} \quad \text{für} \quad \mathcal{P} \in \Pi_n.$$

Seien nun $a_0, a_1, \ldots, a_n$ irgendwelche Koeffizienten, für die die Identität aus der Aufgabenstellung erfüllt ist. Anwendung dieser Identität auf die lagrangeschen Basispolynome liefert die Eindeutigkeit dieser Koeffizienten:

$$\int_a^b L_k(x) \, dx = \sum_{j=0}^{n} a_j \underbrace{L_k(x_j)}_{= \delta_{jk}} = a_k \quad \text{für} \quad k = 0, 1, \ldots, n.$$

Lösung zu Aufgabe 6.2. Sei $\overline{x} \in [a, b]$ irgendein Punkt mit $\overline{x} \neq x_k$ für $k = 0, 1, \ldots, n$. Dann betrachtet man das (eindeutig bestimmte) Polynom $\mathcal{Q} \in \Pi_{n+1}$ mit der Eigenschaft

$$\mathcal{Q}(\overline{x}) = 1, \qquad \mathcal{Q}(x_0) = \mathcal{Q}(x_1) = \ldots = \mathcal{Q}(x_n) = 0.$$

Eine Anwendung der vorgegebenen Quadraturformel zur näherungsweisen Integration des Polynoms $\mathcal{Q}^2 \in \Pi_{2n+2}$ ergibt Folgendes:

$$\mathcal{I}_n(\mathcal{Q}^2) = (b-a) \sum_{k=0}^{n} \sigma_k \overbrace{\mathcal{Q}(x_k)^2}^{= 0} = 0.$$

Auf der anderen Seite ist $\mathcal{Q}^2$ eine auf $\mathbb{R}$ nichtnegative stetige Funktion mit $\mathcal{Q}^2(\overline{x}) = 1 \neq 0$, so dass

$$\int_a^b \mathcal{Q}^2(x) \, dx > 0$$

gilt. Das Polynom $\mathcal{Q}^2 \in \Pi_{2n+2}$ wird also durch die vorgegebene Quadraturformel nicht exakt integriert.

Lösung zu Aufgabe 6.3. Im Folgenden wird versucht, zu gegebener Zahl $n \in \mathbb{N}$ drei reelle Koeffizienten a_0, a_1 und $a_2 \in \mathbb{R}$ derart zu bestimmen, dass

$$\int_a^b \mathcal{P}(x)\, dx = a_0 \mathcal{P}(a) + a_1 \mathcal{P}\left(\frac{a+b}{2}\right) + a_2 \mathcal{P}(b) \quad \text{für alle } \mathcal{P} \in \Pi_n \quad \text{(L-6.1)}$$

gilt. Hierzu verwendet man die taylorsche Formel bezüglich des Intervallmittelpunktes $(a+b)/2$:

$$\mathcal{P}(x) = \sum_{k=0}^{n} \frac{\mathcal{P}^{(k)}((a+b)/2)}{k!}\left(x - \frac{a+b}{2}\right)^k \quad \text{für } \mathcal{P} \in \Pi_n, \quad \text{(L-6.2)}$$

wobei das Restglied wegen $\mathcal{P}^{(n+1)} \equiv 0$ verschwindet. Integration der Darstellung (L-6.2) liefert

$$\int_a^b \mathcal{P}(x)\, dx = \sum_{k=0}^{n} \frac{\mathcal{P}^{(k)}((a+b)/2)}{k!} \int_a^b \left(x - \frac{a+b}{2}\right)^k dx = \sum_{k=0}^{n} c_k \mathcal{P}^{(k)}\left(\frac{a+b}{2}\right)$$

mit

$$c_k = \begin{cases} 2\dfrac{(L/2)^{k+1}}{(k+1)!}, & \text{falls } k \text{ gerade}, \\ 0 & \text{sonst} \end{cases}$$

mit $L := b - a$. Im Folgenden wird die rechte Seite der Identität (L-6.1) betrachtet. Hierzu verwendet man die Darstellung (L-6.2) für $x = a$ und $x = b$:

$$\mathcal{P}(a) = \sum_{k=0}^{n} \frac{\mathcal{P}^{(k)}((a+b)/2)}{k!}(-L/2)^k$$

$$\mathcal{P}(b) = \sum_{k=0}^{n} \frac{\mathcal{P}^{(k)}((a+b)/2)}{k!}(L/2)^k \quad \text{für } \mathcal{P} \in \Pi_n.$$

Daraus erhält man

$$\mathcal{I}_2(\mathcal{P}) = (a_0 + a_1 + a_2)\mathcal{P}\left(\frac{a+b}{2}\right) + \sum_{k=1}^{n} \frac{1}{k!}\left[a_0(-L/2)^k + a_2(L/2)^k\right]\mathcal{P}^{(k)}\left(\frac{a+b}{2}\right).$$

(L-6.3)

Im Folgenden sollen nun die drei Gewichte a_0, a_1 und a_2 so bestimmt werden, dass in der Darstellung (L-6.2) die Koeffizienten des Polynoms $\mathcal{P}^{(k)}$ für die Indizes $k = 0, 1, \ldots, n$ jeweils übereinstimmen. Dies führt auf die folgenden Bedingungen (es wird hier $n \geq 2$ vorausgesetzt):

$$a_0 + a_1 + a_2 = L,$$
$$-a_0 + a_2 = 0,$$
$$a_0(L/2)^2 + a_2(L/2)^2 = 2\frac{(L/2)^3}{3},$$

wobei die letzte Gleichung mit $a_0 + a_2 = L/3$ gleichbedeutend ist. Durch diese drei Gleichungen sind die drei Gewichte a_0, a_1 und a_2 bereits eindeutig festgelegt:

$$a_0 = a_2 = \frac{L}{6}, \qquad a_1 = \frac{4L}{6}.$$

Dies liefert die simpsonsche Formel. Wir betrachten nun noch die Fälle $k = 3$ und $k = 4$ (mit $n = 3$ beziehungsweise $n = 4$). Dies führt auf die Bedingungen

$$-a_0 + a_1 = 0 \qquad (k = 3)$$
$$a_0(L/2)^4 + a_2(L/2)^4 = 2\frac{(L/2)^5}{5} \qquad (k = 4),$$

wobei die letzte Gleichung mit $a_0 + a_2 = L/5$ gleichbedeutend ist.

Die angestellten Betrachtungen zeigen also Folgendes: Im ersten Teil stellt sich zunächst heraus, dass die Simpson-Regel einen Genauigkeitsgrad von mindestens Drei besitzt, und jede andere Wahl der Gewichte liefert Quadraturformeln mit einem Genauigkeitsgrad $r \leq 2$. Für die Simpson-Regel ist die Bedingung für $k = 3$ erfüllt, nicht jedoch für den Fall $k = 4$. Die Simpson-Regel besitzt also den Genauigkeitsgrad $r = 3$. (Für den Nachweis der Aussage, dass der Genauigkeitsgrad nicht größer ausfällt, ist noch ein geeignetes Polynom anzugeben. Dies ist leicht und geschieht an dieser Stelle nicht.)

Lösung zu Aufgabe 6.4. Mit Aufgabe 3.1 wird klar, dass die Identität

$$T(x) = \sum_{k=0}^{N} \frac{f_k}{t_k(x_k)} t_k(x), \qquad \text{mit} \quad t_k(x) := \prod_{\substack{s=0 \\ s \neq k}}^{N} \sin \frac{x - x_s}{2}$$

erfüllt ist. Daher gilt die Identität

$$Qf = \sum_{k=0}^{N} a_k f(x_k)$$

mit den (von f unabhängigen) Gewichten $a_k = \left(\int_0^{2\pi} t_k(x)\,dx \right)/t_k(x_k)$. Im Folgenden wird

$$a_k = \frac{2\pi}{N+1} \qquad \text{für} \quad k = 0, 1, \ldots, N \qquad \text{(L-6.4)}$$

nachgewiesen. Hierzu schreibt man (für fixierten Index k) die Funktion t_k in der Form

$$t_k(x) = \sum_{\ell=-N/2}^{N/2} \beta_\ell e^{i\ell x}$$

mit gewissen Koeffizienten $\beta_{-N/2}, \beta_{1-N/2}, \ldots, \beta_{N/2} \in \mathbb{C}$. Daraus ergibt sich

$$\int_0^{2\pi} t_k(x)\,dx = 2\pi\beta_0 + \sum_{\substack{\ell=-N/2 \\ \ell \neq 0}}^{N/2} \beta_\ell \underbrace{\int_0^{2\pi} e^{i\ell x}\,dx}_{= 0} = 2\pi\beta_0. \qquad \text{(L-6.5)}$$

Wir betrachten nun die Funktion

$$\psi(x) := e^{i(N/2)x} t_k(x) = \sum_{\ell=0}^{N} \beta_{\ell-N/2} e^{i\ell x}.$$

Damit bilden die Koeffizienten $\beta_{\ell-N/2}$ für $\ell = 0, 1, \ldots, N$ die diskrete Fouriertransformierte der Funktionswerte der Funktion ψ an den Stellen $x_0, x_1, \ldots, x_N$, es gilt also

$$\mathcal{F}^{-1}(\beta_{-N/2}, \ldots, \beta_{N/2}) = (\psi(x_0), \psi(x_1), \ldots, \psi(x_N)).$$

Damit gilt insbesondere Übereinstimmung in dem mittleren Eintrag,

$$\beta_0 = \mathcal{F}_{N/2}(\psi(x_0), \psi(x_1), \ldots, \psi(x_N)) = \frac{1}{N+1} \sum_{j=0}^{N} \psi(\underbrace{x_j}_{=x_k}) e^{-ij(N/2)\frac{2\pi}{N+1}}$$

$$\stackrel{(*)}{=} \frac{1}{N+1} t_k(x_k) \cdot \underbrace{e^{i(N/2)x_k} \cdot e^{-i(N/2)k\frac{2\pi}{N+1}}}_{=1} = \frac{1}{N+1} t_k(x_k),$$

wobei in (∗) noch die Eigenschaft $\psi(x_j) = 0$ für $j \neq k$ eingeht. Die so gewonnene Darstellung des Koeffizienten β_0 liefert zusammen mit der Identität (L-6.5) die geforderte Identität (L-6.4) und damit insbesondere die Positivität der Gewichte.

Lösung zu Aufgabe 6.5. Die euler-maclaurinsche Summenformel hat in einer einfachen Version die Gestalt

$$\frac{g(0)}{2} + g(1) + \ldots + g(N-1) + \frac{g(N)}{2} - \int_0^N g(t)\,dt = \frac{B_2(0)}{2}(g'(N) - g'(0))$$

$$\text{für } g \in \Pi_3.$$

Hier ist N eine natürliche Zahl, und es gilt $B_2(0) = 1/6$. Diese Formel angewandt mit der Funktion

$$g(x) = x^3 \quad \text{für} \quad x \in \mathbb{R}$$

ergibt wegen $g'(x) = 3x^2$ Folgendes:

$$\left\{ \sum_{k=1}^{N-1} k^3 \right\} + \frac{N^3}{2} = \int_0^N x^3\,dx + \tfrac{1}{12}(3N^2 - 0) = \frac{N^4}{4} + \frac{N^2}{4}$$

beziehungsweise

$$\sum_{k=1}^{N-1} k^3 = \frac{N^4}{4} + \frac{N^2}{4} - \frac{N^3}{2} = \frac{N^2}{4}(N^2 + 1 - 2N) = \frac{N^2}{4}(N-1)^2$$

$$= \left(\frac{N(N-1)}{2}\right)^2.$$

Lösung zu Aufgabe 6.6. Die Substitution $x = \cos\theta$ mit $0 < \theta < \pi$ liefert die geforderte Lösung:

$$\begin{aligned}
\langle U_n, U_m \rangle &= \int_{\cos\pi}^{\cos 0} U_n(x) U_m(x) \sqrt{1-x^2}\, dx \\
&= \int_\pi^0 U_n(\cos\theta) U_m(\cos\theta) \sqrt{1-\cos^2\theta}(-\sin\theta)\, d\theta \\
&= \int_0^\pi \frac{\cos n\theta}{\sin\theta} \frac{\cos m\theta}{\sin\theta} \sin^2\theta\, d\theta \\
&= \int_0^\pi \cos(n\theta)\cos(m\theta)\, d\theta = 0 \quad \text{für} \quad n \neq m.
\end{aligned}$$

Lösung zu Aufgabe 6.7. Für das Integral $\int_0^{0.5} 1/(16x^2+1)\, dx$ ergeben sich die folgenden Werte:

k	$\mathcal{P}_k(0)$	$\mathcal{P}_{k-1,k}(0)$	$\mathcal{P}_{k-2,k-1,k}(0)$	$\mathcal{P}_{k-3,\ldots,k}(0)$	$\mathcal{P}_{k-4,\ldots,k}(0)$
0	0.30000000				
1	0.27500000	0.26666667			
2	0.27596154	0.27628205	0.27692308		
3	0.27657916	0.27678503	0.27681856	0.27681690	
4	0.27673512	0.27678710	0.27678724	0.27678674	0.27678662
5	0.27677416	0.27678717	0.27678718	0.27678718	0.27678718
6	0.27678392	0.27678718	0.27678718	0.27678718	0.27678718

Für das Integral $\int_0^2 e^{-x^2}\, dx$ ergeben sich die folgenden Resultate:

k	$\mathcal{P}_k(0)$	$\mathcal{P}_{k-1,k}(0)$	$\mathcal{P}_{k-2,k-1,k}(0)$	$\mathcal{P}_{k-3,\ldots,k}(0)$	$\mathcal{P}_{k-4,\ldots,k}(0)$
0	1.01831564				
1	0.87703726	0.82994447			
2	0.88061863	0.88181243	0.88527029		
3	0.88170379	0.88206551	0.88208238	0.88203178	
4	0.88198625	0.88208040	0.88208139	0.88208137	0.88208157
5	0.88205756	0.88208133	0.88208139	0.88208139	0.88208139
6	0.88207543	0.88208139	0.88208139	0.88208139	0.88208139

Für das Integral $\int_0^{\pi/2} (\cos x/2)^2 \sin 3x\, dx$ ergibt sich Folgendes:

k	$\mathcal{P}_k(0)$	$\mathcal{P}_{k-1,k}(0)$	$\mathcal{P}_{k-2,k-1,k}(0)$	$\mathcal{P}_{k-3,\ldots,k}(0)$	$\mathcal{P}_{k-4,\ldots,k}(0)$
0	−0.39269908				
1	0.27768018	0.50113994			
2	0.38394379	0.41936499	0.41391333		
3	0.40859837	0.41681657	0.41664667	0.41669006	
4	0.41465643	0.41667578	0.41666639	0.41666671	0.41666662
5	0.41616453	0.41666723	0.41666666	0.41666667	0.41666667
6	0.41654116	0.41666670	0.41666667	0.41666667	0.41666667

Für das Integral $\int_0^{\pi/2} \sqrt{|\cos 2x|}\, dx$ schließlich ergeben die Berechnungen Folgendes:

k	$\mathcal{P}_k(0)$	$\mathcal{P}_{k-1,k}(0)$	$\mathcal{P}_{k-2,k-1,k}(0)$	$\mathcal{P}_{k-3,\ldots,k}(0)$	$\mathcal{P}_{k-4,\ldots,k}(0)$
0	1.57079633				
1	0.78539817	0.52359878			
2	1.05313758	1.14238406	1.18363641		
3	1.14695506	1.17822755	1.18061711	1.18056919	
4	1.18005069	1.19108256	1.19193957	1.19211929	1.19216458
5	1.19174525	1.19564343	1.19594749	1.19601111	1.19602637
6	1.19587932	1.19725735	1.19736494	1.19738744	1.19739284
7	1.19734089	1.19782807	1.19786612	1.19787408	1.19787599
⋮	⋮	⋮	⋮	⋮	⋮
12	1.19813582	1.19813851	1.19813872	1.19813876	1.19813877

7 Explizite Einschrittverfahren für Anfangswertprobleme bei gewöhnlichen Differenzialgleichungen – Lösungen

Lösung zu Aufgabe 7.1. Mit den Setzungen

$$z_1(t) = y_1(t), \quad z_2(t) = y_2(t), \quad z_3(t) = y_1'(t), \quad z_4(t) = y_2'(t)$$

für $t \in [0,1]$ lässt sich das vorgegebene Anfangswertproblem für das System von zwei gewöhnlichen Differenzialgleichungen zweiter Ordnung folgendermaßen schreiben:

$$\begin{aligned}
z_1'(t) &= z_3(t) \\
z_2'(t) &= z_4(t) \\
z_3'(t) &= -z_2^2(t) - z_3(t) + t^2 \\
z_4'(t) &= z_1^3(t) + z_4(t) + t
\end{aligned}$$

mit den Anfangswerten

$$z_1(0) = 0, \quad z_2(0) = 1, \quad z_3(0) = 1, \quad z_4(0) = 0.$$

Dies stellt ein Anfangswertproblem für ein System von vier gewöhnlichen Differenzialgleichungen erster Ordnung dar mit den vier zu bestimmenden Funktionen z_1, z_2, z_3, z_4.

Lösung zu Aufgabe 7.2. Die Existenz beziehungsweise die Eindeutigkeit der Lösung der vorliegenden gewöhnlichen Differenzialgleichung folgt unmittelbar aus dem Satz von Picard und Lindelöf. Man hat nur noch nachzuweisen, dass die Funktion $f(t,y) = 1/(1+|y|)$ bezüglich des zweiten Arguments einer globalen Lipschitzbedingung genügt:

$$\begin{aligned}
|f(t,y) - f(t,v)| &= \left| \frac{1}{(1+|y|)} - \frac{1}{(1+|v|)} \right| = \frac{||y|-|v||}{(1+|y|)(1+|v|)} \\
&\leq ||y|-|v|| \leq |y-v|.
\end{aligned}$$

Lösung zu Aufgabe 7.3. In einem beliebigen Punkt (t,y) gilt unter den angegebenen Bedingungen für den in (7.6) betrachteten lokalen Verfahrensfehler insbesondere

$$\frac{\eta(t,h)}{h} = \varphi(t,y;h) - \frac{z(t+h)-y}{h} \to 0 \quad \text{für } h \to 0.$$

Die angegebene Konsistenzbedingung erhält man nun wegen $\varphi(t,y;h) \to \varphi(t,y;0)$ und $(z(t+h)-y)/h \to z'(t) = f(t,y)$ jeweils für $h \to 0$.

Lösung zu Aufgabe 7.4. Mit dem Euler-Verfahren erhält man für das vorliegende Anfangswertproblem die Näherungen

$$u_0 = 0, \quad u_1 = 0 + hg(t_0) = hg(t_0),$$
$$u_2 = u_1 + hg(t_1) = h(g(t_0) + g(t_1)), \ldots,$$

wobei hier und im Folgenden die Bezeichnung $t_\ell = a + \ell h$ verwendet wird. Allgemein erhält man mit vollständiger Induktion

$$u_N = h \sum_{\ell=0}^{N-1} g(t_\ell),$$

was einer summierten Rechteckregel zur Approximation des Integrals $\int_a^b g(t)\,dt$ entspricht. Nach Theorem 7.10 in [26] über die Konvergenzordnung von Einschrittverfahren beziehungsweise auch mit Theorem 6.18 in [26] über den Fehler bei den summierten Rechteckregeln gilt

$$u_N = \int_a^b g(t)\,dt + \mathcal{O}(h) \quad \text{für} \quad h \to 0.$$

Nun wird das Verfahren von Heun betrachtet. Es liefert für das vorliegende Anfangswertproblem die Näherungen

$$u_0 = 0, \quad u_1 = 0 + \frac{h}{2}(g(t_0) + g(t_1)),$$
$$u_2 = u_1 + \frac{h}{2}(g(t_1) + g(t_2)) = h\left(\frac{g(t_0)}{2} + g(t_1) + \frac{g(t_2)}{2}\right), \ldots,$$

und mit vollständiger Induktion erhält man die Darstellung

$$u_N = h\left(\frac{g(t_0)}{2} + \sum_{\ell=1}^{N-1} g(t_\ell) + \frac{g(t_N)}{2}\right),$$

was der summierten Trapezregel zur numerischen Integration des Integrals $\int_a^b g(t)\,dt$ entspricht. Nach Theorem 7.10 in [26] über die Konvergenzordnung von Einschrittverfahren beziehungsweise auch mit Theorem 6.19 in [26] über den Fehler bei der summierten Trapezregel gilt

$$u_N = \int_a^b g(t)\,dt + \mathcal{O}(h^2) \quad \text{für} \quad h \to 0.$$

Lösung zu Aufgabe 7.5. Mittels einer Integration der vorliegenden gewöhnlichen Differenzialgleichung erhält man die exakte Lösung $y(t) = t^2/2 - t^4/4 = t^2(2-t^2)/4$, und das Euler-Verfahren liefert

$$u_\ell = u_{\ell-1} + h\big[(\ell-1)h - ((\ell-1)h)^3\big] \stackrel{(*)}{=} u_0 + h \sum_{j=1}^{\ell-1} \big[jh - (jh)^3\big]$$

$$\stackrel{(**)}{=} u_0 + h\left[h\frac{(\ell-1)\ell}{2} - h^3\frac{(\ell-1)^2\ell^2}{4}\right] = u_0 + \frac{h^2}{4}(\ell-1)\ell\big[2 - h^2(\ell-1)\ell\big].$$

Hierbei erhält man die Identität (∗) durch vollständige Induktion und die Identität (∗∗) durch bekannte Summendarstellungen. Im Fall $u_0 = 0$ und $t = \ell h$ erhält man folglich

$$u_\ell = \frac{t^2}{4}\frac{\ell-1}{\ell}\Big[2 - t\frac{\ell-1}{\ell}\Big] \;\to\; \frac{t^2}{4}(2 - t^2) = y(t) \quad \text{für } \ell \to \infty.$$

Damit ist die vorliegende Aufgabe gelöst.

Lösung zu Aufgabe 7.7.
(a) In der vorliegenden Situation gilt $f(t, y) = 1 - y$. Es wird nun mittels vollständiger Induktion über j Folgendes nachgewiesen:

$$f^{[j]} = (-1)^j(1 - y) \quad \text{für } j = 0, 1, \ldots. \tag{L-7.1}$$

Die Identität in (L-7.1) ist für $j = 0$ offensichtlich richtig, und sie sei nun für ein $j \geq 0$ als gültig angenommen. Dann berechnet man

$$f^{[j+1]} = \Big[\frac{\partial f^{[j]}}{\partial t} + \frac{\partial f^{[j]}}{\partial y}f\Big](t, y) = 0 + (1-y)(-1)^j(1-y)(-1)$$
$$= (-1)^{j+1}(1 - y),$$

und damit ist (L-7.1) nachgewiesen. Die Verfahrensfunktion φ des Taylor-Verfahrens für $p \in \mathbb{N}$ ist demnach von der Form

$$\varphi(t, y; h) = \Big(\sum_{j=1}^{p}\frac{(-h)^{j-1}}{j!}\Big)(1 - y).$$

(b) In der Situation $p = 2$ erhält man die Verfahrensfunktion $\varphi(t, y; h) = (1 - h/2)(1 - y)$. Die Approximationen des zugehörigen Einschrittverfahrens sind von der Form

$$u_\ell = u_{\ell-1} + \varphi(t_{\ell-1}, u_{\ell-1}; h) = u_{\ell-1} + h\Big(1 - \frac{h}{2}\Big)(1 - u_{\ell-1})$$

$$= \Big[1 - h\Big(1 - \frac{h}{2}\Big)\Big]u_{\ell-1} + h\Big(1 - \frac{h}{2}\Big)$$

$$\stackrel{(*)}{=} \Big[1 - h\Big(1 - \frac{h}{2}\Big)\Big]^\ell u_0 + \Big[\sum_{k=0}^{\ell-1}\Big(1 - h\Big(1 - \frac{h}{2}\Big)\Big)^k\Big]h\Big(1 - \frac{h}{2}\Big)$$

$$= \underline{\quad\text{«}\quad} + \frac{1 - [1 - h(1 - h/2)]^\ell}{h(1 - h/2)}h\Big(1 - \frac{h}{2}\Big)$$

$$= \underline{\quad\text{«}\quad} + 1 - \Big[1 - h\Big(1 - \frac{h}{2}\Big)\Big]^\ell.$$

Hierbei folgt die Identität (∗) durch vollständige Induktion. Mit der speziellen Wahl $u_0 = 0$ erhält man also (mit der Schrittweite $h = 1/n$) den Wert

$$u_n = 1 - \Big[1 - h\Big(1 - \frac{h}{2}\Big)\Big]^n$$

als Approximation an die exakte Lösung y im Punkt $t = 1$. Die exakte Lösung y lässt sich bei der vorliegenden einfachen Differenzialgleichung auch angeben, $y(t) = 1 - e^{-t}$ für $0 \le t \le 1$. Damit und mit der Taylorentwicklung

$$e^{-h} = 1 - h + \frac{h^2}{2} + e^{-\delta h}\frac{h^3}{6} \quad \text{für ein } 0 \le \delta \le 1$$

lässt sich hier der Fehler $u_n - y(1)$ genau angeben:

$$\begin{aligned} u_n - y(1) &= e^{-1} - \left[1 - h\left(1 - \frac{h}{2}\right)\right]^n = e^{-1} - \left[e^{-h} - e^{-\delta h}\frac{h^3}{6}\right]^n \\ &= (e^{-1/n})^n - \left[e^{-1/n} - e^{-\delta h}\frac{h^3}{6}\right]^n. \end{aligned}$$

Für die weitere Bearbeitung wird die Ungleichung

$$|(c+b)^n - c^n| \le n|b|c^{n-1} \quad \text{für } c > 0, \quad b < 0$$

benötigt, die man beispielsweise mit einer geeigneten Anwendung des Mittelwertsatzes herleitet. Mit dieser Ungleichung erhält man abschließend

$$|u_n - y(1)| \le n e^{-\delta h}\frac{h^3}{6}(e^{-1/n})^{n-1} = \underbrace{e^{-\delta h}}_{\le 1} \underbrace{e^{-(n-1)/n}}_{\le 1} \frac{h^2}{6}.$$

Bei etwas genauerer Betrachtung der angestellten Abschätzungen erkennt man im Übrigen leicht das asymptotische Fehlerverhalten $|u_n - y(1)| \sim e^{-1}\frac{h^2}{6}$ für $n \to \infty$.

Lösung zu Aufgabe 7.8. Es sind Taylorentwicklungen zweiter Ordnung sowohl für die Funktion $\varphi(t, y(t); \cdot)$ im Punkt $h = 0$ (bei festgehaltenem t) als auch von der Lösung y in t erforderlich. Für die erste der beiden genannten Entwicklungen sind die auftretenden Terme k_2 und k_3 als Funktionen von h aufzufassen und Taylorentwicklungen im Punkt $h = 0$ durchzuführen. Wegen der speziellen Form dieser Terme ist die Verwendung der Kettenregel für Funktionen von zwei Veränderlichen erforderlich. Hier die Berechnungen für die Terme k_2 und k_3, wobei sinnvollerweise gleich für $j = 0, 1, 2$ die Terme mit Ausdrücken der Form h^j zusammengefasst werden:

$$\begin{aligned} k_2 &= \left[f + \frac{\partial f}{\partial t}\frac{h}{2} + f\frac{\partial f}{\partial y}\frac{h}{2} + \frac{1}{2}\frac{\partial^2 f}{\partial t^2}\left(\frac{h}{2}\right)^2 + f\frac{\partial^2 f}{\partial t \partial y}\left(\frac{h}{2}\right)^2 + \frac{1}{2}f^2\frac{\partial^2 f}{\partial y^2}\left(\frac{h}{2}\right)^2\right](t, y(t)) \\ &\quad + \mathcal{O}(h^3) \\ &= \left[f + \left(\frac{\partial f}{\partial t} + f\frac{\partial f}{\partial y}\right)\frac{h}{2} + \left(\frac{1}{8}\frac{\partial^2 f}{\partial t^2} + \frac{1}{4}f\frac{\partial^2 f}{\partial t \partial y} + \frac{1}{8}f^2\frac{\partial^2 f}{\partial y^2}\right)h^2\right](t, y(t)) \\ &\quad + \mathcal{O}(h^3), \end{aligned}$$

beziehungsweise

$$
\begin{aligned}
k_3 &= \Big[f + \frac{\partial f}{\partial t}h + \frac{\partial f}{\partial y}h(-f + 2k_2) + \frac{1}{2}\frac{\partial^2 f}{\partial t^2}h^2 + \frac{\partial^2 f}{\partial t \partial y}h^2(-f + 2k_2) \\
&\quad + \frac{1}{2}\frac{\partial^2 f}{\partial y^2}h^2(-f + 2k_2)^2\Big](t, y(t)) + \mathcal{O}(h^3) \\
&= \Big[f + \frac{\partial f}{\partial t}h + \frac{\partial f}{\partial y}h\Big(\overbrace{f + (\frac{\partial f}{\partial t} + f\frac{\partial f}{\partial y})h + \mathcal{O}(h^2)}^{= -f + 2k_2 + \mathcal{O}(h^2)}\Big) + \frac{1}{2}\frac{\partial^2 f}{\partial t^2}h^2 \\
&\quad + \frac{\partial^2 f}{\partial t \partial y}h^2(f + \mathcal{O}(h)) + \frac{1}{2}\frac{\partial^2 f}{\partial y^2}h^2(\overbrace{f^2 + \mathcal{O}(h)}^{= (-f+2k_2)^2 + \mathcal{O}(h)})\Big](t, y(t)) + \mathcal{O}(h^3) \\
&= \Big[f + (\frac{\partial f}{\partial t} + f\frac{\partial f}{\partial y})h \\
&\quad + (\frac{\partial f}{\partial t}\frac{\partial f}{\partial y} + f\frac{\partial^2 f}{\partial y^2} + \frac{1}{2}\frac{\partial^2 f}{\partial t^2} + f\frac{\partial^2 f}{\partial t \partial y} + \frac{1}{2}\frac{\partial^2 f}{\partial y^2})h^2\Big](t, y(t)) + \mathcal{O}(h^3).
\end{aligned}
$$

Es ist noch eine Taylorentwicklung zweiter Ordnung für die Lösung y in t erforderlich. Hier berechnet man

$$
\begin{aligned}
\frac{y(t+h) - y(t)}{h} &= y'(t) + y''(t)\frac{h}{2} + y'''(t)\frac{h^2}{6} + \mathcal{O}(h^3) \\
&= \Big[f + \overbrace{(\frac{\partial f}{\partial t} + f\frac{\partial f}{\partial y})}^{= y''(t)}\frac{h}{2} + \Big\{\frac{\partial^2 f}{\partial t^2} + f\frac{\partial^2 f}{\partial t \partial y} \\
&\quad + (\frac{\partial f}{\partial t} + f\frac{\partial f}{\partial y})\frac{\partial f}{\partial y} + f(\frac{\partial^2 f}{\partial t \partial y} + f\frac{\partial^2 f}{\partial y^2})\Big\}\frac{h^2}{6}\Big](t, y(t)) + \mathcal{O}(h^3) \\
&= \Big[f + (\frac{\partial f}{\partial t} + f\frac{\partial f}{\partial y})\frac{h}{2} + \Big\{\frac{\partial^2 f}{\partial t^2} + 2f\frac{\partial^2 f}{\partial t \partial y} \\
&\quad + \frac{\partial f}{\partial t}\frac{\partial f}{\partial y} + f(\frac{\partial f}{\partial y})^2 + f^2\frac{\partial^2 f}{\partial y^2}\Big\}\frac{h^2}{6}\Big](t, y(t)) + \mathcal{O}(h^3).
\end{aligned}
$$

Diese Identitäten zusammen ergeben

$$
\begin{aligned}
k_1 + 4k_2 + k_3 &= \Big[6f + 3(\frac{\partial f}{\partial t} + f\frac{\partial f}{\partial y})h + \Big\{\frac{\partial^2 f}{\partial t^2} + 2f\frac{\partial^2 f}{\partial t \partial y} \\
&\quad + f^2\frac{\partial^2 f}{\partial y^2} + \frac{\partial f}{\partial t}\frac{\partial f}{\partial y} + f(\frac{\partial f}{\partial y})^2\Big\}h^2\Big](t, y(t)) + \mathcal{O}(h^3)
\end{aligned}
$$

beziehungsweise

$$
\begin{aligned}
\frac{y(t+h) - y(t)}{h} - \frac{1}{6}(k_1 + 4k_2 + k_3) &= 0 + 0 \cdot h + 0 \cdot h^2 + \mathcal{O}(h^3) \\
&= \mathcal{O}(h^3) \quad \text{für } h \to 0.
\end{aligned}
$$

Damit ist die vorliegende Aufgabe gelöst.

Lösung zu Aufgabe 7.9. Die Bedingung $Kh^p \leq \varepsilon$ ist gleichbedeutend mit $(b-a)/N \leq (\varepsilon/K)^{1/p}$ beziehungsweise mit der Bedingung $(b-a)(K/\varepsilon)^{1/p} \leq N$. Die Gesamtrechenzeit T beträgt damit

$$T = T(p, \varepsilon) = (b-a)T_0 \, p \, (K/\varepsilon)^{1/p}.$$

Zum Verständnis des Verhaltens der Funktion $p \mapsto T(p, \varepsilon)$ wird kurz die Funktion

$$f(p) = p a^{1/p} \quad \text{mit} \quad a > 1 \text{ konstant}$$

untersucht. Es gilt

$$f'(p) = a^{1/p} + p a^{1/p} \ln a \left(\frac{-1}{p^2}\right) = a^{1/p}\left(1 - \frac{\ln a}{p}\right) \begin{cases} > 0, & \text{falls} \quad p > \ln a, \\ = 0, & -\text{«}- \quad p = \ln a, \\ < 0, & -\text{«}- \quad p < \ln a. \end{cases}$$

Somit ist die Funktion $p \mapsto T(p, \varepsilon)$ im Intervall $[0, \ln K - \ln \varepsilon]$ streng monoton fallend, im Intervall $[\ln K - \ln \varepsilon, \infty)$ ist sie streng monoton wachsend, und die optimale Konsistenzordnung liegt in $p = p_{\text{opt}} = \ln K - \ln \varepsilon$ vor. Für $p \to \infty$ wächst die Gesamtrechenzeit gegen ∞. Die optimale Konsistenzordnung $p_{\text{opt}} = p_{\text{opt}}(\varepsilon)$ ist im Intervall $(0, K]$ streng monoton fallend, mit $p_{\text{opt}}(\varepsilon) \to \infty$ für $\varepsilon \to 0$.

Lösung zu Aufgabe 7.10. Es sind hier die Ergebnisse der 15 ersten Integrationsschritte angegeben:

ℓ	t	u_ℓ	$y(t)$	h	Anzahl der Versuche
0	−3.0000	0.0011	0.0011	0.0000	0
1	−2.3114	0.0019	0.0019	0.6886	2
2	−1.9030	0.0028	0.0028	0.4084	2
3	−1.4947	0.0045	0.0045	0.4084	1
4	−1.2678	0.0062	0.0062	0.2268	2
5	−1.0410	0.0091	0.0091	0.2268	1
6	−0.8978	0.0122	0.0123	0.1432	2
7	−0.7546	0.0172	0.0173	0.1432	1
8	−0.6603	0.0224	0.0224	0.0943	2
9	−0.5660	0.0302	0.0303	0.0943	1
10	−0.5007	0.0382	0.0384	0.0653	2
11	−0.4354	0.0498	0.0501	0.0653	1
12	−0.3882	0.0618	0.0622	0.0472	2
13	−0.3411	0.0785	0.0792	0.0472	1
14	−0.3058	0.0956	0.0966	0.0353	2
15	−0.2704	0.1187	0.1203	0.0353	1

8 Mehrschrittverfahren für Anfangswertprobleme bei gewöhnlichen Differenzialgleichungen – Lösungen

Lösung zu Aufgabe 8.1. Es sei zunächst angenommen, dass das vorgegebene Mehrschrittverfahren für alle Anfangswertprobleme $y' = f(t, y)$, $y(a) = y_0$ mit hinreichend glatten Funktionen $f : [a, b] \times \mathbb{R} \to \mathbb{R}$ die Konsistenzordnung p besitzt. Dann gilt insbesondere auch

$$L[t^0, h] = L[t^1, h] = \ldots = L[t^p, h] = \mathcal{O}(h^{p+1}),$$

da die Monome $1, t, \ldots, t^p$ jeweils Lösungen geeigneter Anfangswertprobleme sind. Es stellt aber für jeden Exponenten $0 \le r \le p$ bei fixiertem Wert $t \in [a, b]$ der Ausdruck $L[t^r, h]$ ein Polynom in h dar, das einen Grad $r \le p$ besitzt. Allgemein gilt für ein Polynom $\mathcal{P}$ in h vom Grad $\le p$ mit $\mathcal{P}(h) = \mathcal{O}(h^{p+1})$ notwendigerweise $\mathcal{P}(h) = 0$, was wie gewünscht

$$L[t^0, h] = L[t^1, h] = \ldots = L[t^p, h] = 0 \qquad \text{(L-8.1)}$$

nach sich zieht. Es sei nun umgekehrt angenommen, dass (L-8.1) gilt. Dann berechnet man sukzessive

$$0 = L[1, h] = \sum_{j=0}^{m} \alpha_j, \qquad 0 = L[t, h] = h \sum_{j=0}^{m} [j\alpha_j - \beta_j],$$

$$0 = L[t^2, h] = h^2 \sum_{j=0}^{m} [j^2 \alpha_j - 2j\beta_j]$$

beziehungsweise allgemein

$$0 = L[t^r, h] = h^r \sum_{j=0}^{m} \left[j^r \alpha_j - r j^{r-1} \beta_j \right] \quad \text{für} \quad r = 0, 1, \ldots, p.$$

Damit ist die vorliegende Aufgabe gelöst.

Lösung zu Aufgabe 8.2. Das vorliegende Mehrschrittverfahren ist von der allgemeinen Form (8.1), (8.5) mit $m = 2$ und den Koeffizienten

$$\alpha_0 = -1, \quad \alpha_1 = 0, \quad \alpha_2 = 1, \qquad \beta_0 = \frac{1}{3}, \quad \beta_1 = \frac{4}{3}, \quad \beta_2 = \frac{1}{3}.$$

Zur Feststellung der Konsistenzordnung sind die Bedingungen in (8.7) nachzuprüfen:

$$\text{``}\nu = 0\text{''}: \quad \sum_{j=0}^{2} \alpha_j = 0,$$

$$\text{``}\nu = 1\text{''}: \sum_{j=0}^{2} [j\alpha_j - \beta_j] = 0 \cdot (-1) + 1 \cdot 0 + 2 \cdot 1 - \frac{1}{3} - \frac{4}{3} - \frac{1}{3}$$

$$= 2 - 2 = 0,$$

"$v=2$": $\sum_{j=0}^{2}[j^2\alpha_j - 2j\beta_j] = 0\cdot(-1) + 1\cdot 0 + 4\cdot 1 - 0\cdot\frac{1}{3} - 2\cdot\frac{4}{3} - 4\cdot\frac{1}{3}$
$= 4 - 4 = 0,$

"$v=3$": $\sum_{j=0}^{2}[j^3\alpha_j - 3j^2\beta_j] = 0\cdot(-1) + 1\cdot 0 + 8\cdot 1 - 0\cdot\frac{1}{3} - 3\cdot\frac{4}{3} - 12\cdot\frac{1}{3}$
$= 8 - 8 = 0,$

"$v=4$": $\sum_{j=0}^{2}[j^4\alpha_j - 4j^3\beta_j] = 0\cdot(-1) + 1\cdot 0 + 16\cdot 1 - 0\cdot\frac{1}{3} - 4\cdot\frac{4}{3} - 32\cdot\frac{1}{3}$
$= 16 - 16 = 0,$

"$v=5$": $\sum_{j=0}^{2}[j^5\alpha_j - 5j^4\beta_j] = 0\cdot(-1) + 1\cdot 0 + 32\cdot 1 - 0\cdot\frac{1}{3} - 5\cdot\frac{4}{3} - 80\cdot\frac{1}{3}$
$= 32 - \frac{100}{3} = -\frac{4}{3} \neq 0.$

Das betrachtete Mehrschrittverfahren besitzt also die genaue Konsistenzordnung 4. Damit ist die vorliegende Aufgabe gelöst.

Lösung zu Aufgabe 8.3. Das vorliegende Mehrschrittverfahren ist von der allgemeinen Form (8.1), (8.5) mit den Koeffizienten

$$\alpha_0 = -1, \quad \alpha_1 = -\gamma, \quad \alpha_2 = \gamma, \quad \alpha_3 = 1,$$
$$\beta_0 = 0, \quad \beta_1 = \frac{3+\gamma}{2} = \beta_2, \quad \beta_3 = 0.$$

Zur Feststellung der Konsistenzordnung sind die Bedingungen in (8.7) nachzuprüfen:

"$v=0$": $\sum_{j=0}^{3}\alpha_j = 0,$

"$v=1$": $\sum_{j=0}^{3}[j\alpha_j - \beta_j] = 0\cdot(-1) + 1(-\gamma) + 2\gamma + 3\cdot 1$
$\qquad -0 - \frac{3+\gamma}{2} - \frac{3+\gamma}{2} - 0$
$= \gamma + 3 - (3+\gamma) = 0,$

"$v=2$": $\sum_{j=0}^{3}[j^2\alpha_j - 2j\beta_j] = 0\cdot(-1) + 1\cdot(-\gamma) + 4\gamma + 9\cdot 1$
$\qquad -0 - 1\cdot(3+\gamma) - 2\cdot(3+\gamma) - 0$
$= 3\gamma + 9 - 3\cdot(3+\gamma) = 0,$

"$v=3$": $\sum_{j=0}^{3}[j^3\alpha_j - 3j^2\beta_j] = 0\cdot(-1) + 1\cdot(-\gamma) + 8\cdot\gamma + 27\cdot 1$
$\qquad -0 - 3\frac{3+\gamma}{2} - 12\frac{3+\gamma}{2} - 0$
$= 7\gamma + 27 - 15\frac{3+\gamma}{2} = \frac{1}{2}(9-\gamma)$
$= 0 \iff \gamma = 9,$

"$v=4$": $\sum_{j=0}^{3}[j^4\alpha_j - 4j^3\beta_j]$ = $0\cdot(-1) + 1\cdot(-\gamma) + 16\cdot\gamma + 81\cdot 1$
$\phantom{"v=4": \sum_{j=0}^{3}[j^4\alpha_j - 4j^3\beta_j] =} -0 - 4\frac{3+\gamma}{2} - 32\frac{3+\gamma}{2} - 0$
$\phantom{"v=4": \sum_{j=0}^{3}[j^4\alpha_j - 4j^3\beta_j]} = 15\gamma + 81 - 18(3+\gamma) = 27 - 3\gamma$
$\phantom{"v=4": \sum_{j=0}^{3}[j^4\alpha_j - 4j^3\beta_j]} = 0 \iff \gamma = 9,$

"$v=5$": $\sum_{j=0}^{3}[j^5\alpha_j - 5j^4\beta_j]$ = $0\cdot(-1) + 1\cdot(-\gamma) + 32\gamma + 243\cdot 1$
$\phantom{"v=5": \sum_{j=0}^{3}[j^5\alpha_j - 5j^4\beta_j] =} -0 - 5\frac{3+\gamma}{2} - 80\frac{3+\gamma}{2} - 0$
$\phantom{"v=5": \sum_{j=0}^{3}[j^5\alpha_j - 5j^4\beta_j]} = 31\gamma + 243 - 85\frac{3+\gamma}{2} = \frac{1}{2}(231 - 23\gamma)$
$\phantom{"v=5": \sum_{j=0}^{3}[j^5\alpha_j - 5j^4\beta_j]} = 0 \iff \gamma = \frac{231}{23} = 10 + \frac{1}{23}.$

Damit besitzt das vorliegende Mehrschrittverfahren mit der Wahl $\gamma = 9$ die genaue Konsistenzordnung $p = 4$, und für $\gamma \neq 9$ liegt die genaue Konsistenzordnung $p = 2$ vor. Im Folgenden wird die Frage der Nullstabilität behandelt. Das zugehörige erzeugende Polynom ist von der Form

$$\rho(\xi) = \xi^3 + \gamma\xi^2 - \gamma\xi - 1$$

und besitzt die Nullstelle $\xi_1 = 1$. Zur Bestimmung der weiteren Nullstellen von ρ wird eine Deflation durchgeführt. Diese liefert

$$\frac{\rho(\xi)}{\xi - 1} = \xi^2 + (1+\gamma)\xi + 1,$$

weitere Nullstellen des erzeugenden Polynoms ρ sind demnach

$$\xi_{2/3} = -\frac{1+\gamma}{2} \pm \sqrt{\left(\frac{1+\gamma}{2}\right)^2 - 1}. \tag{L-8.2}$$

Zur Analyse der Lage der Nullstellen werden vier relevante Fälle unterschieden.

(i) Die Diskriminante in (L-8.2) ist negativ genau dann, wenn

$$(1+\gamma)^2 < 4 \iff |1+\gamma| < 2 \iff -3 < \gamma < 1.$$

Dann gilt notwendigerweise $|\xi_2| = |\xi_3| = 1$ und $\xi_2 \neq \xi_3$, so dass das betrachtete Mehrschrittverfahren dann nullstabil ist.

(ii) In den beiden Fällen $\gamma = -3$ und $\gamma = 1$ gilt notwendigerweise $|\xi_2| = |\xi_3| = 1$ und $\xi_2 = \xi_3$, so dass das Mehrschrittverfahren in diesen beiden Situationen nicht nullstabil ist.

(iii) Im Fall $\gamma < -3$ gilt $|\xi_2| > 1$, da die Funktion $f_+(y) = |-y + \sqrt{y^2 - 1}|$ auf dem Intervall $(-\infty, -1]$ streng monoton fallend ist.

(iv) Im Fall $\gamma > 1$ gilt $|\xi_3| > 1$, denn die Funktion $f_-(y) = |-y - \sqrt{y^2 - 1}|$ ist auf dem Intervall $[1, \infty)$ streng monoton wachsend.

Damit ist die vorliegende Aufgabe gelöst.

Lösung zu Aufgabe 8.4. Das zur Konsistenzordnung $p = 2m + 1$ gehörende Konsistenz-Gleichungssystem (8.7) lautet in Matrix-Schreibweise

$$\underbrace{\begin{pmatrix} A_1 & \bigg| & A_2 \end{pmatrix}}_{=:B} \begin{pmatrix} \alpha_0 \\ \vdots \\ \alpha_m \\ -\beta_0 \\ \vdots \\ -\beta_m \end{pmatrix} = 0 \qquad (L\text{-}8.3)$$

mit
$$\left. \begin{aligned} A_1 &= (j^k)_{\substack{k=0,\ldots,2m+1 \\ j=0,\ldots,m}} \in \mathbb{R}^{(2m+2)\times(m+1)}, \\ A_2 &= (kj^{k-1})_{\substack{k=0,\ldots,2m+1 \\ j=0,\ldots,m}} \in \mathbb{R}^{(2m+2)\times(m+1)}. \end{aligned} \right\} \qquad (L\text{-}8.4)$$

Im Folgenden wird gezeigt, dass die in dem Gleichungssystem (L-8.3), (L-8.4) auftretende Matrix $B \in \mathbb{R}^{(2m+2)\times(2m+2)}$ regulär ist. Als Konsequenz daraus ergibt sich, dass das zugehörige Gleichungssystem nur die triviale Lösung

$$\alpha_0 = \alpha_1 = \ldots = \alpha_m = -\beta_0 = -\beta_1 = \ldots = -\beta_m = 0$$

besitzt und demnach kein lineares m-Schrittverfahren der Konsistenzordnung $p = 2m + 1$ existiert.

Es wird nun die Regularität der in dem Gleichungssystem (L-8.3), (L-8.4) auftretenden Matrix $B \in \mathbb{R}^{(2m+2)\times(2m+2)}$ nachgewiesen. Nach dem Fundamentalsatz der Algebra kann für ein Polynom

$$p(t) = \sum_{k=0}^{2m+1} d_k t^k$$

mit paarweise verschiedenen, doppelten Nullstellen $t_0, t_1, \ldots, t_m \in \mathbb{R}$ nur $p \equiv 0$ beziehungsweise $d_0 = \ldots = d_{2m+1} = 0$ gelten, da das Polynom $p \in \Pi_{2m+1}$ mindestens $2m + 2$ Nullstellen besitzt (entsprechend ihren jeweiligen Vielfachheiten gezählt). Wegen

$$0 = p'(t_j) = \sum_{k=1}^{m-1} d_k k t_j^{k-1} \quad \text{für } j = 1, 2, \ldots, m$$

ist dies gleichbedeutend damit, dass mit der Notation

$$A = \begin{pmatrix} t_0^0 & t_0^1 & t_0^2 & \cdots & \cdots & t_0^{2m+1} \\ t_1^0 & t_1^1 & t_1^2 & \cdots & \cdots & t_1^{2m+1} \\ \vdots & \vdots & \vdots & & & \vdots \\ t_m^0 & t_m^1 & t_m^2 & \cdots & \cdots & t_m^{2m+1} \\ 0 & 1 & 2t_0 & 3t_0^2 & \cdots\cdots & (2m+1)t_0^{2m} \\ 0 & 1 & 2t_1 & 3t_1^2 & \cdots\cdots & (2m+1)t_1^{2m} \\ \vdots & \vdots & \vdots & \vdots & & \vdots \\ 0 & 1 & 2t_m & 3t_m^2 & \cdots\cdots & (2m+1)t_m^{2m} \end{pmatrix} = \begin{pmatrix} (t_j^k)_{\substack{j=0,\ldots,m \\ k=0,\ldots,2m+1}} \\ (kt_j^{k-1})_{\substack{j=0,\ldots,m \\ k=0,\ldots,2m+1}} \end{pmatrix}$$

Lösungen 143

das Gleichungssystem $Ad = 0$ nur die triviale Lösung besitzen kann. Die Matrix $A \in \mathbb{R}^{(2m+2)\times(2m+2)}$ ist also regulär und damit auch die dazu transponierte Matrix

$$A^\top = \begin{pmatrix} t_0^0 & t_1^0 & \cdots & t_m^0 & 0 & 0 & \cdots & 0 \\ t_0^1 & t_1^1 & \cdots & t_m^1 & 1 & 1 & \cdots & 1 \\ t_0^2 & t_1^2 & \cdots & t_m^2 & 2t_0 & 2t_1 & \cdots & 2t_m \\ \vdots & \vdots & & \vdots & 3t_0^2 & 3t_1^2 & \cdots & 3t_m^2 \\ \vdots & \vdots & & \vdots & \vdots & \vdots & \cdots & \vdots \\ \vdots & \vdots & & \vdots & \vdots & \vdots & \cdots & \vdots \\ t_0^{2m+1} & t_1^{2m+1} & \cdots & t_m^{2m+1} & (2m+1)t_0^{2m} & (2m+1)t_1^{2m} & \cdots & (2m+1)t_m^{2m} \end{pmatrix}$$

$$= \left((t_j^k)_{\substack{k=0,\ldots,2m+1 \\ j=0,\ldots,m}} \quad (kt_j^{k-1})_{\substack{k=0,\ldots,2m+1 \\ j=0,\ldots,m}} \right).$$

Mit der speziellen Wahl
$$t_j = j \quad \text{für} \quad j = 0, 1, \ldots, m$$

stimmt die Matrix $A^\top$ mit der oben betrachteten Matrix B überein, was die Regularität von B impliziert.

Es wird nun abschließend die Frage der Existenz und Eindeutigkeit von linearen m-Schrittverfahren mit der Konsistenzordnung $p = 2m$ diskutiert. Das dazugehörige Konsistenz-Gleichungssystem (8.7) stimmt mit demjenigen linearen Gleichungssystem überein, das man aus (L-8.3), (L-8.4) nach Streichung der letzten Gleichung erhält beziehungsweise in der dort betrachteten Matrix B die letzte Zeile streicht. Die resultierende Matrix besitzt dann einen eindimensionalen Nullraum, so dass tatsächlich bis auf Skalierung genau ein lineares m-Schrittverfahren mit der Konsistenzordnung $p = 2m$ existiert.

Lösung zu Aufgabe 8.5.
(a) Das zugehörige charakteristische Polynom lautet $\psi(t) = t^3 - 4t^2 + 5t - 2$ und besitzt die doppelte Nullstelle $t_1 = 1$ und die einfache Nullstelle $t_2 = 2$. Damit ist

$$u_\ell = c_1 + c_2 \ell + c_3 2^\ell \quad \text{für} \quad \ell = 0, 1, \ldots$$

die allgemeine Lösung der vorgegebenen Differenzengleichung.
(b) (i) Das zugehörige charakteristische Polynom ist hier $\psi(\xi) = \xi^2 - 2\xi - 3$ und besitzt die Nullstellen

$$\xi_{1/2} = 1 \pm \sqrt{1+3} = 1 \pm 2 \rightsquigarrow \xi_1 = 3, \quad \xi_2 = -1.$$

Die allgemeine Lösung der vorgegebenen Differenzengleichung ist demnach

$$u_\ell = c_1 3^\ell + c_2 (-1)^\ell \quad \text{für} \quad \ell = 0, 1, \ldots.$$

Die Anfangsbedingungen lauten hier

$$u_0 = c_1 + c_2 \stackrel{!}{=} 0, \qquad u_1 = 3c_1 - c_2 \stackrel{!}{=} 1,$$

was auf die Setzungen

$$c_1 = \frac{1}{4}, \qquad c_2 = -\frac{1}{4}$$

führt. Die spezielle Lösung der betrachteten Differenzengleichung zu den vorgegebenen Anfangswerten ist demnach

$$u_\ell = \frac{1}{4}(3^\ell - (-1)^\ell) \quad \text{für } \ell = 0, 1, \ldots.$$

(ii) Hier erhält man

$$u_\ell \stackrel{(*)}{=} \sum_{k=0}^{\ell-1} 2^k \stackrel{(**)}{=} 2^\ell - 1,$$

wobei die beiden Identitäten $(*)$ und $(**)$ sich leicht mittels vollständiger Induktion ergeben.

(iii) Hier erhält man

$$u_\ell \stackrel{(*)}{=} \sum_{k=0}^{\ell-1} k \stackrel{(**)}{=} \frac{(\ell-1)\ell}{2},$$

wobei sich $(*)$ und $(**)$ wiederum leicht durch vollständige Induktion ergeben.

(iv) Das zugehörige charakteristische Polynom ist hier $\psi(\xi) = \xi^2 - 2t\xi + 1$ und besitzt die Nullstellen

$$\xi_{1/2} = t \pm \sqrt{t^2 - 1} = t \pm i\sqrt{1 - t^2}.$$

Als vorteilhaft erweist sich nun die Darstellung der Nullstellen in Polarkoordinaten. Hierzu wählt man eine Zahl φ mit $0 < \varphi < \pi$, so dass

$$\cos\varphi = t, \qquad \sin\varphi = \sqrt{1 - t^2}.$$

Damit erhält man

$$\xi_1 = \cos\varphi + i\sin\varphi = e^{i\varphi}, \qquad \xi_2 = \cos\varphi - i\sin\varphi = e^{-i\varphi},$$

und die allgemeine Lösung der vorgegebenen Differenzengleichung ist demnach

$$u_\ell = c_1 e^{i\ell\varphi} + c_2 e^{-i\ell\varphi} \quad \text{für } \ell = 0, 1, \ldots.$$

Die Anfangsbedingungen lauten hier

$$u_0 = c_1 + c_2 \stackrel{!}{=} 1, \qquad u_1 = c_1 e^{i\varphi} + c_2 e^{-i\varphi} \stackrel{!}{=} t,$$

was auf die Forderungen

$$c_2 = 1 - c_1 \rightsquigarrow \underbrace{t}_{=\cos\varphi} = c_1 \underbrace{(e^{i\varphi} - e^{-i\varphi})}_{=2i\sin\varphi} + \underbrace{e^{-i\varphi}}_{\cos\varphi - i\sin\varphi}$$

führt und in
$$c_1 = c_2 = \frac{1}{2}$$
resultiert. Die spezielle Lösung der betrachteten Differenzengleichung zu den vorgegebenen Anfangswerten ist demnach

$$u_\ell = \frac{1}{2}(e^{i\ell\varphi} + e^{-i\ell\varphi}) = \cos(\ell \arccos t) = T_\ell(t) \quad \text{für } \ell = 0, 1, \ldots,$$

wobei T_ℓ das Tschebyscheff-Polynom der ersten Art vom Grad ℓ bezeichnet. Damit ist die vorliegende Aufgabe gelöst.

Lösung zu Aufgabe 8.6.

(a) Man betrachtet hilfsweise die Funktion

$$g(s) = \frac{1}{h^2} y(t + sh)$$

und berechnet hierfür nacheinander Folgendes:

$$g''(s) = y''(t+sh) = f(t+sh, y(t+sh)),$$
$$g'(\theta) - g'(0) = \int_0^\theta g''(s)\,ds = \int_0^\theta f(t+sh, y(t+sh))\,ds$$

und erhält daraus

$$\left.\begin{aligned}
\frac{1}{h^2}[y(t+h) - y(t)] - \frac{1}{h}y'(t) &= g(1) - g(0) - g'(0) \\
&= \int_0^1 [g'(\theta) - g'(0)]\,d\theta = \iint_{0 \leq s \leq \theta \leq 1} f(t+sh, y(t+sh))\,d\theta\,ds \\
&= \int_0^1 \int_s^1 f(t+sh, y(t+sh))\,d\theta\,ds = \int_0^1 (1-s)f(t+sh, y(t+sh))\,ds.
\end{aligned}\right\} \text{(L-8.5)}$$

Ersetzung der Zahl h durch die Zahl $-h$ in dem in (L-8.5) gewonnenen Resultat liefert

$$\frac{1}{h^2}[y(t-h) - y(t)] + \frac{1}{h}y'(t) = \int_0^1 (1-s)f(t-sh, y(t-sh))\,ds, \quad \text{(L-8.6)}$$

und eine Addition der Resultate in (L-8.5) und (L-8.6) liefert Teil (a) der vorliegenden Aufgabe.

(b) Bekanntermaßen (siehe Darstellung (8.8)) gilt für das zu den Stützpunkten $(t_\ell, f_\ell), (t_{\ell+1}, f_{\ell+1}), \ldots, (t_{\ell+m-1}, f_{\ell+m-1})$ gehörende eindeutig bestimmte interpolierende Polynom $\mathcal{P} \in \Pi_m$ die Darstellung

$$\mathcal{P}(t_{\ell+m-1} + sh) = \sum_{j=0}^{m-1} (-1)^j \binom{-s}{j} \nabla^j f_{\ell+m-1} \quad \text{für } s \in \mathbb{R}. \quad \text{(L-8.7)}$$

Verwendet man die in Teil (a) der vorliegenden Aufgabe gewonnene Darstellung mit den speziellen Setzungen $t = t_{\ell+m-1}, t + h = t_{\ell+m}$ und $t - h = t_{\ell+m-2}$ und ersetzt dann noch den Integranden durch das in (L-8.7) auftretende Polynom, so erhält man

$$u_{\ell+m} - 2u_{\ell+m-1} + u_{\ell+m-2}$$
$$= h^2 \int_0^1 (1-s)\big(\mathcal{P}(t_{\ell+m-1} + sh) + \mathcal{P}(t_{\ell+m-1} - sh)\big)\,ds$$
$$= h^2 \int_0^1 (1-s)\Big(\sum_{j=0}^{m-1}(-1)^j \binom{-s}{j}\nabla^j f_{\ell+m-1} + \sum_{j=0}^{m-1}(-1)^j \binom{s}{j}\nabla^j f_{\ell+m-1}\Big)\,ds$$
$$= h^2 \sum_{j=0}^{m-1} \underbrace{\Big[(-1)^j \int_0^1 (1-s)\big(\binom{-s}{j} + \binom{s}{j}\big)\,ds\Big]}_{=\sigma_j} \nabla^j f_{\ell+m-1}.$$

Dies liefert gerade das in der Aufgabenstellung angegebene Störmer-Verfahren. Im speziellen Fall $m = 2$ ergeben sich unter Beachtung der Identitäten

$$\binom{-s}{0} = \binom{s}{0} = 1, \qquad \binom{-s}{1} = -s, \qquad \binom{s}{1} = s,$$
$$\nabla^0 f_{\ell+1} = f_{\ell+1}, \qquad \nabla^1 f_{\ell+1} = f_{\ell+1} - f_\ell$$

die folgenden Gewichte:

$$\sigma_0 = \int_0^1 (1-s)\big(\binom{-s}{0} + \binom{s}{0}\big)\,ds = 2\int_0^1 (1-s)\,ds = 2 - 2\frac{s^2}{2}\Big|_{s=0}^{s=1}$$
$$= 2 - 1 = 1,$$
$$\sigma_1 = \int_0^1 (1-s)\big(\binom{-s}{1} + \binom{s}{1}\big)\,ds = 0.$$

Das Störmer-Verfahren hat für $m = 2$ demnach die Form

$$u_{\ell+2} - 2u_{\ell+1} + u_\ell = h^2(\sigma_0 \nabla^0 f_{\ell+1} + \sigma_1 \nabla^1 f_{\ell+1}) = h^2 f_{\ell+1}.$$

In der Situation $m = 3$ lassen sich die Gewichte aus dem Fall $m = 2$ übernehmen, da diese von der speziellen Wahl von m unabhängig sind, es gilt demnach

$$\sigma_0 = 1, \qquad \sigma_1 = 0.$$

Für das Gewicht σ_2 ergibt sich unter Beachtung der Identitäten

$$\binom{-s}{2} = \frac{-s(-s-1)}{2} = \frac{s^2+s}{2}, \qquad \binom{s}{2} = \frac{s(s-1)}{2} = \frac{s^2-s}{2},$$
$$\nabla^0 f_{\ell+2} = f_{\ell+2}, \qquad \nabla^1 f_{\ell+2} = f_{\ell+2} - f_{\ell+1},$$
$$\nabla^2 f_{\ell+2} = \nabla^1 f_{\ell+2} - \nabla^1 f_{\ell+1} = f_{\ell+2} - 2f_{\ell+1} + f_\ell,$$

Folgendes:

$$\sigma_2 = \int_0^1 (1-s)\big(\binom{-s}{2} + \binom{s}{2}\big)\,ds = 2\int_0^1 (1-s)s^2\,ds$$
$$= \frac{s^3}{3} - \frac{s^4}{4}\Big|_{s=0}^{s=1} = \frac{1}{12}.$$

Das Störmer-Verfahren hat für $m = 3$ demnach die Form

$$\begin{aligned} u_{\ell+3} - 2u_{\ell+2} + u_{\ell+1} &= h^2\big(\sigma_0 \nabla^0 f_{\ell+2} + \sigma_1 \nabla^1 f_{\ell+1} + \sigma_2 \nabla^2 f_{\ell+2}\big) \\ &= h^2\big(f_{\ell+2} + 0 + \tfrac{1}{12}(f_{\ell+2} - 2f_{\ell+1} + f_\ell)\big) \\ &= h^2\big(\tfrac{13}{12} f_{\ell+2} - \tfrac{1}{6} f_{\ell+1} + \tfrac{1}{12} f_\ell\big). \end{aligned}$$

Lösung zu Aufgabe 8.7. Die Funktion $Q(\xi, h\lambda) = \rho(\xi) - h\lambda\sigma(\xi)$ kann in der Form

$$Q(\xi, h\lambda) = (\alpha_m + h\lambda\beta_m) \prod_{s=1}^{m} (\xi - \xi_s(h\lambda))$$

geschrieben werden. Wegen $Q(\xi, h\lambda) \to \rho(\xi)$ für $h\lambda \to 0$ und der Nullstabilität ($\xi_s(0) \neq 1$ für $s \geq 2$) gilt

$$\xi_1(h\lambda) \to \xi_1(0) = 1 \quad (h\lambda \to 0),$$
$$s \geq 2: \quad \xi_s(h\lambda) \to \xi_s(0) \neq 1 \quad \text{---}\;\text{«}\text{---}.$$

Die vorliegende Konsistenzordnung p impliziert

$$Q(e^{\lambda h}, h\lambda) = \mathcal{O}(h^{p+1}) \quad \text{für } h \to 0,$$

und außerdem gilt

$$|\alpha_m + h\lambda\beta_m| \geq C \quad \text{für } |h\lambda| \leq \delta,$$
$$s \geq 2: \quad |e^{h\lambda} - \xi_s(h\lambda)| \geq C \quad \text{---}\;\text{«}\text{---}$$

mit geeigneten Zahlen $C > 0$ und $\delta > 0$. Daraus erhält man

$$\begin{aligned} |\xi_1(h\lambda) - e^{h\lambda}| &\leq C^{-m} |\alpha_m + h\lambda\beta_m| \prod_{s=1}^{m} |e^{h\lambda} - \xi_s(h\lambda)| = C^{-m} |Q(e^{h\lambda}, h\lambda)| \\ &= \mathcal{O}(h^{p+1}) \quad \text{für } h \to 0. \end{aligned}$$

Lösung zu Aufgabe 8.8. Für den Fall $m = 1$ besitzt das zugehörige BDF-Verfahren die Form

$$\underbrace{u_{\ell+1} - u_\ell}_{= \nabla u_{\ell+1}} = h f_{\ell+1} \quad \text{für } \ell = 0, 1, \ldots, n-1,$$

was mit dem impliziten Euler-Verfahren identisch ist. Das zugehörige charakteristische Polynom ist hier $\psi(\xi) = \xi - 1$ mit der einzigen Nullstelle $\xi_1 = 1$, so dass Nullstabilität vorliegt.

Im Fall $m = 2$ gilt

$$\begin{aligned} \nabla^1 u_{\ell+2} + \tfrac{1}{2} \nabla^2 u_{\ell+2} &= u_{\ell+2} - u_{\ell+1} + \tfrac{1}{2}(\nabla^1 u_{\ell+2} - \nabla^1 u_{\ell+1}) \\ &= u_{\ell+2} - u_{\ell+1} + \tfrac{1}{2}(u_{\ell+2} - u_{\ell+1} - (u_{\ell+1} - u_\ell)) \\ &= u_{\ell+2} - u_{\ell+1} + \tfrac{1}{2}(u_{\ell+2} - 2u_{\ell+1} + u_\ell) = \tfrac{3}{2} u_{\ell+2} - 2u_{\ell+1} + \tfrac{1}{2} u_\ell, \end{aligned}$$

und das zugehörige BDF-Verfahren hat demnach folgende Form,
$$\frac{3}{2}u_{\ell+2} - 2u_{\ell+1} + \frac{1}{2}u_\ell = hf_{\ell+2} \quad \text{für} \quad \ell = 0, 1, \ldots, n-2.$$

Das zugehörige charakteristische Polynom ist hier
$$\psi(\xi) = \frac{3}{2}\xi^2 - 2\xi + \frac{1}{2} = \frac{3}{2}(\xi^2 - \frac{4}{3}\xi + \frac{1}{3}),$$
und daher gilt
$$\psi(\xi) = 0 \iff \xi = \frac{2}{3} \pm \sqrt{\frac{4}{9} - \frac{1}{3}} = \frac{2}{3} \pm \frac{1}{3} =: \xi_{1/2}.$$

Die beiden Nullstellen des charakteristischen Polynoms lauten folglich
$$\xi_1 = 1, \quad \xi_2 = \frac{1}{3},$$
so dass Nullstabilität vorliegt.

Im Fall $m = 3$ schließlich gilt
$$\nabla^1 u_{\ell+3} + \frac{1}{2}\nabla^2 u_{\ell+3} + \frac{1}{3}\nabla^3 u_{\ell+3}$$
$$= \nabla^1 u_{\ell+3} + \frac{1}{2}(\nabla^1 u_{\ell+3} - \nabla^1 u_{\ell+2}) + \frac{1}{3}(\nabla^2 u_{\ell+3} - \nabla^2 u_{\ell+2})$$
$$= u_{\ell+3} - u_{\ell+2} + \frac{1}{2}(u_{\ell+3} - 2u_{\ell+2} + u_{\ell+1})$$
$$+ \frac{1}{3}(u_{\ell+3} - 2u_{\ell+2} + u_{\ell+1} - (u_{\ell+2} - 2u_{\ell+1} + u_\ell))$$
$$= \frac{11}{6}u_{\ell+3} - 3u_{\ell+2} + \frac{3}{2}u_{\ell+1} - \frac{1}{3}u_\ell,$$
und das zugehörige BDF-Verfahren hat demnach folgende Form,
$$\frac{11}{6}u_{\ell+3} - 3u_{\ell+2} + \frac{3}{2}u_{\ell+1} - \frac{1}{3}u_\ell = hf_{\ell+3} \quad \text{für} \quad \ell = 0, 1, \ldots, n-3.$$

Das zugehörige charakteristische Polynom ist hier
$$\psi(\xi) = \frac{11}{6}\xi^3 - 3\xi^2 + \frac{3}{2}\xi - \frac{1}{3} = \frac{11}{6}(\xi^3 - \frac{18}{11}\xi^2 + \frac{9}{11}\xi - \frac{2}{11}).$$

Als eine Nullstelle des charakteristischen Polynoms erkennt man $\xi_1 = 1$, und eine Deflation liefert
$$\frac{6}{11}\frac{\psi(\xi)}{\xi - 1} = \xi^2 - \frac{7}{11}\xi + \frac{2}{11} =: \widehat{\psi}(\xi).$$

Es gilt
$$\widehat{\psi}(\xi) = 0 \iff \xi = \frac{7}{22} \pm \sqrt{\frac{49}{22^2} - \frac{4}{22}} = \frac{7}{22} \pm i\frac{\sqrt{39}}{22} =: \xi_{2/3}.$$

Für die Beträge der beiden weiteren Nullstellen $\xi_{2/3}$ des charakteristischen Polynoms gilt demnach
$$|\xi_{2/3}| = \frac{49}{22^2} + \frac{39}{22^2} = \frac{88}{484} < 1,$$
so dass Nullstabilität vorliegt. Damit ist die vorliegende Aufgabe gelöst.

Lösung zu Aufgabe 8.9. Die angegebene Konsistenzordnung ergibt sich unmittelbar aus Lemma 8.16 in [26]. Das zu dem Verfahren (8.11) gehörende erzeugende Polynom ist $\rho(\xi) = \xi^2 + 4\xi - 5$ mit den Wurzeln $\xi_{1/2} = -2 \pm 3$. Es gilt $\xi_1 = 1$ und $\xi_2 = -5$, so dass also keine Nullstabilität vorliegt.

Anwendung des Verfahrens (8.11) auf die Testgleichung $y' = -y$ führt auf die Differenzengleichung

$$u_{\ell+2} + 4(1+h)u_{\ell+1} + (-5+2h)u_\ell = 0 \quad \text{für } \ell = 0, 1, \ldots, n-2. \quad \text{(L-8.8)}$$

Das zugehörige charakteristische Polynom lautet

$$\psi(\xi) = \xi^2 + 4(1+h)\xi + 2h - 5, \qquad \xi \in \mathbb{C},$$

mit den Nullstellen

$$\xi_{1/2} = -2 - 2h \pm \sqrt{4 + 8h + 4h^2 + 5 - 2h}$$
$$= -2 - 2h \pm 3\sqrt{1 + \tfrac{2}{3}h + \tfrac{4}{9}h^2}.$$

Die allgemeine Lösung von (L-8.8) ist demnach

$$u_\ell = c_1 \xi_1^\ell + c_2 \xi_2^\ell \quad \text{für } \ell = 0, 1, \ldots. \quad \text{(L-8.9)}$$

Anpassung dieser allgemeinen Lösung an die exakten Anfangsbedingungen $u_0 = 1$ und $u_1 = e^{-h}$ führt auf die beiden gekoppelten linearen Gleichungen $u_0 = c_1 + c_2 = 1$ beziehungsweise $u_1 = c_1\xi_1 + c_2\xi_2 = e^{-h}$. Deren Lösung ist

$$c_1 = \frac{\xi_2 - e^{-h}}{\xi_2 - \xi_1}, \qquad c_2 = \frac{e^{-h} - \xi_1}{\xi_2 - \xi_1}. \quad \text{(L-8.10)}$$

Zur Beschreibung des Verhaltens der Approximationen u_ℓ aus (L-8.9) verwendet man

$$\sqrt{1+x} = 1 + \tfrac{1}{2}x - \tfrac{1}{8}x^2 + \tfrac{1}{16}x^3 - \tfrac{5}{128}x^4 + \mathcal{O}(x^5) \quad \text{für } x \to 0$$

und erhält

$$\sqrt{1 + \tfrac{2}{3}h + \tfrac{4}{9}h^2} = 1 + \tfrac{1}{3}h + \tfrac{1}{6}h^2 - \tfrac{1}{18}h^3 + \tfrac{1}{216}h^4 + \mathcal{O}(h^5)$$

für $h \to 0$. Für die Nullstellen des charakteristischen Polynoms ψ ergeben sich daraus die folgenden Taylorentwicklungen,

$$\xi_1 = -2 - 2h + 3\bigl(1 + \tfrac{1}{3}h + \tfrac{1}{6}h^2 - \tfrac{1}{18}h^3 + \tfrac{1}{216}h^4 + \mathcal{O}(h^5)\bigr)$$
$$= 1 - h + \tfrac{1}{2}h^2 - \tfrac{1}{6}h^3 + \tfrac{1}{72}h^4 + \mathcal{O}(h^5) \quad \text{(L-8.11)}$$
$$= e^{-h} + \mathcal{O}(h^4) \quad \text{für } h \to 0 \quad \text{(L-8.12)}$$

beziehungsweise

$$\xi_2 = 2 - 2h - 3\bigl(1 + \tfrac{1}{3}h + \mathcal{O}(h^2)\bigr) = -5 - 3h + \mathcal{O}(h^2) \quad \text{(L-8.13)}$$

für $h \to 0$. Für die Koeffizienten c_1 und c_2 aus (L-8.10) erhält man mit diesen Darstellungen (L-8.11), (L-8.12) und (L-8.13) die Identitäten $\xi_2 - \xi_1 = -6 + \mathcal{O}(h)$ und

$$c_1 = \frac{\xi_2 - e^{-h}}{\xi_2 - \xi_1} = 1 + \mathcal{O}(h^4) \quad \text{für} \quad h \to 0,$$

$$c_2 = \frac{e^{-h} - \xi_1}{\xi_2 - \xi_1} = -\frac{1}{216}h^4 + \mathcal{O}(h^5) \quad \text{für} \quad h \to 0.$$

Mit der Notation $h = t/\ell$ für einen fest gewählten Wert $t \neq 0$ und mit den Startwerten $u_0 = 1$ und $u_1 = e^{-h}$ nimmt die Lösungsfolge $u \in s(\mathbb{R})$ der Differenzengleichung (8.11) dann folgende Gestalt an,

$$\begin{aligned}u_\ell &= c_1 \xi_1^\ell + c_2 \xi_2^\ell \\ &= (1 + \mathcal{O}(h^4))(e^{-h} + \mathcal{O}(h^4))^\ell - \frac{1}{216}h^4(1 + \mathcal{O}(h))\big(-5 - 3h + \mathcal{O}(h^2)\big)^\ell\end{aligned}$$

(L-8.14)

für $h \to 0$. Zur Behandlung des ersten Summanden der rechten Seite in (L-8.14) berechnet man noch

$$\big(e^{-h} + \mathcal{O}(h^4)\big)^\ell = e^{-t}(1 + \mathcal{O}(h^4))^\ell \to e^{-t} \quad \text{für } h \to 0,$$

wobei sich die angegebene Konvergenz unter Berücksichtigung von

$$(1 + \mathcal{O}(h^4))^{t/h} = \exp(t \ln(1 + \mathcal{O}(h^4))/h) = \exp(t\mathcal{O}(h^3)) \to 1 \quad \text{für } h \to 0$$

ergibt. Für die Bearbeitung des zweiten Summanden der rechten Seite in (L-8.14) berechnet man

$$\begin{aligned}\big(-5 - 3h + \mathcal{O}(h^2)\big)^\ell &= (-5)^\ell \big(1 + \frac{3}{5}\frac{t}{\ell} + \mathcal{O}((t/\ell)^2)\big)^\ell \\ &= (-5)^\ell \exp\Big(\ell \ln\big(1 + \frac{3}{5}\frac{t}{\ell} + \mathcal{O}((t/\ell)^2)\big)\Big) \\ &= (-5)^\ell \exp\Big(\ell \ln\big(1 + \frac{3}{5}\frac{t}{\ell}\big) + \mathcal{O}((t/\ell)^2)\Big) \\ &= (-5)^\ell \Big(\underbrace{\big(1 + \frac{3}{5}\frac{t}{\ell}\big)^\ell}_{\to\, e^{3t/5}} \cdot \underbrace{e^{\mathcal{O}(t^2/\ell)}}_{\to\, 1}\Big) = (-5)^\ell e^{3t/5}(1 + o(1)) \quad \text{für } \ell \to \infty.\end{aligned}$$

Daraus resultiert die in der Aufgabenstellung angegebene Darstellung für u_ℓ.

Lösung zu Aufgabe 8.10. Es sind hier die Ergebnisse der Verfahren jeweils für ausgewählte Zeiten angegeben, zunächst für das zweischrittige Verfahren (8.11):

Lösungen   151

ℓ	t	u_ℓ	$y(t)$	$-\dfrac{t^4}{216}\dfrac{(-5)^\ell}{\ell^4}e^{3t/5}$
0	0.00	1.0000e+00	1.0000	
1	0.01	9.9005e−01	0.9900	2.3287e−10
2	0.02	9.8020e−01	0.9802	−1.1714e−09
⋮	⋮	⋮	⋮	⋮
10	0.10	9.0436e−01	0.9048	−4.8007e−04
11	0.11	8.9821e−01	0.8958	2.4148e−03
12	0.12	8.7495e−01	0.8869	−1.2147e−02
13	0.13	9.3830e−01	0.8781	6.1099e−02
14	0.14	5.6654e−01	0.8694	−3.0733e−01
15	0.15	2.3839e+00	0.8607	1.5459e+00
16	0.16	−6.8096e+00	0.8521	−7.7760e+00
17	0.17	3.9382e+01	0.8437	3.9114e+01
18	0.18	−1.9302e+02	0.8353	−1.9675e+02
19	0.19	9.7591e+02	0.8270	9.8966e+02
20	0.20	−4.9039e+03	0.8187	−4.9781e+03
⋮	⋮	⋮	⋮	⋮
40	0.40	−5.2730e+17	0.6703	−5.3528e+17
60	0.60	−5.6690e+31	0.5488	−5.7556e+31
80	0.80	−6.0947e+45	0.4493	−6.1888e+45
100	1.00	−6.5524e+59	0.3679	−6.6546e+59

Es folgen nun die Resultate des betrachteten dreischrittigen Verfahren:

ℓ	t	u_ℓ für $\beta=9$	u_ℓ für $\beta=0$	$y(t)$
⋮	⋮	⋮	⋮	⋮
10	0.10	9.048e−01	0.9048	0.9048
11	0.11	8.966e−01	0.8958	0.8958
12	0.12	8.791e−01	0.8869	0.8869
13	0.13	9.563e−01	0.8781	0.8781
14	0.14	9.144e−02	0.8694	0.8694
15	0.15	8.600e+00	0.8607	0.8607
16	0.16	−7.614e+01	0.8521	0.8521
17	0.17	7.668e+01	0.8437	0.8437
18	0.18	−7.619e+03	0.8353	0.8353
19	0.19	7.581e+04	0.8270	0.8270
20	0.20	−7.542e+05	0.8187	0.8187
⋮	⋮	⋮	⋮	⋮
40	0.40	−6.802e+25	0.6703	0.6703
41	0.41	6.767e+26	0.6637	0.6637
⋮	⋮	⋮	⋮	⋮
70	0.70	−5.878e+38	0.4966	0.4966
71	0.71	2.957e+39	0.4917	0.4916
⋮	⋮	⋮	⋮	⋮
100	1.00	−6.5524e+59	0.3679	0.3679

Lösung zu Aufgabe 8.11. Es sind die Ergebnisse der Verfahren jeweils für ausgewählte Stellen angegeben.

		$\lambda = -1.0, \quad h = 0.1$			
		Verfahren von Milne		Verfahren von Hamming	
t	$y(t)$	u_ℓ	Anzahl Schritte	u_ℓ	Anzahl Schritte
0.1	0.9048	0.9048	0	0.9048	0
0.2	0.8187	0.8187	0	0.8187	0
0.3	0.7408	0.7408	0	0.7408	0
0.4	0.6703	0.6703	1	0.6703	1
⋮	⋮	⋮	⋮	⋮	⋮
1.0	0.3678	0.3678	1	0.3678	1
2.0	0.1353	0.1353	1	0.1353	1
3.0	0.0050	0.0050	1	0.0050	1
⋮	⋮	⋮	⋮	⋮	⋮
10.0	0.000045	0.000044	4	0.000044	1
11.0	0.000017	0.000015	4	0.000017	1
12.0	0.000006	0.000003	5	0.000006	1
⋮	⋮	⋮	⋮	⋮	⋮

		$\lambda = 1.0, \quad h = 0.1$			
		Verfahren von Milne		Verfahren von Hamming	
t	$y(t)$	u_ℓ	Anzahl Schritte	u_ℓ	Anzahl Schritte
0.1	1.11	1.11	0	1.11	0
0.2	1.22	1.22	0	1.22	0
0.3	1.35	1.35	0	1.35	0
0.4	1.49	1.49	1	1.49	1
⋮	⋮	⋮	⋮	⋮	⋮
1.0	2.72	2.72	1	2.72	1
2.0	7.39	7.39	1	7.39	1
3.0	20.09	20.09	1	20.09	1
4.0	54.60	54.60	1	54.60	1
⋮	⋮	⋮	⋮	⋮	⋮
10.0	22026.47	22026.47	1	22026.77	1
11.0	59874.14	59874.14	1	59875.05	1
⋮	⋮	⋮	⋮	⋮	⋮

Lösung zu Aufgabe 8.12. Hier wird nur die Darstellung für $\mu_\infty[\,\cdot\,]$ nachgewiesen, die Darstellung für $\mu_1[\,\cdot\,]$ ergibt sich ganz ähnlich oder einfach aus der Identität $\mu_1[A] = \mu_\infty[A^\top]$. Für die Herleitung der Darstellung für $\mu_\infty[\,\cdot\,]$ berechnet man für hinreichend klein gewähltes $h > 0$ Folgendes,

$$\frac{\|I + hA\|_\infty - 1}{h} = \frac{1}{h}\Big(\max_{j=1,\ldots,N}\big\{|\overbrace{1+ha_{jj}}^{>0 \text{ für } h \text{ klein}}| + h\sum_{\substack{k=1\\k\neq j}}^{N}|a_{jk}|\big\} - 1\Big)$$

$$= \frac{1}{h}\Big(1 + h\max_{j=1,\ldots,N}\big\{a_{jj} + \sum_{\substack{k=1\\k\neq j}}^{N}|a_{jk}|\big\} - 1\Big)$$

$$= \max_{j=1,\ldots,N}\big\{a_{jj} + \sum_{\substack{k=1\\k\neq j}}^{N}|a_{jk}|\big\},$$

was wegen $\mu_\infty[A] = \lim_{h\to 0+}(\|I+hA\|_\infty - 1)/h$ die in der Aufgabenstellung angegebene Darstellung liefert.

Lösung zu Aufgabe 8.13. Im Folgenden wird einige Male die folgende Identität benötigt,

$$(1 + 2ah + bh^2)^{1/2} = 1 + ah + \mathcal{O}(h^2) \quad \text{für} \quad h \to 0 \quad (a,b \in \mathbb{R}), \text{(L-8.15)}$$

wobei man diese Identität (L-8.15) mittels einer Taylorentwicklung gewinnt: die Funktion $f(h) = (1 + 2ah + bh^2)^{1/2}$ ist in einer Umgebung von $h = 0$ zweimal stetig differenzierbar und es gilt $f(0) = 1$, $f'(0) = a$.

(a) Sei $\lambda \in \mathbb{C}$ ein Eigenwert der Matrix A und $x \in \mathbb{C}^N$ ein zugehöriger normierter Eigenvektor, es gilt also $Ax = \lambda x$, $\|x\| = 1$. Dann berechnet man

$$\frac{\|(I+hA)x\| - 1}{h} = \frac{\|(1+h\lambda)x\| - 1}{h} = \frac{|1+h\lambda| - 1}{h}$$

$$= \frac{[(1+h\operatorname{Re}\lambda)^2 + (h\operatorname{Im}\lambda)^2]^{1/2} - 1}{h} = \frac{1 + (\operatorname{Re}\lambda)h + \mathcal{O}(h^2) - 1}{h}$$

$$= \operatorname{Re}\lambda + \mathcal{O}(h) \quad \text{für} \quad h \to 0.$$

Daher gilt

$$\frac{\|I+hA\| - 1}{h} \geq \operatorname{Re}\lambda + \mathcal{O}(h) \quad \text{für} \quad h \to 0$$

und damit

$$\mu[A] = \lim_{h\to 0+}\frac{\|I+hA\| - 1}{h} \geq \operatorname{Re}\lambda.$$

Es gilt in Teil (a) im Allgemeinen Ungleichheit, was sich leicht mit der in Teil (b) vorgestellten Identität einsehen lässt. Als Beispiele können demnach alle durch Skalarprodukte induzierten Normen beziehungsweise Matrizen $A \in \mathbb{C}^{N\times N}$ mit der Eigenschaft

$$\max_{0\neq x\in\mathbb{C}^N, \|x\|=1} \operatorname{Re}\langle Ax, x\rangle > \max_{\lambda\in\sigma(A)}\operatorname{Re}\lambda$$

herangezogen werden. Ein spezielles Beispiel ist

$$A = \begin{pmatrix} 0 & 1 \\ 0 & 0 \end{pmatrix}, \qquad \langle x, y \rangle = x^H y.$$

(b) Es bezeichne im Folgenden

$$\mu = \max_{x \in \mathbb{C}^N, \|x\|=1} \mathrm{Re}\langle Ax, x \rangle.$$

Für den Nachweis von $\mu[A] \geq \mu$ wählt man einen Vektor $x \in \mathbb{C}^N$, $\|x\| = 1$, mit der Eigenschaft $\mathrm{Re}\langle Ax, x \rangle = \mu$ und erhält damit Folgendes:

$$\frac{\|(I + hA)x\| - 1}{h} = \frac{\langle (I + hA)x, (I + hA)x \rangle^{1/2} - 1}{h}$$
$$= \frac{(1 + 2h\mu + h^2\|Ax\|^2)^{1/2} - 1}{h} = \frac{1 + \mu h + \mathcal{O}(h^2) - 1}{h}$$
$$= \mu + \mathcal{O}(h) \quad \text{für } h \to 0.$$

Daher gilt

$$\frac{\|I + hA\| - 1}{h} \geq \mu + \mathcal{O}(h) \quad \text{für } h \to 0$$

und damit

$$\mu[A] = \lim_{h \to 0+} \frac{\|I + hA\| - 1}{h} \geq \mu.$$

Für den Nachweis von $\mu[A] \leq \mu$ wählt man einen beliebigen Vektor $x \in \mathbb{C}^N$ mit $\|x\| = 1$ und erhält damit Folgendes:

$$\frac{\|(I + hA)x\| - 1}{h} = \frac{(1 + 2h\,\overbrace{\mathrm{Re}\langle Ax, x \rangle}^{\leq \mu} + h^2\|Ax\|^2)^{1/2} - 1}{h}$$
$$\leq \frac{(1 + 2h\mu + h^2\|A\|^2)^{1/2} - 1}{h} = \frac{1 + \mu h + \mathcal{O}(h^2) - 1}{h}$$
$$= \mu + \mathcal{O}(h) \quad \text{für } h \to 0,$$

wobei die zu dem Ausdruck $\mathcal{O}(h)$ gehörende Konstante naheliegender unabhängig von x gewählt werden kann, da die direkt zuvor auftretenden Koeffizienten unabhängig von x sind. Daher gilt

$$\frac{\|I + hA\| - 1}{h} \leq \mu + \mathcal{O}(h) \quad \text{für } h \to 0$$

und damit

$$\mu[A] = \lim_{h \to 0+} \frac{\|I + hA\| - 1}{h} \leq \mu.$$

Lösung zu Aufgabe 8.14. Hier ist

$$\mu_\infty[A] = \max\{-10+12, 12-20\} = \max\{2,-8\} = 2,$$
$$\mu_1[A] = \mu_\infty[A^\top] = \mu_\infty[A] = 2,$$

und für die Ermittlung von $\mu_2[A]$ ist die Bestimmung der Eigenwerte der Matrix A erforderlich. Es gilt

$$\det(A - \lambda I) = \det\begin{pmatrix} -10-\lambda & 12 \\ 12 & -20-\lambda \end{pmatrix}$$
$$= (-10-\lambda)(-20-\lambda) - 144 = \lambda^2 + 30\lambda + 56$$

beziehungsweise

$$\det(A - \lambda I) = 0 \iff \lambda = -15 \pm \sqrt{225 - 56} = -15 \pm 13 =: \lambda_{1/2},$$

das heißt, die Eigenwerte der Matrix A sind $\lambda_1 = -2$ und $\lambda_2 = -28$. Es gilt demnach

$$\mu_2[A] = \max\{-2, -28\} = -2.$$

Lösung zu Aufgabe 8.15. Die zugrunde liegende partielle Differenzialgleichung wird in zweierlei Hinsicht diskretisiert: sie wird bezüglich des Ortsintervalls $[a,b]$ lediglich an ausgewählten Punkten betrachtet, die hier äquidistant gewählt seien,

$$x_j = j\Delta x, \quad \text{für } j = 0, 1, \ldots, N, \tag{L-8.16}$$

und die partiellen Ableitungen in Ortsrichtung werden dabei jeweils durch zentrale Differenzenquotienten zweiter Ordnung approximiert,

$$-\frac{\partial^2 u}{\partial x^2}(x_j, t) = \frac{-u(x_{j-1}, t) + 2u(x_j, t) - u(x_{j+1}, t)}{(\Delta x)^2} + \mathcal{O}((\Delta x)^2), \\ j = 0, 1, \ldots, N. \tag{L-8.17}$$

Hierbei wird $u \in C^4([a,b] \times [0,1])$ angenommen. Vernachlässigung des Restglieds in (L-8.17) führt unmittelbar auf das folgende gekoppelte System von $N+1$ gewöhnlichen Differenzialgleichungen,

$$y'_j(t) = \frac{1}{(\Delta x)^2}[y_{j+1}(t) - 2y_j(t) + y_{j-1}(t)] + f(x_j, t) \quad \text{für } t \in [0,1], \\ j = 0, 1, \ldots, N, \tag{L-8.18}$$

für die Approximationen

$$y_j(t) \approx u(x_j, t) \quad \text{für } 0 \leq t \leq 1, \quad j = 0, 1, \ldots, N.$$

Die Randbedingungen sind ebenfalls noch zu diskretisieren. Hierzu werden die auftretenden partiellen Ableitungen jeweils durch zentrale Differenzenquotienten erster Ordnung approximiert,

$$\frac{\partial u}{\partial x}(a, t) = \frac{u(a + \Delta x, t) - u(a - \Delta x, t)}{2\Delta x} + \mathcal{O}((\Delta x)^2),$$
$$\frac{\partial u}{\partial x}(b, t) = \frac{u(b + \Delta x, t) - u(b - \Delta x, t)}{2\Delta x} + \mathcal{O}((\Delta x)^2).$$

Dies erscheint auf den ersten Blick wegen des auftretenden Randes nicht sinnvoll, ist aber wegen der in dem System (L-8.18) von Differenzialgleichungen auftretenden Funktionen $y_{-1}(t) \approx u(a-\Delta x, t)$ und $y_{N+1}(t) \approx u(b+\Delta x, t)$ letztlich doch möglich. Man setzt

$$y_{-1} := y_1, \qquad y_{N+1} := y_{N-1},$$

so dass (L-8.18) in ein System von $N+1$ Differenzialgleichungen für die $N+1$ zu bestimmenden Funktionen $y_0, y_1, \ldots, y_N$ übergeht. Die Anfangsbedingungen werden naheliegenderweise ebenfalls nur an den Gitterpunkten $x_0, x_1, \ldots, x_N$ betrachtet und führen auf die Forderung

$$y_j(0) = g(x_j) \quad \text{für} \quad j = 0, 1, \ldots, N.$$

Zusammenfassend lässt sich festhalten, dass das zugrunde liegende Anfangs-Randwertproblem für die Wärmeleitungsgleichung durch ein Anfangswertproblem für ein System von gewöhnlichen Differenzialgleichungen approximiert worden ist. In Matrix-Vektor-Schreibweise nimmt dieses folgende Form an:

$$y'(t) = Ay(t) + z(t) \quad \text{für} \quad t \in [0,1], \qquad y(0) = G_0,$$

mit den Notationen

$$y(t) = \begin{pmatrix} y_0(t) \\ y_1(t) \\ \vdots \\ y_N(t) \end{pmatrix}, \quad A = \frac{1}{(\Delta x)^2} \begin{pmatrix} -2 & 2 & & & & \\ 1 & -2 & 1 & & & \\ & 1 & \ddots & \ddots & & \\ & & \ddots & \ddots & \ddots & \\ & & & 1 & -2 & 1 \\ & & & & 2 & -2 \end{pmatrix}, \quad z(t) = \begin{pmatrix} f(x_0,t) \\ f(x_1,t) \\ \vdots \\ f(x_N,t) \end{pmatrix}$$

sowie dem Startvektor $G_0 = (g(x_0), g(x_1), \ldots, g(x_N)) \in \mathbb{R}^{N+1}$. Der verwendete Ansatz zur Diskretisierung des vorgegebenen Anfangs-Randwertproblems wird im übrigen als *Linienmethode* bezeichnet.

Für die resultierende Matrix A gilt offensichtlich $\mu_\infty[A] = \max\{2-2, 1-2+1\} = 0$, während etwa $\mu_1[A] = \max\{2-1, 2-2+1\} = 1$ nicht das Gewünschte leistet.

Lösung zu Aufgabe 8.16. Es erweist sich im Folgenden die Identität

$$\mu[A] = \lim_{h \to +0} \frac{\|e^{hA}\| - 1}{h} \tag{L-8.19}$$

als hilfreich, die man so erhält:

$$\left| \frac{\|e^{hA}\| - 1}{h} - \frac{\|I + hA\| - 1}{h} \right| = \frac{|\|e^{hA}\| - \|I + hA\||}{h} \leq \frac{\|e^{hA} - (I + hA)\|}{h}$$

$$= \|\frac{1}{h} \sum_{k=2}^{\infty} \frac{(hA)^k}{k!}\| \leq \frac{1}{h} \sum_{k=2}^{\infty} \frac{\|hA\|^k}{k!} \stackrel{(*)}{\leq} \frac{1}{h} e^{\|hA\|} \|hA\|^2$$

$$= e^{h\|A\|} \|A\|^2 h \to 0 \quad \text{für} \quad h \to +0.$$

Dabei geht in $(*)$ eine Abschätzung der folgenden Form ein:

$$\sum_{k=j}^{\infty} \frac{x^k}{k!} = \Big(\sum_{k=j}^{\infty} \frac{x^{k-j}}{k!}\Big)x^j \leq \Big(\sum_{k=j}^{\infty} \frac{x^{k-j}}{(k-j)!}\Big)x^j = e^x x^j \quad \Bigg\} \quad \text{(L-8.20)}$$
$$\text{für } x \geq 0, \quad j \in \mathbb{N}_0.$$

Damit ist die Darstellung (L-8.19) nachgewiesen, die nun die Behandlung der eigentlichen Aufgabenstellung ermöglicht. Es genügt dabei nachzuweisen, dass die Differenz der von h abhängenden Terme der rechten Seiten in (L-8.19) beziehungsweise der Definition der logarithmischen Norm für $h \to +0$ gegen null konvergieren:

$$\Big|\frac{\ln\|e^{hA}\|}{h} - \frac{\|e^{hA}\|-1}{h}\Big| = \frac{|\ln\|e^{hA}\| - (\|e^{hA}\|-1)|}{h} \overset{(*)}{\leq} 2\frac{(\|e^{hA}\|-1)^2}{h}$$
$$= 2\Big(\frac{\|e^{hA}\|-1}{h}\Big)^2 h \overset{(**)}{\leq} 2\|A\|^2 e^{2h\|A\|} h \to 0 \quad \text{für } h \to +0.$$

Hierbei resultiert $(**)$ aus einer Anwendung der Abschätzung (L-8.20), und in der Abschätzung $(*)$ ist die Zahl $h > 0$ hinreichend klein gewählt, so dass $\|e^{hA}\| \geq 1/2$ erfüllt ist. Letztlich geht in $(*)$ eine Abschätzung der Form

$$|\ln(1+x) - x| \leq 2x^2 \quad \text{für } x \geq -\frac{1}{2} \quad \text{(L-8.21)}$$

ein, wobei man diese Abschätzung (L-8.21) mittels einer Taylorentwicklung gewinnt:

$$\frac{d}{dx}\ln(1+x) = \frac{1}{1+x}, \quad \frac{d^2}{dx^2}\ln(1+x) = -\frac{1}{(1+x)^2}, \quad x > -1,$$

und daher

$$\ln(1+x) = x - \frac{1}{(1+\delta x)^2}\frac{x^2}{2} \quad \text{mit} \quad 0 \leq \delta = \delta(x) \leq 1, \quad x > -1.$$

Daraus erhält man wegen $1 + \delta x \geq 1/2$ für $x \geq -1/2$ die Abschätzung (L-8.21). Damit ist die vorliegende Aufgabe gelöst.

Lösung zu Aufgabe 8.17. Die in der Aufgabenstellung angegebene Identität erhält man mit der nachfolgenden Rechnung, wobei dort noch $c \neq 0$ angenommen ist:

$$\mu[cA] = \lim_{h \to 0+} \frac{\|I+chA\|-1}{h} = c \lim_{h \to 0+} \frac{\|I+chA\|-1}{ch} = c\mu[A].$$

Im Fall $c = 0$ ist die Aussage wegen $\mu[0] = 0$ offensichtlich richtig. Für den Nachweis der in der Aufgabenstellung angegebenen Ungleichung lässt sich beispielsweise Aufgabe 8.16 verwenden,

$$\mu[A+B] = \lim_{h \to +0} \frac{\ln\|e^{h(A+B)}\|}{h} \overset{(*)}{\leq} \limsup_{h \to +0}\Big(\frac{\ln\|e^{hA}\|}{h} + \frac{\ln\|e^{hB}\|}{h}\Big)$$
$$\leq \limsup_{h \to +0} \frac{\ln\|e^{hA}\|}{h} + \limsup_{h \to +0} \frac{\ln\|e^{hB}\|}{h} = \mu[A] + \mu[B].$$

Die Abschätzung (∗) erhält man dabei folgendermaßen:

$$\ln \| e^{h(A+B)} \| = \ln \| e^{hA} e^{hB} \| \leq \ln(\| e^{hA} \| \| e^{hB} \|) = \ln \| e^{hA} \| + \ln \| e^{hB} \|.$$

Damit ist die vorliegende Aufgabe gelöst.

Lösung zu Aufgabe 8.18. Es wird zunächst $\mu_\infty[A] \leq 0$ angenommen, was gleichbedeutend mit

$$\sum_{\substack{k=1 \\ k \neq j}}^{N} |a_{jk}| \leq -a_{jj} \quad \text{für} \quad j = 1, 2, \ldots, N$$

ist. Für eine beliebig gewählte reelle Zahl h mit

$$0 < h \|A\|_\infty \leq 2 \tag{L-8.22}$$

hat man für den Nachweis von $\|I + hA\|_\infty \leq 1$ für jeden Index $1 \leq j \leq N$ zwei Situationen zu unterscheiden:

(i) Im Fall $1 \leq |a_{jj}|h$ gilt $|1 + ha_{jj}| = h|a_{jj}| - 1$ beziehungsweise

$$|1 + ha_{jj}| + h \sum_{\substack{k=1 \\ k \neq j}}^{N} |a_{jk}| = h \left\{ \sum_{k=1}^{N} |a_{jk}| \right\} - 1 \stackrel{(*)}{\leq} 1,$$

wobei (∗) eine Folgerung aus der Eigenschaft (L-8.22) ist.

(ii) Im Fall $h|a_{jj}| \leq 1$ gilt $|1 + ha_{jj}| = 1 - h|a_{jj}|$ beziehungsweise

$$|1 + ha_{jj}| + h \sum_{\substack{k=1 \\ k \neq j}}^{N} |a_{jk}| = 1 + h \underbrace{\left(a_{jj} + \sum_{k=1}^{N} |a_{jk}| \right)}_{\leq 0} \leq 1.$$

Insgesamt erhält man so die nachzuweisende Abschätzung $\|I + hA\|_\infty \leq 1$.

Für den Nachweis der anderen Richtung der in der Aufgabenstellung angegebenen Äquivalenz sei nun $\|I + hA\|_\infty \leq 1$ für alle Zahlen h mit $0 < h \leq 2/\|A\|_\infty$ erfüllt. Für alle solche Werte von h gilt dann trivialerweise auch $\|I + hA\|_\infty - 1 \leq 0$ beziehungsweise $\mu_\infty[A] = \lim_{h \to 0+} (\|I + hA\|_\infty - 1)/h \leq 0$. Damit ist die vorliegende Aufgabe gelöst.

9 Randwertprobleme bei gewöhnlichen Differentialgleichungen – Lösungen

Lösung zu Aufgabe 9.1.

(a) Wegen der Eindeutigkeit der Lösung des betrachteten Randwertproblems (9.1) genügt es zu zeigen, dass

$$u(x) = \int_0^1 G(x,\xi)\varphi(\xi)\,d\xi \quad \text{für} \quad x \in [0,1]$$

mit der greenschen Funktion aus (9.2) eine Lösung von (9.1) darstellt. Offenbar gilt $u \in C^2[0,1]$ und $u(0) = u(1) = 0$. Zur Berechnung der Ableitungen schreibt man die Funktion u in der Form

$$u(x) = \int_0^x \xi(x-1)\varphi(\xi)\,d\xi + \int_x^1 x(\xi-1)\varphi(\xi)\,d\xi$$

und erhält damit

$$u'(x) = \left\{\int_0^x \xi\varphi(\xi)\,d\xi + x(x-1)\varphi(x)\right\} + \left\{\int_x^1 (\xi-1)\varphi(\xi)\,d\xi - x(x-1)\varphi(x)\right\}$$

$$= \underbrace{\int_0^1 \xi\varphi(\xi)\,d\xi}_{=\text{const.}} - \int_x^1 \varphi(\xi)\,d\xi$$

und daher $u''(x) = \varphi(x)$ für $x \in [0,1]$.

(b) Mit Teil (a) zu dieser Aufgabe erhält man

$$|\Delta u(x)| \leq \varepsilon\left[\int_0^x \xi(1-x)\,d\xi + \int_x^1 x(1-\xi)\,d\xi\right]$$

$$= \varepsilon\left[(1-x)\frac{\xi^2}{2}\Big|_0^x + x\left(\xi-\frac{\xi^2}{2}\right)\Big|_x^1\right] = \varepsilon\left[(1-x)\frac{x^2}{2} + x\left(\frac{1}{2}-\left(x-\frac{x^2}{2}\right)\right)\right]$$

$$= \varepsilon x(1-x)/2 \quad \text{für} \quad x \in [0,1].$$

(c) Die Matrix

$$B = \frac{1}{h^2}\begin{pmatrix} 2 & -1 & & \\ -1 & \ddots & \ddots & \\ & \ddots & \ddots & -1 \\ & & -1 & 2 \end{pmatrix} \in \mathbb{R}^{(N-1)\times(N-1)}$$

ist nach Theorem 9.10 in [26] regulär und es gilt im Ordnungssinn $B^{-1} \geq 0$. Daraus ergibt sich

$$|\Delta v| = |B^{-1}\Delta b| \leq B^{-1}|\Delta b| \leq \varepsilon B^{-1}\mathbf{e} \quad \text{mit} \quad \mathbf{e} = (1,1,\ldots,1) \in \mathbb{R}^{N-1}.$$

Die j-te Komponente des Vektors $B^{-1}\mathbf{e}$ schließlich stimmt mit $x_j(1-x_j)/2$ überein, was man dem Beweis von Theorem 9.10 in [26] entnimmt.

Lösung zu Aufgabe 9.2.

(a) Folgt unmittelbar aus der Multiplikation mit -1 in den Ungleichungen in der Definition der inversen Monotonie.

(b) "$\Longrightarrow$" Für einen Vektor $x \in \mathbb{R}^N$ mit $Ax = 0$ gilt

$$Ax \geq 0 \rightsquigarrow x \geq 0, \qquad Ax \leq 0 \rightsquigarrow x \leq 0$$

und somit $x = 0$. Damit existiert die inverse Matrix A^{-1}, und aus der Ungleichung $b \geq 0$ folgt $A^{-1}b \geq 0$. Insbesondere ist damit der k-te Spaltenvektor $a^{(k)} = A^{-1}e_k$ der Matrix A^{-1} nichtnegativ für $k = 1, 2, \ldots, N$, so dass sich insgesamt $A^{-1} \geq 0$ ergibt.

"$\Longleftarrow$" Für jeden Vektor $x \in \mathbb{R}^N$ mit $b := Ax \geq 0$ gilt nach Annahme $x = A^{-1}b \geq 0$.

(c) Folgt unmittelbar aus Teil (b) dieser Aufgabe.

(d) Aufgrund von Teil (b) dieser Aufgabe existiert genau ein Vektor $x \in \mathbb{R}^N$ mit $Ax = b$. Für diesen Vektor gelten die folgenden Implikationen:

$$Ax_1 \leq Ax \iff A(x - x_1) \geq 0 \iff x - x_1 \geq 0,$$
$$Ax \leq Ax_2 \iff A(x_2 - x) \geq 0 \iff x_2 - x \geq 0.$$

Lösung zu Aufgabe 9.3.

(a) Sei $1 \leq j \leq N-1$ ein Index mit der Eigenschaft $v_j = M := \max_{k=0,1,\ldots,N} v_k$. Wäre $v_{j-1} < M$ oder $v_{j+1} < M$ erfüllt, so ergäbe sich der Widerspruch

$$a_j M = a_j v_j \overset{(*)}{\leq} b_j v_{j-1} + c_j v_{j+1} < b_j M + c_j M = (b_j + c_j) M \leq a_j M,$$

wobei $(*)$ aus der Eigenschaft $\Delta v \geq 0$ folgt. Eine Wiederholung dieses Arguments liefert die Lösung zu diesem Aufgabenteil.

(b) Für $w = u - v$ gilt nach Voraussetzung $\Delta w \geq 0$, und aufgrund von Teil a) dieser Aufgabe wird w_j für $j = 0$ oder $j = N$ maximal. Da sowohl $w_0 \leq 0$ als auch $w_N \leq 0$ gilt, erhält man somit $w_j \leq 0$ für $j = 0, 1, \ldots, N$.

Lösung zu Aufgabe 9.4.

(a) Die Matrix $A \in \mathbb{R}^{(N-1)\times(N-1)}$ und der Vektor $b \in \mathbb{R}^{N-1}$ sind von der Form

$$A = \frac{1}{h^2}\begin{pmatrix} -2 & 1 & & \\ 1 & \ddots & \ddots & \\ & \ddots & \ddots & 1 \\ & & 1 & -2 \end{pmatrix} + \frac{1}{2h}\begin{pmatrix} 0 & -p_1 & & & \\ p_2 & \ddots & -p_2 & & \\ & \ddots & \ddots & \ddots & \\ & & \ddots & \ddots & -p_{N-2} \\ & & & p_{N-1} & 0 \end{pmatrix} + \begin{pmatrix} r_1 & & 0 \\ & \ddots & \\ 0 & & r_{N-1} \end{pmatrix}$$

beziehungsweise

$$b = \begin{pmatrix} \varphi_1 - \frac{1}{h^2}\left(1 - \frac{hp_1}{2}\right)\alpha \\ \varphi_2 \\ \vdots \\ \varphi_{N-2} \\ \varphi_{N-1} - \frac{1}{h^2}\left(1 + \frac{hp_{N-1}}{2}\right)\beta \end{pmatrix}$$

mit den Abkürzungen

$$p_j = p(x_j), \quad r_j = r(x_j), \quad \varphi_j = \varphi(x_j) \quad \text{für} \quad j = 1, 2, \ldots, N-1.$$

Hier ist noch zu beachten, dass die Diskretisierung im Gitterpunkt x_1 auf die Gleichung

$$\frac{u_2 - 2u_1 + u_0}{h^2} + p_1 \frac{u_2 - u_0}{2h} + r_1 u_1 = \varphi_1$$

führt. Das ist gleichbedeutend mit der Identität

$$\frac{u_2 - 2u_1}{h^2} + p_1 \frac{u_2}{2h} + r_1 u_1 = \varphi_1 + \frac{1}{h^2}\left(\frac{hp_1}{2} - 1\right)\alpha,$$

deren rechte Seite mit dem erstem Eintrag des Vektors b übereinstimmt. Entsprechend ergibt sich der letzte Eintrag des Vektors b.

(b) Sei $u = (u_1, u_2, \ldots, u_{N-1}) \in \mathbb{R}^{N-1}$ ein Vektor mit der Eigenschaft $Au = 0$. Man setzt noch hilfsweise $u_0 = u_N = 0$ und erhält dann mit Aufgabe 9.3 die Lösung zu der vorliegenden Teilaufgabe.

Lösung zu Aufgabe 9.5. Es gilt

$$A = B(I - B^{-1}P). \tag{L-9.1}$$

Wegen der Regularität der Matrix B ist also die Matrix A regulär genau dann, wenn die Matrix $I - B^{-1}P$ es ist, und im Folgenden nehmen wir nun an, dass diese beiden zuletzt betrachteten Matrizen tatsächlich regulär sind. Aus der Darstellung (L-9.1) erhält man dann unmittelbar

$$A^{-1} = (I - B^{-1}P)^{-1} B^{-1}. \tag{L-9.2}$$

Ist also die Matrix $(I - B^{-1}P)^{-1}$ nichtnegativ, so ergibt sich aus der Identität (L-9.2) unmittelbar die Nichtnegativität der Matrix A^{-1}. Ist andererseits die Matrix A^{-1} nichtnegativ, so ergibt sich aus der Identität (L-9.1) die umgekehrte Implikation "$\Longrightarrow$" der in der Aufgabenstellung angegebenen Äquivalenz:

$$(I - B^{-1}P)^{-1} = A^{-1}B = A^{-1}(A + P) = I + A^{-1}P \geq 0.$$

Die Ungleichung $r_\sigma(B^{-1}P) < 1$ ergibt sich schließlich aus Satz 9.17 in [26].

Lösung zu Aufgabe 9.6. Für die Matrix $G = A^{-1}P$ gilt $G \geq 0$ und daher

$$B^{-1}P = (A + P)^{-1}P = (I + A^{-1}P)^{-1} A^{-1}P = (I + G)^{-1}G \geq 0,$$

wobei sich implizit die Existenz der Matrix $(I + G)^{-1}$ ergibt. Wir weisen nun die Identität

$$\sigma(B^{-1}P) = \left\{ \frac{\tau}{1+\tau} : \tau \in \sigma(A^{-1}P) \right\} \tag{L-9.3}$$

nach. Für den Nachweis der Teilmengenbeziehung "$\supset$" in (L-9.3) betrachtet man einen Eigenwert $\tau \in \mathbb{C}$ der Matrix G. Für einen Vektor $0 \neq x \in \mathbb{C}^N$ mit $Gx = \tau x$ folgt dann

$(I+G)^{-1}Gx = \frac{\tau}{1+\tau}x$, demnach ist $\frac{\tau}{1+\tau}$ ein Eigenwert der Matrix $B^{-1}P$. Für die Verifizierung der Teilmengenbeziehung "⊂" in (L-9.3) betrachtet man einen Eigenwert $\mu \in \mathbb{C}$ der Matrix $B^{-1}P$. Für einen Vektor $0 \neq x \in \mathbb{C}^N$ mit $(I+G)^{-1}Gx = \mu x$ ergibt sich nach einfacher Umformung die Identität $Gx = \mu(I+G)x$ und damit $\mu \neq 1$ sowie $Gx = \frac{\mu}{1-\mu}x =: \tau x$, was den Nachweis der Identität (L-9.3) komplettiert.

Die Darstellung (L-9.3) bedeutet zugleich

$$\sigma(A^{-1}P) = \{\frac{\tau}{1-\tau} : \tau \in \sigma(B^{-1}P)\}. \qquad \text{(L-9.4)}$$

Außerdem sind nach dem Satz von Perron die beiden Spektralradien $r_\sigma(B^{-1}P)$ und $r_\sigma(A^{-1}P)$ Eigenwerte der Matrizen $B^{-1}P$ beziehungsweise $A^{-1}P$, und für den Spektralradius der Matrix $B^{-1}P$ gilt nach Aufgabe 9.5 außerdem $r_\sigma(B^{-1}P) < 1$. Dies eingesetzt in die Identitäten (L-9.3) und (L-9.4) liefert die beiden Ungleichungen

$$r_\sigma(B^{-1}P) \geq \frac{r_\sigma(A^{-1}P)}{1+r_\sigma(A^{-1}P)}, \qquad r_\sigma(A^{-1}P) \geq \frac{r_\sigma(B^{-1}P)}{1-r_\sigma(B^{-1}P)},$$

die unmittelbar auf die nachzuweisende Identität

$$r_\sigma(B^{-1}P) = \frac{r_\sigma(A^{-1}P)}{1+r_\sigma(A^{-1}P)}$$

führen.

Lösung zu Aufgabe 9.7. Nach Annahme gilt

$$0 \leq A^{-1}P_1 \leq A^{-1}P_2$$

und damit nach Theorem 9.16 in [26]

$$r_\sigma(A^{-1}P_1) \leq r_\sigma(A^{-1}P_2).$$

Aufgabe 9.6 liefert nun den Rest,

$$r_\sigma(B_1^{-1}P_1) = \frac{r_\sigma(A^{-1}P_1)}{1+r_\sigma(A^{-1}P_1)} \leq \frac{r_\sigma(A^{-1}P_2)}{1+r_\sigma(A^{-1}P_2)} = r_\sigma(B_2^{-1}P_2) < 1.$$

Lösung zu Aufgabe 9.8. Dies folgt unmittelbar aus der friedrichschen Ungleichung (siehe Lemma 9.23 in [26]) angewandt auf die einzelnen Teilintervalle $[x_{j-1}, x_j]$ für $j = 1, 2, \ldots, N$.

Lösung zu Aufgabe 9.9.

(a) Partielle Integration liefert

$$\langle \mathcal{L}u, v \rangle_2 = \int_a^b [-(pu')'v + ruv] \, dx = \int_a^b [pu'v' + ruv] \, dx - pu'v\big|_a^b$$
$$= [\![u,v]\!] - (p[\alpha u + u']v)(b) + (pu'v)(a) \quad \text{für } u \in \mathcal{D}_\mathcal{L}, \; v \in C_\Delta^1[a,b].$$

Wenn also die Funktionen $u \in \mathcal{D}_\mathcal{L}$ und $v \in C_\Delta^1[a,b]$ beide die zum Differenzialoperator $\mathcal{L}$ gehörenden Randbedingungen erfüllen, so verschwinden in dem zuletzt gewonnenen Ausdruck die letzten beiden Summanden und man erhält

$$\langle \mathcal{L}u, v \rangle_2 = [\![u, v]\!]. \tag{L-9.5}$$

Offensichtlich ist das Skalarprodukt $[\![\cdot, \cdot]\!]$ symmetrisch, es gilt also $[\![u, v]\!] = [\![v, u]\!]$ für $u, v \in C_\Delta^1[a,b]$. Daraus ergibt sich nun unmittelbar die Symmetrie des Differenzialoperators $\mathcal{L}$:

$$\langle \mathcal{L}u, v \rangle = \langle u, \mathcal{L}v \rangle \quad \text{für} \quad u, v \in \mathcal{D}_\mathcal{L}.$$

Die positive Definitheit

$$c_1 \|u\|_2 \leq \langle \mathcal{L}u, u \rangle \quad \text{für} \quad u \in \mathcal{D}_\mathcal{L}$$

mit einer gewissen positiven Konstanten c_1 erhält man wegen (L-9.5) unmittelbar aus Teil (b) zu dieser Aufgabe.

(b) Es gilt

$$p_0 \|u'\|_2^2 \leq [\![u, u]\!] \leq c_1 \|u\|_\infty^2 + c_2 \|u'\|_\infty^2 \tag{L-9.6}$$
$$\text{für} \quad u \in C_\Delta^1[a,b].$$

Hierbei ergibt sich die erste Ungleichung aus der Nichtnegativität der Funktionen r und der Konstanten α sowie der Existenz einer positiven unteren Schranke p_0 für die Funktion p. Die zweite Ungleichung erhält man durch elementare Abschätzungen, mit den Setzungen

$$c_1 = \alpha p_{\max} + (b-a) r_{\max}, \qquad c_2 = (b-a) p_{\max},$$
$$\text{mit} \quad p_{\max} = \max_{x \in [a,b]} p(x), \qquad r_{\max} = \max_{x \in [a,b]} r(x).$$

Außerdem gilt noch

$$\kappa_1 \|u\|_\infty \leq \|u'\|_2 \leq \kappa_2 \|u'\|_\infty \quad \text{für} \quad u \in C_\Delta^1[a,b] \quad \text{mit} \quad u(a) = 0, \tag{L-9.7}$$

mit den Setzungen $\kappa_1 = (b-a)^{-1/2}$ und $\kappa_2 = (b-a)^{1/2}$. Hierbei folgt die zweite Abschätzung leicht, und die erste Abschätzung ergibt sich aus der folgenden Rechnung:

$$|u(x)| \stackrel{(*)}{\leq} \int_a^x |u'(\xi)|\,d\xi \leq \int_a^b |u'(\xi)|\,d\xi \stackrel{(**)}{\leq} (b-a)^{1/2} \Big(\int_a^b |u'(\xi)|^2\,d\xi \Big)^{1/2}$$
$$\text{für} \quad x \in [a,b], \quad u \in C_\Delta^1[a,b] \quad \text{mit} \quad u(a) = 0.$$

Hier folgt die Abschätzung $(*)$ aus dem Hauptsatz der Differenzialrechnung, und die Abschätzung $(**)$ resultiert aus der cauchy-schwarzschen Ungleichung. Die Lösung zu dieser Teilaufgabe ergibt sich nun durch Anwendung der beiden Ungleichungen (L-9.6) und (L-9.7).

Lösung zu Aufgabe 9.10.

(a) Zweimalige partielle Integration liefert

$$\begin{aligned}\langle \mathcal{L}u, v\rangle_2 &= \int_a^b \left[(pu'')''v + ruv\right] dx \\ &= \int_a^b \left[-(pu'')'v' + ruv\right] dx + (pu'')'v\big|_a^b \\ &= \int_a^b \left[pu''v'' + ruv\right] dx - pu''v'\big|_a^b + (pu'')'v\big|_a^b \\ &\qquad \text{für } u \in \mathcal{D}_\mathcal{L}, \ v \in C_\Delta^2[a,b].\end{aligned}$$

Mit der Notation

$$[\![u,v]\!] := \int_a^b \left[pu''v'' + ruv\right] dx \qquad \text{für } u,v \in C_\Delta^2[a,b]$$

gilt also

$$\langle \mathcal{L}u, v\rangle_2 = [\![u,v]\!] - pu''v'\big|_a^b + (pu'')'v\big|_a^b \quad \text{für } u \in \mathcal{D}_\mathcal{L}, \ v \in C_\Delta^2[a,b].$$

Wenn die Funktionen $u \in \mathcal{D}_\mathcal{L}$ und $v \in C_\Delta^2[a,b]$ beide die zum Differenzialoperator $\mathcal{L}$ gehörenden Randbedingungen erfüllen, so verschwinden in dem zuletzt erhaltenen Ausdruck die letzten beiden Summanden und man erhält

$$\langle \mathcal{L}u, v\rangle_2 = [\![u,v]\!]. \tag{L-9.8}$$

Nun ist das Skalarprodukt $[\![\cdot,\cdot]\!]$ symmetrisch, es gilt also $[\![u,v]\!] = [\![v,u]\!]$ für $u, v \in C_\Delta^2[a,b]$. Daraus ergibt sich unmittelbar die Symmetrie des Differenzialoperators $\mathcal{L}$:

$$\langle \mathcal{L}u, v\rangle = \langle u, \mathcal{L}v\rangle \qquad \text{für } u, v \in \mathcal{D}_\mathcal{L}.$$

Die positive Definitheit

$$c_1 \|u\|_2 \leq \langle \mathcal{L}u, u\rangle \qquad \text{für } u \in \mathcal{D}_\mathcal{L}$$

mit einer gewissen positiven Konstanten c_1 ist dann wegen (L-9.8) eine leichte Folgerung aus Teil (b) zu dieser Aufgabe.

(b) Es gilt

$$p_0 \|u''\|_2^2 \leq [\![u,u]\!] \leq (b-a)(r_{\max}\|u\|_\infty^2 + p_{\max}\|u''\|_\infty^2) \tag{L-9.9}$$
$$\text{für } u \in C_\Delta^2[a,b].$$

Hierbei ergibt sich die erste Ungleichung aus der Nichtnegativität der Funktion r sowie der Existenz einer positiven unteren Schranke p_0 für die Funktion p. Die zweite Ungleichung erhält man durch elementare Abschätzungen, mit den Setzungen

$$p_{\max} = \max_{x \in [a,b]} p(x), \qquad r_{\max} = \max_{x \in [a,b]} r(x).$$

Zudem gilt noch

$$\frac{1}{b-a}\|u\|_\infty \leq \|u'\|_\infty \leq (b-a)^{1/2}\|u''\|_2 \leq (b-a)\|u''\|_\infty \quad \text{(L-9.10)}$$

$$\text{für } u \in C^2_\Delta[a,b] \text{ mit } u(a) = u'(a) = 0,$$

wobei die letzte Abschätzung elementar ist, und die ersten beiden Abschätzungen folgen aus der zweimaligen Anwendung des Hauptsatzes der Differenzialrechnung beziehungsweise der cauchy-schwarzschen Ungleichung (vergleiche auch die Ungleichungen in (L-9.7) und deren Herleitung). Die Lösung zu dieser Teilaufgabe ergibt sich nun durch Anwendung der beiden Ungleichungen (L-9.9) und (L-9.10).

Lösung zu Aufgabe 9.11. Die Aussage (iii) ist nur eine Umformulierung der Aussage in (ii), und im Folgenden weisen wir die Äquivalenz der Aussagen in (i) und (ii) nach. Vorbereitend wird für ein Element $v \in \mathcal{V}$ und $t \in \mathbb{R}$ der Term $\|\mathcal{L}(u_* + tv) - \varphi\|^2$ betrachtet:

$$\begin{aligned}\|\mathcal{L}(u_* + tv) - \varphi\|^2 &= \|\mathcal{L}u_* - \varphi + t\mathcal{L}v\|^2 \\ &= \|\mathcal{L}u_* - \varphi\|^2 + 2t\langle \mathcal{L}u_* - \varphi, \mathcal{L}v \rangle + t^2\|\mathcal{L}v\|^2. \quad \text{(L-9.11)}\end{aligned}$$

"(ii) $\Longrightarrow$ (i)": Hier verschwindet nach Annahme in (L-9.11) der mittlere Term, und daraus folgt insbesondere $\|\mathcal{L}(u_* + v) - \varphi\| \geq \|\mathcal{L}u_* - \varphi\|$ für alle $v \in \mathcal{V}$, was gleichbedeutend mit der Aussage in (i) ist.

"(i) $\Longrightarrow$ (ii)": Es wird hier ein Widerspruchsbeweis geführt. Hierzu wird angenommen, dass für einen Vektor $v \in \mathcal{V}$ das in (ii) betrachtete Skalarprodukt nicht verschwindet, was gleichbedeutend mit der Eigenschaft $\langle \mathcal{L}u_* - \varphi, \mathcal{L}v \rangle \neq 0$ ist, und dann kann man o.B.d.A. $\langle \mathcal{L}u_* - \varphi, \mathcal{L}v \rangle < 0$ annehmen. (Falls dies für den Vektor v nicht gilt, so ersetzt man v durch den Vektor $-v$.) Dies bedeutet noch insbesondere $\mathcal{L}v \neq 0$, und dann wird für hinreichend klein gewähltes $t > 0$ die Summe der letzten beiden Terme in (L-9.11) negativ und damit $\|\mathcal{L}(u_* + tv) - \varphi\| < \|\mathcal{L}u_* - \varphi\|$ im Widerspruch zur Annahme.

Die in der Aufgabenstellung angegebene Matrixversion ist eine leichte Folgerung aus (ii), denn die dort getroffene Aussage ist gleichbedeutend mit

$$\sum_{k=1}^N \langle \mathcal{L}v_k, \mathcal{L}v_j \rangle = \langle \varphi, \mathcal{L}v_j \rangle \quad \text{für } j = 1, 2, \ldots, N.$$

Ist der Operator $\mathcal{L}$ injektiv, so ergibt sich für einen beliebigen nichtverschwindenden Vektor $c = (c_1, c_2, \ldots, c_N)^\top \in \mathbb{R}^N$ Folgendes:

$$\begin{aligned}c^\top Ac &= \sum_{j,k=1}^N [c_j c_k \langle \mathcal{L}v_k, \mathcal{L}v_j \rangle] = \left\langle \left(\sum_{k=1}^N c_k \mathcal{L}v_k\right), \left(\sum_{j=1}^N c_j \mathcal{L}v_j\right) \right\rangle \\ &= \langle \mathcal{L}v, \mathcal{L}v \rangle > 0 \quad \text{mit } v := \sum_{k=1}^N c_k v_k.\end{aligned}$$

Lösung zu Aufgabe 9.12. Mit dem Ansatz $s = \sum_{k=1}^{N} c_k s_k$ lautet das Gleichungssystem für die Koeffizienten $c_1, c_2, \ldots, c_N \in \mathbb{R}$ folgendermaßen:

$$\begin{pmatrix} [\![s_1, s_1]\!] & \ldots & [\![s_N, s_1]\!] \\ \vdots & \ddots & \vdots \\ [\![s_1, s_N]\!] & \ldots & [\![s_N, s_N]\!] \end{pmatrix} \begin{pmatrix} c_1 \\ \vdots \\ c_N \end{pmatrix} = \begin{pmatrix} \langle \varphi, s_1 \rangle \\ \vdots \\ \langle \varphi, s_N \rangle \end{pmatrix}, \tag{L-9.12}$$

mit $\varphi(x) = -x^3 + x^2 + 2$, wobei das Skalarprodukt $\langle \cdot, \cdot \rangle$ beziehungsweise die Bilinearform $[\![\cdot, \cdot]\!]$ hier von der speziellen Form

$$\langle u, v \rangle = \int_0^1 uv\, dx, \qquad [\![u, v]\!] = \int_0^1 [u'v' + xuv]\, dx$$

sind. Wir verzichten hier auf die detaillierte Berechnung der Einträge der Systemmatrix beziehungsweise der rechten Seite in (L-9.12) und geben lediglich die Resultate an. Die Diagonaleinträge in der Systemmatrix berechnen sich zu

$$[\![s_j, s_j]\!] = (\pi j)^2 - \tfrac{1}{2} \quad \text{für} \quad j = 1, 2, \ldots, N,$$

und für alle Indizes j und k mit $j \neq k$ gilt

$$[\![s_k, s_j]\!] = \begin{cases} 0, & j + k \text{ gerade,} \\ \dfrac{2}{\pi^2}\left(\dfrac{1}{(j+k)^2} - \dfrac{1}{(j-k)^2}\right) & \text{sonst.} \end{cases}$$

Für die Einträge des Vektors auf der rechten Seite von (L-9.12) ergibt sich für $j = 1, 2, \ldots, N$ Folgendes,

$$\langle \varphi, s_j \rangle = \begin{cases} -\dfrac{6\sqrt{2}}{(j\pi)^3}, & j \text{ gerade,} \\ \dfrac{2\sqrt{2}}{j\pi}\left(\dfrac{1}{(j\pi)^2} + 2\right) & \text{sonst.} \end{cases}$$

Lösung zu Aufgabe 9.13. Für den Differenzialoperator

$$\mathcal{L}w = w'' + pw' + qw \quad \text{für} \quad x \in [0, 1]$$

genügt es, die Implikation

$$\left.\begin{array}{l} (Lw)(x) \geq 0 \quad \text{für} \quad x \in [a, b] \\ w(a) \geq 0, \quad w'(a) \geq 0, \end{array}\right\} \implies \left.\begin{array}{l} w(x) \geq 0 \quad \text{für} \quad x \in [a, b] \\ w'(x) \geq 0 \quad \text{«} \end{array}\right\} \tag{L-9.13}$$

nachzuweisen. Hierzu wird zunächst die etwas speziellere Implikation

$$\left.\begin{array}{l} (\mathcal{L}w)(x) > 0 \quad \text{für} \quad x \in [a, b] \\ w(a) \geq 0, \quad w'(a) > 0, \end{array}\right\} \implies \left.\begin{array}{l} w(x) > 0 \quad \text{für} \quad x \in (a, b] \\ w'(x) > 0 \quad \text{«} \end{array}\right\} \tag{L-9.14}$$

hergeleitet. Aufgrund der Annahmen in (L-9.14) nimmt $w(x)$ für hinreichend nahe bei dem linken Randpunkt a gelegene Zahlen $x > a$ notwendigerweise positive Werte an: $w(x) > 0$ für $a < x \leq a + \delta$ für ein $\delta > 0$. Wäre die Funktion w nicht auf dem gesamten Intervall $[a, b]$ streng monoton wachsend, so würde w notwendigerweise ein lokales Maximum $x^* \in [a, b]$ mit nichtnegativem Funktionswert besitzen,

$$w(x^*) \geq 0, \quad w'(x^*) = 0, \quad w''(x) \leq 0.$$

Dann gilt jedoch

$$(\mathcal{L}w)(x^*) = \underbrace{w''(x^*)}_{\leq 0} + \underbrace{p(x^*)w'(x^*)}_{= 0} + \underbrace{q(x^*)w(x^*)}_{\leq 0} \leq 0,$$

was einen Widerspruch zur Annahme in (L-9.14) darstellt. Somit ist die Richtigkeit der Implikation (L-9.14) nachgewiesen. Im Folgenden wird nun die Aussage (L-9.14) hergeleitet. Hierzu wird die Funktion

$$s(x) = e^{\alpha(x-a)} - 1, \quad x \in [a, b],$$

herangezogen, wobei die Zahl $\alpha > 0$ so gewählt wird, dass die Bedingung

$$\alpha^2 - \alpha \max_{x \in [a,b]} |p(x)| + \min_{x \in [a,b]} q(x) > 0$$

erfüllt ist. In dieser Situation erhält man

$$s'(x) = \alpha e^{\alpha(x-a)}, \quad s''(x) = \alpha^2 e^{\alpha(x-a)}.$$

Daraus resultiert $s(a) = 0$ und $s'(a) = \alpha > 0$ sowie

$$\begin{aligned}(\mathcal{L}s)(x) &= \alpha^2 e^{\alpha(x-a)} + \alpha p(x) e^{\alpha(x-a)} + q(x) e^{\alpha(x-a)} \\ &= e^{\alpha(x-a)} \big(\alpha^2 + \alpha p(x) + q(x)\big) \\ &\geq e^{\alpha(x-a)} \big(\alpha^2 - \alpha |p(x)| + q(x)\big) > 0 \quad \text{für} \quad x \in [a, b].\end{aligned}$$

Die Voraussetzungen in (L-9.14) sind damit für die Funktion

$$w_\varepsilon := w + \varepsilon s$$

erfüllt:

$$(\mathcal{L}w_\varepsilon)(x) > 0 \quad \text{für} \quad x \in [a, b], \quad w_\varepsilon(a) \geq 0, \quad w_\varepsilon'(a) > 0.$$

Die Aussage in (L-9.14) liefert damit

$$w_\varepsilon'(x) > 0, \quad w_\varepsilon(x) > 0 \quad \text{für} \quad x \in (a, b]. \tag{L-9.15}$$

Der Grenzübergang $\varepsilon \to 0$ in (L-9.15) liefert schließlich die in (L-9.13) formulierte Aussage.

Lösung zu Aufgabe 9.14. Man betrachtet hier für festes $s \in \mathbb{R}$ die Funktion

$$\xi(x) := \frac{\partial}{\partial s} u(x,s) \quad \text{für} \quad x \in [a,b].$$

Dann gilt

$$\xi''(x) = \frac{\partial}{\partial s}\frac{\partial^2}{\partial x^2} u(x,s) = \frac{\partial}{\partial s} u(x,s) f\left(x, u(x,s), \frac{\partial}{\partial s} u(x,s)\right)$$

$$= -q(x)\frac{\partial u}{\partial s}(x,s) - p(x)\frac{\partial^2 u}{\partial s^2}(x,s) = -q(x)\xi(x) - p(x)\xi'(x)$$

beziehungsweise

$$\xi''(x) + p(x)\xi'(x) + q(x)\xi(x) = 0 \quad \text{für} \quad x \in [a,b] \tag{L-9.16}$$

mit den Notationen

$$p(x) := -\frac{\partial f}{\partial u_2}\left(x, u(x,s), \frac{\partial}{\partial s} u(x,s)\right), \quad q(x) := -\frac{\partial f}{\partial u_1}\left(x, u(x,s), \frac{\partial}{\partial s} u(x,s)\right).$$

Zudem gilt noch

$$\xi(a) = 0, \quad \xi'(a) = 1. \tag{L-9.17}$$

Für den Nachweis der ersten Ungleichung in der Aufgabenstellung (a) wird nun die Funktion

$$\eta_1(x) := \frac{1 - e^{-L(x-a)}}{L} \quad \text{für} \quad x \in [a,b]$$

herangezogen. Hier gilt

$$\eta_1'(x) = e^{-L(x-a)}, \quad \eta_1''(x) = -Le^{-L(x-a)}$$

und daher

$$\eta_1''(x) + p(x)\eta_1'(x) + q(x)\eta_1(x)$$

$$= -Le^{-L(x-a)} + \underbrace{p(x)}_{\leq L} e^{-L(x-a)} + \underbrace{q(x)}_{\leq 0} \frac{1 - e^{-L(x-a)}}{L}$$

$$\leq -Le^{-L(x-a)} + Le^{-L(x-a)} + 0 = 0 \quad \text{für} \quad x \in [a,b].$$

Zudem gilt

$$\eta_1(a) = 0, \quad \eta_1'(a) = 1,$$

so dass sich mit Aufgabe 9.13 die Abschätzungen

$$0 < \eta_1(x) \leq \xi(x) \quad \text{für} \quad x \in [a,b] \tag{L-9.18}$$

ergeben. Die Wahl $x = b$ in (L-9.18) liefert $F'(s) \geq \kappa_1$, was die erste Ungleichung in der Aufgabenstellung (a) ist.

Für den Nachweis der zweiten Ungleichung in der Aufgabenstellung (a) werden die Aussagen (L-9.16) und (L-9.18), die Definitionen der Funktionen p und q und die Annahmen über die partiellen Ableitungen der Funktion f herangezogen. Damit erhält man Folgendes,

$$0 = \xi''(x) + \overbrace{p(x)}^{\geq -L} \xi'(x) + \overbrace{q(x)}^{\geq -K} \xi(x)$$
$$\geq \xi''(x) - L\xi'(x) - K\xi(x) \quad \text{für} \quad x \in [a,b].$$

Falls also η_2 Lösung des Anfangswertproblems

$$\left. \begin{array}{l} \eta_2''(x) - L\eta_2'(x) - K\eta_2(x) = 0 \quad \text{für} \quad x \in [a,b], \\ \eta_2(a) = 0, \quad \eta_2'(a) = 1, \end{array} \right\} \quad \text{(L-9.19)}$$

ist, so folgt wiederum mit Aufgabe 9.13 die Ungleichung

$$\xi(x) \leq \eta_2(x) \quad \text{für} \quad x \in [a,b].$$

Für die Lösung des Anfangswertproblems (L-9.19) zieht man die zugehörige charakteristische Gleichung $\lambda^2 - L\lambda - K = 0$ heran. Diese besitzt die Lösung

$$\lambda_{1/2} := \frac{L}{2} \pm \sqrt{\frac{L^2}{4} + K} = \frac{L}{2} \pm \underbrace{\frac{L}{2}\sqrt{1 + \frac{4K}{L^2}}}_{= c/2} = \frac{L \pm c}{2} \quad \text{(L-9.20)}$$

mit der Konstanten c aus der Aufgabenstellung. Die in (L-9.19) auftretende Differenzialgleichung besitzt demnach die allgemeine Lösung

$$\eta_2(x) = K_1 e^{\lambda_1 x} + K_2 e^{\lambda_2 x} = e^{Lx/2}(K_1 e^{cx/2} + K_2 e^{-cx/2})$$

mit reellen Konstanten K_1 und K_2, die noch an die Anfangsbedingungen in (L-9.19) anzupassen sind. Die Forderung $\eta_2(a) = 0$ liefert die Bedingung $K_1 e^{ca/2} + K_2 e^{-ca/2} = 0$ beziehungsweise

$$K_2 = -K_1 e^{ca}. \quad \text{(L-9.21)}$$

Die Forderung $\eta_2'(a) = 1$ führt wegen

$$\eta_2'(a) \stackrel{(*)}{=} K_1 e^{aL/2}(\lambda_1 e^{ca/2} - \lambda_2 e^{ca/2}) = K_1 e^{a\lambda_1} \underbrace{(\lambda_1 - \lambda_2)}_{= c}$$

(wobei in (*) die Identität (L-9.21) berücksichtigt ist) auf die Setzungen

$$K_1 = \frac{e^{-a\lambda_1}}{c}, \qquad K_2 = -\frac{e^{-a\lambda_2}}{c}.$$

Das Anfangswertproblem (L-9.19) besitzt demnach die Lösung

$$\eta_2(x) = \frac{e^{Lx/2}}{c}(e^{-a\lambda_1}e^{cx/2} - e^{-a\lambda_2}e^{-cx/2}) = \frac{e^{L(x-a)/2}}{c}(e^{c(x-a)/2} - e^{-c(x-a)/2})$$

$$= 2\frac{e^{L(x-a)/2}}{c}\sinh\left(c\frac{x-a}{2}\right).$$

Die Betrachtung von $\eta_2(x)$ an der Stelle $x = b$ liefert die zweite in Teil (a) der Aufgabenstellung erfragte Ungleichung, $F'(s) \leq \kappa_2$.

Für den Nachweis der Aussage von Teil (b) ist die Funktion $g(s) = s - \gamma F(s)$ genauer zu betrachten. Es ist

$$g'(s) = s - \gamma F'(s) \in [1 - \gamma\kappa_2, 1 - \gamma\kappa_1],$$

und daher gilt

$$|g'(s)| \leq \max\{|1 - \gamma\kappa_1|, |1 - \gamma\kappa_2|\} =: \theta.$$

Aufgrund der Annahmen an γ gilt

$$1 > 1 - \gamma\kappa_1 \geq 1 - \gamma\kappa_2 > -1$$

und damit $\theta < 1$. Mit dem banachschen Fixpunktsatz folgt die Konvergenz $s^{(n)} \to s_*$ für $n \to \infty$ beziehungsweise genauer

$$|s^{(n)} - s_*| \leq \theta^n |s^{(0)} - s_*| = \theta^n |F^{-1}(F(s^{(0)})) - F^{-1}(\underbrace{F(s_*)}_{=0})|$$

$$\leq \theta^n |\sup_{s \in \mathbb{R}}(F^{-1})'(s)||F(s^{(0)})| \leq \theta^n \frac{|F(s^{(0)})|}{\kappa_1} \quad \text{für } n = 0, 1, \ldots.$$

Dies komplettiert den Beweis. □

Lösung zu Aufgabe 9.15. Es wird zunächst eine Darstellung der Lösung $u(\cdot, s)$ des betrachteten Randwertproblems für die Differenzialgleichung $u'' = 100u$ hergeleitet. Bei dieser Differenzialgleichung handelt es sich um eine lineare Differenzialgleichung zweiter Ordnung mit konstanten Koeffizienten, deren allgemeine Lösung sich angeben lässt,

$$y(x) = c_1 e^{10x} + c_2 e^{-10x}.$$

Wegen $y'(x) = 10(c_1 e^{10x} - c_2 e^{-10x})$ ergibt sich aus den Forderungen an die Funktion $u(\cdot, s)$ das lineare Gleichungssystem

$$\begin{pmatrix} 1 & 1 \\ 10 & -10 \end{pmatrix} \begin{pmatrix} c_1 \\ c_2 \end{pmatrix} = \begin{pmatrix} 1 \\ s \end{pmatrix}.$$

Dieses besitzt die Lösung

$$c_1 = \frac{10 + s}{20}, \qquad c_2 = \frac{10 - s}{20},$$

so dass sich für die Funktion $u(\cdot, s)$ die Darstellung

$$u(x,s) = \frac{10+s}{20}e^{10x} + \frac{10-s}{20}e^{-10x}$$
$$= \tfrac{1}{2}(e^{10x} + e^{-10x}) + \frac{s}{20}(e^{10x} - e^{-10x})$$

ergibt. Damit gilt insbesondere

$$u(3,s) = \tfrac{1}{2}(e^{30} + e^{-30}) + \frac{s}{20}(e^{30} - e^{-30})$$

und daher $s_* = -10$ beziehungsweise $u(x, s_*) = e^{-10x}$. Für $s_\varepsilon = s_*(1+\varepsilon) = s_* + s_*\varepsilon$ erhält man dann

$$u(3, s_\varepsilon) = u(3, s_*) - \frac{\varepsilon}{2}(e^{30} - e^{-30}).$$

Das einfache Schießverfahren ist wegen der Größe der Zahl e^{30} also keine geeignete Methode zur Lösung des vorliegenden Randwertproblems.

Lösung zu Aufgabe 9.16. Es sind hier die Ergebnisse jeweils an ausgewählten Stellen angegeben, zunächst für den Startwert $s^{(0)} = 1$:

x	$y(x)$	Näherung	Absoluter Fehler
0.0	0.00	0.000000	0.000000
0.1	0.09	0.088227	0.001773
0.2	0.16	0.156640	0.003360
0.3	0.21	0.205455	0.004545
0.4	0.24	0.234789	0.005211
0.5	0.25	0.244674	0.005326
0.6	0.24	0.235070	0.004930
0.7	0.21	0.205900	0.004100
0.8	0.16	0.157065	0.002935
0.9	0.09	0.088465	0.001535
1.0	0.00	0.000000	0.000000

Mit dem Startwert $s^{(0)} = 20$ erhält man keine vernünftigen Approximationen:

x	$y(x)$	Näherung	Absoluter Fehler
0.0	0.00	0.000000	0.000000
0.1	0.09	3.650803	3.560803
0.2	0.16	7.075842	6.915842
0.3	0.21	9.852139	9.642139
0.4	0.24	11.522107	11.282107
0.5	0.25	11.795347	11.545347
0.6	0.24	10.697678	10.457678
0.7	0.21	8.556349	8.346349
0.8	0.16	5.829983	5.669983
0.9	0.09	2.909122	2.819122
1.0	0.00	0.000000	0.000000

10 Gesamtschritt-, Einzelschritt- und Relaxationsverfahren zur Lösung linearer Gleichungssysteme – Lösungen

Lösung zu Aufgabe 10.1. "(ii) $\Longrightarrow$ (i)": Nach Voraussetzung ist die Matrix $\mathcal{H}$ ähnlich zu einer Matrix

$$J = \begin{pmatrix} J_1 & 0 \\ 0 & J_2 \end{pmatrix}$$

in jordanscher Normalform, wobei J_1 eine Diagonalmatrix mit der Eigenschaft $r_\sigma(J_1) = r_\sigma(\mathcal{H})$ ist und $r_\sigma(J_2) < r_\sigma(\mathcal{H})$ gilt. Man wählt nun $\varepsilon > 0$ so, dass

$$r_\sigma(J_2) + \varepsilon < r_\sigma(\mathcal{H})$$

gilt. Es werden dann die Matrizen $D = \mathrm{diag}(\varepsilon^0, \varepsilon^1, \ldots, \varepsilon^{N-1}) \in \mathbb{R}^{N \times N}$ und $\widehat{J} = D^{-1}JD \in \mathbb{C}^{N \times N}$ betrachtet. Man überlegt sich leicht, dass $\widehat{J} = (b_{jk}\varepsilon^{k-j})$ gilt, wobei die Notation $J = (b_{jk})$ verwendet wird. Es ist also $\widehat{J}$ ebenfalls eine Matrix in jordanscher Normalform, bei der die Diagonaleinträge mit denen der Matrix J übereinstimmen, und auf jeder Position der oberen Nebendiagonalen ist ein etwaiger Eintrag eins in der Matrix J durch die Zahl ε zu ersetzen, während Nulleinträge unverändert bleiben. Wenn nun $T \in \mathbb{R}^{N \times N}$ die Transformationsmatrix mit der Eigenschaft $\mathcal{H} = TJT^{-1}$ bezeichnet, so ergibt sich mit der Norm

$$\|x\| := \|S^{-1}x\| \quad \text{für} \quad x \in \mathbb{R}^N, \quad \text{mit} \quad S = TD \in \mathbb{R}^{N \times N}$$

der erste Teil der Lösung:

$$\|\mathcal{H}\| = \|\widehat{J}\|_\infty = r_\sigma(\mathcal{H}).$$

"(i) $\Longrightarrow$ (ii)": Im Fall $r_\sigma(\mathcal{H}) = 0$ gilt $\mathcal{H} = 0$, und im Folgenden betrachten wir den Fall $r_\sigma(\mathcal{H}) \neq 0$. Wir nehmen nun im Widerspruch zur Aussage der vorliegenden Aufgabe an, dass es einen Eigenwert $\lambda \in \mathbb{C}$ von $\mathcal{H}$ mit $|\lambda| = r_\sigma(\mathcal{H})$ und nichtlinearem Elementarteiler gibt. Für die Matrix $\widetilde{\mathcal{H}} = \lambda^{-1}\mathcal{H}$ und den dem Eigenwert λ zugeordneten Jordanblock

$$J = \begin{pmatrix} \lambda & 1 & 0 & \cdots & \cdots & 0 \\ 0 & \ddots & \ddots & \ddots & & \vdots \\ \vdots & \ddots & \ddots & \ddots & \ddots & \vdots \\ \vdots & & \ddots & \ddots & \ddots & 0 \\ \vdots & & & \ddots & \ddots & 1 \\ 0 & \cdots & \cdots & \cdots & 0 & \lambda \end{pmatrix} \in \mathbb{C}^{m \times m}$$

mit $m \geq 2$ gilt dann

$$J^k e_{m-1} = (0, 0, \ldots, 0, k/\lambda, 1)^\top$$

und damit $\| J^k \mathbf{e}_{m-1} \| \to \infty$ für $k \to \infty$ im Widerspruch zu der Eigenschaft $\| \tilde{\mathcal{H}} \| = 1$. Hierbei bezeichnet $\mathbf{e}_{m-1}$ den $(m-1)$-ten Einheitsvektor in $\mathbb{R}^m$.

Lösung zu Aufgabe 10.2.

(a) Nur die erste der drei angegebenen Matrizen ist strikt diagonaldominant. Für diese Matrix ist das Gesamtschrittverfahren konvergent, für die beiden anderen Matrizen ist keine allgemeine Aussage bezüglich der Konvergenz des Gesamtschrittverfahrens möglich.

(b) Für die erste der drei in der Aufgabenstellung angegebenen Matrizen erhält man mit einer Zerlegung der Form $A = D + L + R$ in Diagonal- sowie linken und rechten Anteil Folgendes,

$$\mathcal{H}_{\text{Ges}} = -D^{-1}(L + R) = -\frac{1}{2}\begin{pmatrix} 0 & 0 & 1 \\ 1 & 0 & 0 \\ 0 & 1 & 0 \end{pmatrix}$$

und damit

$$\mathcal{H}_{\text{Ges}}\begin{pmatrix} 1 \\ 1 \\ 1 \end{pmatrix} = (-\tfrac{1}{2})^n \begin{pmatrix} 1 \\ 1 \\ 1 \end{pmatrix}.$$

Hier liegt also Konvergenz vor. Für die zweite der drei in der Aufgabenstellung angegebenen Matrizen erhält man entsprechend

$$\mathcal{H}_{\text{Ges}} = -D^{-1}(L + R) = -\begin{pmatrix} 0 & 0 & 1/2 \\ 1 & 0 & 0 \\ 0 & 1 & 0 \end{pmatrix}.$$

Elementare Matrixmultiplikationen ergeben nun

$$\mathcal{H}_{\text{Ges}}^3 = -\frac{1}{2}\begin{pmatrix} 1 & 0 & 0 \\ 0 & 1 & 0 \\ 0 & 0 & 1 \end{pmatrix}.$$

Somit erhält man für $m \in \mathbb{N}_0$ und $j \in \{0, 1, 2\}$

$$x^{(3m+j)} = \mathcal{H}_{\text{Ges}}^{3m+j} x^{(0)} = (-\tfrac{1}{2})^m x^{(j)},$$

hier liegt also ebenfalls Konvergenz vor. Für die letzte der drei in der Aufgabenstellung angegebenen Matrizen erhält man entsprechend

$$\mathcal{H}_{\text{Ges}} = -\begin{pmatrix} 0 & 0 & 1 \\ 1 & 0 & 0 \\ 0 & 1 & 0 \end{pmatrix}.$$

Damit gilt für $n \in \mathbb{N}_0$

$$x^{(n)} = \mathcal{H}_{\text{Ges}}^n x^{(0)} = (-1)^n x^{(0)},$$

das Verfahren divergiert hier also.

Lösung zu Aufgabe 10.3. Die Irreduzibilität der Matrix A lässt sich über die Betrachtung aller in Frage kommenden Zerlegungen der Indexmenge $\{1, 2, 3, 4\}$ nachweisen:

$\mathcal{J}$	$\mathcal{L}$	Eintrag $\neq 0$	$\mathcal{J}$	$\mathcal{L}$	Eintrag $\neq 0$
1	2, 3, 4	a_{14}	1, 2	3, 4	a_{14}
1, 3	2, 4	a_{34}	1, 4	2, 3	a_{43}
1, 2, 3	4	a_{14}	1, 2, 4	3	a_{23}
1, 3, 4	2	a_{12}	2	1, 3, 4	a_{23}
2, 3	1, 4	a_{34}	2, 4	1, 3	a_{41}
2, 3, 4	1	a_{41}	3	1, 2, 4	a_{34}
3, 4	1, 2	a_{31}	4	1, 2, 3	a_{41}

Die Matrix B ist reduzibel, denn für die Indexmengen $\mathcal{J} = \{3, 4\}$ und $\mathcal{L} = \{1, 2, 5\}$ gilt offensichtlich $\mathcal{J} \neq \emptyset$, $\mathcal{L} \neq \emptyset$ sowie $\mathcal{J} \cup \mathcal{L} = \{1, 2, \ldots, 5\}$ und $\mathcal{J} \cap \mathcal{L} = \emptyset$, und $b_{jk} = 0$ für alle $j \in \mathcal{J}$, $k \in \mathcal{L}$.

Lösung zu Aufgabe 10.4. (i) Wir nehmen im ersten Teil an, dass die Matrix $A = (a_{jk}) \in \mathbb{R}^{N \times N}$ reduzibel ist und weisen für diese Situation die Existenz von Indizes j und k nach, für die keine verbindende Kette existiert. Nach Definition existieren Mengen $\mathcal{J}, \mathcal{K} \subset \{1, 2, \ldots, N\}$ mit den Eigenschaften

$$\mathcal{J} \neq \emptyset, \quad \mathcal{K} \neq \emptyset, \quad \mathcal{J} \cap \mathcal{K} = \emptyset, \quad \mathcal{J} \cup \mathcal{K} = \{1, 2, \ldots, N\},$$
$$a_{jk} = 0 \quad \forall j \in \mathcal{J}, \; k \in \mathcal{K}.$$

Wir betrachten nun beliebige Indizes $j \in \mathcal{J}$ und $k \in \mathcal{K}$ (solche Indizes existieren nach Annahme auch) und führen die Annahme, dass zu den Indizes $j \in \mathcal{J}$ und $k \in \mathcal{K}$ eine verbindende Kette existiert, auf einen Widerspruch. Seien also $j_0, j_1, \ldots, j_M \in \{1, 2, \ldots, N\}$ Indizes mit $j_0 = j$ und $j_M = k$ und $a_{j_{s-1}, j_s} \neq 0$ für $s = 1, 2, \ldots, M$. Die Annahme an die Mengen $\mathcal{J}$ und $\mathcal{K}$ und die Eigenschaft $a_{j,j_1} \neq 0$ impliziert $j_1 \in \mathcal{J}$. Genauso impliziert dann die Eigenschaft $a_{j_1, j_2} \neq 0$ die Eigenschaft $j_2 \in \mathcal{J}$, und mit vollständiger Induktion erhält man so $j_s \in \mathcal{J}$ für $s = 0, 1, \ldots, M$ und damit insbesondere $k = j_M \in \mathcal{J}$. Dies steht im Widerspruch zu den Annahmen $k \in \mathcal{K}$ und $\mathcal{J} \cap \mathcal{K} = \emptyset$.

(ii) Wir nehmen im zweiten Teil an, dass die Matrix $A = (a_{jk}) \in \mathbb{R}^{N \times N}$ irreduzibel ist und betrachten beliebige Indizes j und k mit $j \neq k$. Im Folgenden konstruieren wir in dieser Situation eine verbindende Kette für j und k. Die Annahme an die Irreduzibilität der Matrix A impliziert mit der Setzung

$$k_0 = j$$

die Existenz der folgenden Mengen für $s = 1, 2, \ldots, N - 1$:

$$\mathcal{K}_s = \{k_0, k_1, \ldots, k_{s-1}\}, \quad \mathcal{J}_s = \{1 \leq k \leq N : k \notin \mathcal{K}_s\},$$
$$\text{es gibt Indizes } k_s \in \mathcal{J}_s, \quad 0 \leq m_s \leq s - 1 \quad \text{mit} \quad a_{k_{m_s}, k_s} \neq 0.$$

Es gilt dann schließlich $\mathcal{K}_{N-1} = \{1, 2, \ldots, N\}$ und somit $k = k_{s_0} =: j_0$ für einen Wert $s_0 \leq N - 1$. Nach Konstruktion gilt dann

$$a_{j_1,j_0} \neq 0 \quad \text{für} \quad j_1 := k_{s_1} \quad \text{mit} \quad s_1 := m_{s_0} \leq s_0 - 1,$$
$$a_{j_2,j_1} \neq 0 \quad \text{für} \quad j_2 := k_{s_2} \quad \text{mit} \quad s_2 := m_{s_1} \leq s_1 - 1,$$
$$\vdots \quad\quad\quad \vdots \quad\quad\quad \vdots$$
$$a_{j_M,j_{M-1}} \neq 0 \quad \text{für} \quad j_M := k_{s_M} \quad \text{mit} \quad s_M := m_{s_{M-1}} \leq s_{M-1} - 1.$$

Hierbei ist die Zahl M so gewählt, dass $s_M = 0$ gilt. (Eine solche Zahl existiert aufgrund der Eigenschaft $s_0 > s_1 > \ldots$.) Es gilt also $j_M = j$, und eine verbindende Kette für die Indizes j und k ist damit konstruiert.

Lösung zu Aufgabe 10.5.

(a) Für einen Eigenwert $\lambda \in \mathbb{C}$ betrachte man einen zugehörigen Eigenvektor $0 \neq x \in \mathbb{C}^N$. Es gilt also $Ax = \lambda x$ beziehungsweise in Komponentenschreibweise

$$(\lambda - a_{jj})x_j = \sum_{\substack{k=1 \\ k \neq j}}^{N} a_{jk} x_k \tag{L-10.1}$$

für $j = 1, 2, \ldots, N$. Im Folgenden betrachten wir einen Index j mit der Eigenschaft $|x_j| = \|x\|_\infty$. Aus (L-10.1) erhält man dann

$$|\lambda - a_{jj}| \leq \sum_{\substack{k=1 \\ k \neq j}}^{N} |a_{jk}| \underbrace{\frac{|x_k|}{|x_j|}}_{\leq 1} \leq \sum_{\substack{k=1 \\ k \neq j}}^{N} |a_{jk}| \overset{(*)}{\leq} a_{jj}, \tag{L-10.2}$$

wobei in die Abschätzung $(*)$ die Diagonaldominanz der Matrix A sowie die Eigenschaft $a_{jj} \geq 0$ eingeht. Die Abschätzung (L-10.2) lautet in Kurzform $|\lambda - a_{jj}| \leq a_{jj}$ und bedeutet, dass die komplexe Zahl λ in dem abgeschlossen Kreis um den Punkt a_{jj} mit Radius $r = a_{jj}$ liegt. Daraus resultiert $\text{Re}\,\lambda \geq 0$, und im Fall $\text{Re}\,\lambda = 0$ bliebe nur $\lambda = 0$ übrig. Letzteres kann aber nicht eintreten, da die Matrix A nach Annahme irreduzibel diagonaldominant ist und damit nach Theorem 10.16 in [26] regulär ist, es gilt also $\text{Re}\,\lambda > 0$.

(b) Bei symmetrischen Matrizen A sind alle Eigenwerte reell, die Lösung zu diesem Teil der Aufgabe folgt damit unmittelbar aus Teil (a) zu der vorliegenden Aufgabe.

Lösung zu Aufgabe 10.6. Nach Annahme sind die Diagonalmatrizen D und $\widehat{D}$ regulär und es gilt

$$0 \leq \widehat{D}^{-1} \leq D^{-1}, \quad 0 \leq -(\widehat{L} + \widehat{R}) \leq -(L + R).$$

Daraus resultiert unmittelbar $0 \leq -\widehat{D}^{-1}(\widehat{L}+\widehat{R}) \leq -D^{-1}(L+R)$, und Theorem 9.16 in [26] liefert

$$r_\sigma(\widehat{D}^{-1}(\widehat{L}+\widehat{R})) \leq r_\sigma(D^{-1}(L+R)) < 1.$$

Der erste Teil von Theorem 10.33 in [26] zeigt nun, dass $\widehat{A}$ eine M-Matrix ist. Die Ungleichung $0 < \widehat{A}^{-1} \leq A^{-1}$ resultiert aus der in dem gleichen Theorem angegebenen neumannschen Reihenentwicklung für M-Matrizen, denn es gilt

$$0 \leq (-\widehat{D}^{-1}(\widehat{L} + \widehat{R}))^\nu \widehat{D}^{-1} \leq (-D^{-1}(L + R))^\nu D^{-1} \quad \text{für} \quad \nu = 0, 1, \ldots.$$

Lösung zu Aufgabe 10.7.

(i) $\iff$ (ii): Diese Äquivalenz ergibt sich unmittelbar aus Aufgabe 10.6, denn für jede reelle positive Zahl s sind die Diagonaleinträge der Matrix $A + sI$ jeweils (also komponentenweise verglichen) größer als die Diagonaleinträge der Matrix A, und die Nichtdiagonaleinträge der Matrizen $A + sI$ und A stimmen jeweils überein.

(i) $\iff$ (iii): Für den Nachweis der Implikation "$\Longrightarrow$" leistet für eine beliebige Zahl $s \geq \max_{k=1,\ldots,N} a_{kk}$ die Matrix $B := sI - A$ das Gewünschte: Es gilt $B \geq 0$, und wegen der inversen Monotonie der Matrix $A = sI - B$ gilt nach Theorem 9.17 in [26] die Ungleichung $s > r_\sigma(B)$. Die Implikation "$\Longleftarrow$" erhält man ebenfalls mit Theorem 9.17 in [26].

(iii) $\Longrightarrow$ (iv): Wegen der Nichtnegativität der Matrix B sind die Nichtdiagonaleinträge der Matrix A nichtpositiv. Sei nun die Zahl λ ein Eigenwert der Matrix A. Dann gilt $s - \lambda \in \sigma(B)$ und damit notwendigerweise auch $\text{Re}\,\lambda > 0$. Im Fall $\text{Re}\,\lambda \leq 0$ wäre nämlich

$$\text{Re}(s - \lambda) = s - \text{Re}\,\lambda \geq s > r_\sigma(B)$$

im Widerspruch zu der Eigenschaft $s - \lambda \in \sigma(B)$.

(iv) $\Longrightarrow$ (iii): Hier betrachte man eine beliebige reelle Zahl s mit $s \geq \max_{k=1,\ldots,N} |a_{kk}|$ und die Matrix $B := sI - A$. Dann gilt $B \geq 0$ und trivialerweise auch $A = sI - B$. Angenommen, es wäre $s \leq r_\sigma(B)$. Wegen $r_\sigma(B) \in \sigma(B)$ (dies erhält man mit dem Satz von Perron) wäre dann $\lambda = s - r_\sigma(B)$ ein Eigenwert der Matrix A und außerdem $\lambda \leq 0$ im Widerspruch zur Annahme. Also gilt $s > r_\sigma(B)$.

Lösung zu Aufgabe 10.8.

(a) Mit der vorgegebenen Diskretisierung erhält man das lineare Gleichungssystem $Av = b$ mit der Systemmatrix

$$A = \frac{1}{h^2} \begin{pmatrix} 2 & -(1 - \frac{h}{2}p_1) & & & & \\ -(1 + \frac{h}{2}p_2) & 2 & -(1 - \frac{h}{2}p_2) & & & \\ & -(1 + \frac{h}{2}p_3) & \ddots & \ddots & & \\ & & \ddots & 2 & -(1 - \frac{h}{2}p_{N-2}) \\ & & & -(1 + \frac{h}{2}p_{N-1}) & 2 \end{pmatrix},$$

wobei $p_j = \frac{1}{1+x_j}$ für $j = 1, 2, \ldots, N-1$ gilt. Die Matrix $A = (a_{jk})$ ist eine M-Matrix, denn

- es gilt $a_{jk} \leq 0$ für alle Indizes j und k mit $j \neq k$,

Lösungen

- und außerdem ist A irreduzibel diagonaldominant:

$$|1 + \tfrac{h}{2}p_j| + |1 - \tfrac{h}{2}p_j| = 2 \quad \text{für } j = 2, 3, \ldots, N-2,$$

und

$$0 \neq |1 - \tfrac{h}{2}p_1| \leq 1 + \tfrac{h}{2}p_1 < 2, \qquad 0 \neq |1 - \tfrac{h}{2}p_{N-1}| \leq 1 + \tfrac{h}{2}p_{N-1} < 2.$$

(b) Die Funktion θ löst tatsächlich das gegebene Randwertproblem für den Spezialfall $\varphi(x) \equiv 1$, wie die nachfolgenden Rechnungen zeigen.

- Die Randbedingungen sind erfüllt:

$$\theta(0) = 0 + 0 = 0, \qquad \theta(1) = -\tfrac{4}{2}\ln 2 + \tfrac{2}{3} 3\ln 2 = 0.$$

- Die Funktion θ ist auf dem Intervall $[0,1]$ beliebig oft differenzierbar; die ersten beiden Ableitungen berechnen sich wie folgt:

$$\theta'(x) = -(1+x)\ln(1+x) - \frac{1+x}{2} + \tfrac{4}{3}(\ln 2)(x+1)$$
$$= -(1+x)\ln(1+x) + \underbrace{(\tfrac{4}{3}\ln 2 - \tfrac{1}{2})}_{=:\,a}(x+1),$$
$$\theta''(x) = -\ln(1+x) - 1 + a.$$

Daraus ergibt sich

$$-\theta''(x) + \frac{1}{1+x}\theta'(x) = \ln(1+x) + 1 - a - \ln(1+x) + a = 1 \quad \text{für } 0 < x < 1,$$

die Funktion θ löst also tatsächlich das gegebene Randwertproblem für den Spezialfall $\varphi(x) \equiv 1$.

Wegen der gültigen Abschätzungen (siehe Lemma 9.6 in [26])

$$\left| \frac{\theta(x+h) - \theta(x-h)}{2h} - \theta'(x) \right| \leq \|\theta^{(3)}\|_\infty \frac{h^2}{6}, \qquad \text{(L-10.3)}$$

$$\left| \frac{\theta(x+h) - 2\theta(x) + \theta(x+h)}{h^2} - \theta''(x) \right| \leq \|\theta^{(4)}\|_\infty \frac{h^2}{12} \qquad \text{(L-10.4)}$$

sowie $\theta^{(3)}(x) = -1/(1+x)$, $\theta^{(4)}(x) = 1/(1+x)^2$ und damit $\|\theta^{(3)}\|_\infty = \|\theta^{(4)}\|_\infty = 1$ erhält man die Abschätzungen

$$\|Av - e\|_\infty \leq \frac{h^2}{12} + \frac{h^2}{6} = \frac{h^2}{4}.$$

(c) Mit Teil (b) erhält man für eine beliebig gewählte Zahl $0 < h_0 < 2$ die Ungleichung $Av \geq (1 - h_0^2/4)e$ für $0 < h \leq h_0$, und Teil (a) impliziert dann

$$0 \leq A^{-1}e \leq (1 - h_0^2/4)^{-1} v \quad \text{für } 0 < h \leq h_0.$$

Für beliebige Vektoren $z \in \mathbb{R}^N$ gilt deshalb

$$|(A^{-1}z)_j| \leq (A^{-1}|z|)_j \leq (A^{-1}\mathbf{e})_j \|z\|_\infty \leq (1 - h_0^2/4)^{-1} \|v\|_\infty \cdot \|z\|_\infty$$
$$\leq (1 - h_0^2/4)^{-1} \|\theta\|_\infty \cdot \|v\|_\infty \quad \text{für } j = 1, 2, \ldots, N \quad (0 < h \leq h_0).$$

Damit stellt die Zahl $(1 - h_0^2/4)^{-1} \|\theta\|_\infty$ eine von h unabhängige obere Schranke für die Norm $\|A^{-1}\|_\infty$ dar. Es ist noch eine konkrete Schranke M anzugeben. Die Funktion $x \mapsto (1+x)^2 \ln(1+x)/2$ ist monoton fallend und die Funktion $x \mapsto \frac{2}{3}(x^2+2x)\ln 2$ monoton steigend auf dem Intervall $[0, 1]$, und beide Funktionen nehmen in $x = 0$ den Wert 0 an. Daher gilt

$$\max_{0 \leq x \leq 1} |\theta(x)| \leq 2\ln 2 + \tfrac{2}{3} 3 \ln 2 = 4 \ln 2$$

und damit

$$\|A^{-1}\|_\infty \leq 4(1 - h_0^2/4)^{-1} \ln 2 =: M \quad (0 < h \leq h_0).$$

(d) Im Fall $\varphi \in C^2[0, 1]$ gilt für die Lösung u des betrachteten Randwertproblems $u \in C^4[0, 1]$. Mit den Bezeichnungen $z_j = u(x_j)$ für $j = 1, 2, \ldots, N-1$ und $z = (z_j)_{j=1}^{N-1}$ erhält man für die Lösung des Gleichungssystems $Av = b$ Folgendes,

$$\|z - v\|_\infty = \|A^{-1}(Az - b)\|_\infty \leq M \|Az - b\|_\infty \stackrel{(*)}{=} \mathcal{O}(h^2) \quad \text{für } h \to 0,$$

wobei $(*)$ aus den beiden Abschätzungen (L-10.3) und (L-10.4) (mit θ ersetzt durch u) folgt.

Lösung zu Aufgabe 10.9. Mit der üblichen Zerlegung $A = D + L + R$ in Diagonal- sowie linken und rechten Anteil ist

$$A = \overbrace{\tfrac{1}{\omega}(D + \omega L)}^{=: B_\omega} - \overbrace{\tfrac{1}{\omega}[(1-\omega)D - \omega R]}^{=: P_\omega}$$

eine reguläre Zerlegung[1] der Matrix A für jede Wahl des Parameters $\omega \in (0, 1]$. Da

$$P_\omega = \frac{1-\omega}{\omega} D - R$$

und $D \geq 0$ gilt sowie $(1 - \omega)/\omega$ eine auf dem Intervall $(0, 1]$ monoton fallende Funktion in ω darstellt, gilt

$$0 \leq P_{\omega_2} \leq P_{\omega_1} \quad \text{für } 0 < \omega_1 \leq \omega_2 \leq 1.$$

Aufgrund der Identität

$$\mathcal{H}(\omega) = B_\omega^{-1} P_\omega \quad \text{für } 0 < \omega \leq 1$$

und mit Aufgabe 9.7 erhält man dann schließlich die Lösung zu dieser Aufgabe.

---
[1] Die Definition hierzu finden Sie auf Seite 52.

Lösung zu Aufgabe 10.10.

(a) Im Folgenden betrachten wir für
$$\gamma := \inf_{x \in [a,b]} r(x)$$
die Matrix $A - \gamma I$. Diese besitzt wegen der ersten in der Aufgabenstellung angegebenen Bedingung negative beziehungsweise verschwindende Nebendiagonaleinträge, und die zweite Bedingung in der Aufgabenstellung impliziert
$$\min\{\operatorname{Re}\lambda : \lambda \in \sigma(A - \gamma I)\} = \min\{\operatorname{Re}\lambda : \lambda \in \sigma(A)\} - \gamma > 0.$$
Damit ist nach Aufgabe 10.7 $A - \gamma I$ eine M-Matrix, und wegen $D \geq -\gamma I$ ist dann aber nach Aufgabe 10.6 tatsächlich auch $A + D$ eine M-Matrix.

(b) Die Matrix
$$A = \frac{1}{h^2}\begin{pmatrix} 2 & -1 & & \\ -1 & \ddots & \ddots & \\ & \ddots & \ddots & -1 \\ & & -1 & 2 \end{pmatrix} \in \mathbb{R}^{(N-1)\times(N-1)}$$
hat bekanntermaßen die Eigenwerte (siehe Lemma 9.12 in [26])
$$\lambda_k = \frac{2}{h^2}\left(1 - \cos\left(\frac{k\pi}{N}\right)\right) \quad \text{für} \quad k = 1, 2, \ldots, N-1.$$
Nun gilt
$$\cos x = 1 - \frac{x^2}{2!} + \frac{x^4}{4!} - \cos(\theta x)\frac{x^6}{6!} \leq 1 - \frac{x^2}{2} + \frac{x^4}{24} \quad \text{für} \quad |x| \leq \frac{\pi}{2}$$
mit einer Zahl $0 \leq \theta \leq 1$, und damit gilt
$$\min\{\operatorname{Re}\lambda : \lambda \in \sigma(A - \gamma I)\} = \frac{2}{h^2}\left(1 - \cos\left(\frac{\pi h}{b-a}\right)\right)$$
$$\geq \frac{2}{h^2}\left[\frac{1}{2}\left(\frac{\pi h}{b-a}\right)^2 - \frac{1}{24}\left(\frac{\pi h}{b-a}\right)^4\right] = \left(\frac{\pi}{b-a}\right)^2 - \frac{h^2}{12}\left(\frac{\pi}{b-a}\right)^4,$$
und Teil (a) dieser Aufgabe liefert nun die Lösung zu dem vorliegenden Teil (b).

Lösung zu Aufgabe 10.11.

(i) Die Matrix $A = (a_{jk})$ ist irreduzibel diagonaldominant mit $a_{jk} \leq 0$ für alle Indizes j und k mit $j \neq k$, und zudem gilt $a_{jj} > 0$ für $j = 1, 2, \ldots, N-1$. Nach den Theoremen 10.19 und 10.33 in [26] ist also A eine M-Matrix.

(ii) Es ist die Matrix A symmetrisch mit den Eigenwerten (siehe wieder Lemma 9.12 in [26])
$$\lambda_k = \frac{1}{h^2}\left(2 - 2\cos\left(\frac{k\pi}{N}\right)\right) > 0 \quad \text{für} \quad k = 1, 2, \ldots, N-1,$$
demnach ist A positiv definit.

(iii) Die Matrix

$$I - D^{-1}A = \begin{pmatrix} 0 & 1/2 & & \\ 1/2 & \ddots & \ddots & \\ & \ddots & \ddots & 1/2 \\ & & 1/2 & 0 \end{pmatrix} \in \mathbb{R}^{(N-1)\times(N-1)}$$

hat die Eigenwerte (siehe wieder Lemma 9.12 in [26])

$$\lambda_k = \cos(k\pi h) \quad \text{für} \quad k = 1, 2, \ldots, N-1$$

und besitzt demnach den Spektralradius $r_\sigma(I - D^{-1}A) = \cos(\pi h) \approx 1$.

(iv) Die Matrix A ist konsistent geordnet, demnach gilt

$$r_\sigma(\mathcal{H}(1)) = (r_\sigma(I - D^{-1}A))^2 = \cos^2(\pi h).$$

Schließlich ist

$$\omega_* = \frac{2}{1 + \sqrt{1 - \cos^2(\pi h)}} = \frac{2}{1 + \sin(\pi h)} \approx 2$$

sowie

$$r_\sigma(\mathcal{H}(\omega_*)) = \omega_* - 1 = \frac{1 - \sin^2(\pi h)}{1 + \sin(\pi h)} \approx 1.$$

Lösung zu Aufgabe 10.12. In der Zerlegung $A = D + L + R$ in Diagonal- sowie unteren und oberen Anteil verschwindet für untere Dreiecksmatrizen A der obere Anteil, $R = 0$, und damit ist die Matrix

$$\mathcal{J}(\alpha) = \alpha D^{-1}L + \alpha^{-1}D^{-1}R = \alpha D^{-1}L \in \mathbb{C}^{N \times N}$$

eine strikte untere Dreiecksmatrix. Ganz analog ist für reguläre obere Dreiecksmatrizen A die Matrix $\mathcal{J}(\alpha)$ eine strikte obere Dreiecksmatrix. In jedem der beiden Fälle gilt also

$$\sigma(\mathcal{J}(\alpha)) = \{0\}.$$

Damit ist insbesondere die Menge der Eigenwerte von $\mathcal{J}(\alpha)$ unabhängig von der speziellen Wahl $\alpha \in \mathbb{C}\setminus\{0\}$ und daher die reguläre Dreiecksmatrix A tatsächlich konsistent geordnet.

Lösung zu Aufgabe 10.13. Die Zerlegung der Matrix $A = \widehat{D} + \widehat{L} + \widehat{R}$ in Diagonal-, unteren und oberen Anteil besitzt hier die spezielle Form

$$\widehat{D} = \begin{pmatrix} D & & \\ & D & \\ & & \ddots \\ & & & D \end{pmatrix},$$

$$\widehat{L} = \begin{pmatrix} L & & & & \\ a_1 D & L & & & \\ & a_2 D & \ddots & & \\ & & \ddots & \ddots & \\ & & & a_{M-1} D & L \end{pmatrix}, \quad \widehat{R} = \begin{pmatrix} R & b_1 D & & & \\ & R & b_2 D & & \\ & & \ddots & \ddots & \\ & & & \ddots & b_{M-1} D \\ & & & & R \end{pmatrix}.$$

Für die Untersuchung der konsistenten Ordnung betrachtet man dann die Matrix

$$\widehat{\mathcal{J}}(\alpha) = \alpha \widehat{D}^{-1} \widehat{L} + \alpha^{-1} \widehat{D}^{-1} \widehat{R}$$

$$= \begin{pmatrix} \mathcal{J}(\alpha) & \alpha^{-1} b_1 I & & & \\ \alpha a_1 I & \mathcal{J}(\alpha) & \alpha^{-1} b_2 I & & \\ & \alpha a_2 I & \ddots & \ddots & \\ & & \ddots & \ddots & \\ & & & \ddots & \alpha^{-1} b_{M-1} I \\ & & & \alpha a_{M-1} I & \mathcal{J}(\alpha) \end{pmatrix}$$

und die Transformationsmatrix

$$\widehat{S}_\alpha = \begin{pmatrix} \alpha^0 S_\alpha & & & \\ & \alpha^1 S_\alpha & & \\ & & \ddots & \\ & & & \alpha^{M-1} S_\alpha \end{pmatrix}.$$

Man berechnet dann

$$\widehat{S}_\alpha \widehat{\mathcal{J}}(1) = \begin{pmatrix} \alpha^0 S_\alpha \mathcal{J}(1) & \alpha^0 b_1 S_\alpha & & & \\ \alpha^1 a_1 S_\alpha & \alpha^1 S_\alpha \mathcal{J}(1) & \alpha^1 b_2 S_\alpha & & \\ & \alpha^2 a_2 S_\alpha & \ddots & \ddots & \\ & & \ddots & \ddots & \\ & & & \ddots & \alpha^{M-2} b_{M-1} S_\alpha \\ & & & \alpha^{M-1} a_{M-1} S_\alpha & \alpha^{M-1} S_\alpha \mathcal{J}(1) \end{pmatrix}$$

und anschließend

$$\widehat{S}_\alpha \widehat{\mathcal{J}}(1)\widehat{S}_\alpha^{-1} = \begin{pmatrix} S_\alpha \mathcal{J}(1)S_\alpha^{-1} & \alpha^{-1}b_1 I & & & & \\ \alpha a_1 I & S_\alpha \mathcal{J}(1)S_\alpha^{-1} & \alpha^{-1}b_2 I & & & \\ & \alpha a_2 I & \ddots & \ddots & & \\ & & \ddots & \ddots & & \\ & & & \ddots & & \alpha^{-1}b_{M-1}I \\ & & & & \alpha a_{M-1}I & S_\alpha \mathcal{J}(1)S_\alpha^{-1} \end{pmatrix}.$$

Damit gilt $\widehat{S}_\alpha \widehat{\mathcal{J}}(1)\widehat{S}_\alpha^{-1} = \widehat{\mathcal{J}}(\alpha)$, die Matrix A ist demnach konsistent geordnet.

Lösung zu Aufgabe 10.14.

(a) Es ist

$$\begin{aligned}\mathcal{H}(\omega) &= (D+\omega L)^{-1}[(1-\omega)D - \omega R] \\ &= (I+\omega D^{-1}L)^{-1}D^{-1}[(1-\omega)D - \omega R]\end{aligned}$$

und damit
$$\begin{aligned}\det(\lambda I - \mathcal{H}(\omega)) &= \det\bigl(\overbrace{(I+\omega D^{-1}L)}^{\det\,=\,1}(\lambda I - \mathcal{H}(\omega))\bigr) \\ &= \det\bigl(\lambda I + \lambda\omega D^{-1}L - D^{-1}[(1-\omega)D - \omega R]\bigr) \\ &= \det\bigl((\lambda+\omega-1)I - \omega(\lambda D^{-1}L - D^{-1}R)\bigr) \\ &= \det\bigl((\lambda+\omega-1)I - \omega\lambda^{(p-1)/p}(\nu D^{-1}L - \nu^{-(p-1)}D^{-1}R)\bigr)\end{aligned}$$

mit der Wahl $\nu = \lambda^{1/p}$. Im Fall $\lambda \neq 0$ führt dies auf

$$\det(\lambda I - \mathcal{H}(\omega)) = \det\Bigl(\omega\lambda^{(p-1)/p}\Bigl(\frac{\lambda+\omega-1}{\omega\lambda^{(p-1)/p}}I - \mathcal{J}(\nu)\Bigr)\Bigr),$$

und mit der angenommenen Unabhängigkeit der Menge der Eigenwerte der Matrizen $\mathcal{J}(\nu)$ von dem Parameter ν erhält man nun die Äquivalenz

$$\det(\lambda I - \mathcal{H}(\omega)) = 0 \iff \det\Bigl(\frac{\lambda+\omega-1}{\omega\lambda^{(p-1)/p}}I - \underbrace{(I-D^{-1}A)}_{\mathcal{J}(1)}\Bigr) = 0.$$

(i) Ist $\lambda = 0$ Lösung der Gleichung (10.3), so ist notwendigerweise $\omega = 1$, und wegen $\mathcal{H}(1) = -(D+L)^{-1}R$ gilt dann $\lambda = 0 \in \sigma(\mathcal{H}(1))$ (denn das lineare Gleichungssystem $Rx = 0$ besitzt eine nichttriviale Lösung.)

(ii) Im anderen Fall $\lambda \neq 0$ ist die Situation klar: es gilt $\lambda \in \sigma(\mathcal{H}(\omega))$ genau dann, wenn $\mu = (\lambda+\omega-1)/\omega\lambda^{(p-1)/p} \in \sigma(I-D^{-1}A)$ gilt.

(b) Im Fall $\omega = 1$ geht die Gleichung (10.3) über in die Gleichung $\lambda^p = \lambda^{p-1}\mu^p$ beziehungsweise $\lambda = \mu^p$ (falls $\lambda \neq 0$), und die Aussage in diesem Teil der Aufgabe ergibt sich dann unmittelbar.

(c) Mit der Transformationsmatrix $S_\alpha = \mathrm{diag}(\alpha^0 I_1, \alpha^1 I_2, \ldots, \alpha^{M-1} I_M)$ von Diagonalgestalt erhält man die Ähnlichkeit der Matrizen $\mathcal{J}(1)$ und $\mathcal{J}(\alpha)$:

$$S_\alpha \mathcal{J}(1) S_\alpha^{-1} =$$

$$= \begin{pmatrix} 0 & 0 & \cdots & & \cdots & 0 & A_{11}^{-1} A_{1M} \\ \alpha A_{22}^{-1} A_{21} & 0 & 0 & & & & 0 \\ 0 & \alpha^2 A_{33}^{-1} A_{32} & 0 & & \ddots & & 0 \\ 0 & \ddots & \ddots & \ddots & & \ddots & \vdots \\ \vdots & & 0 & \alpha^{M-2} A_{M-1,M-1}^{-1} A_{M-1,M-2} & 0 & & 0 \\ 0 & \cdots & \cdots & & 0 & \alpha^{M-1} A_{M,M}^{-1} A_{M,M-1} & 0 \end{pmatrix} S_\alpha^{-1}$$

$$= \begin{pmatrix} 0 & 0 & \cdots & & \cdots & 0 & \alpha^{-(M-1)} A_{11}^{-1} A_{1M} \\ \alpha A_{22}^{-1} A_{21} & 0 & 0 & & & & 0 \\ 0 & \alpha A_{33}^{-1} A_{32} & 0 & & \ddots & & 0 \\ 0 & \ddots & \ddots & \ddots & & \ddots & \vdots \\ \vdots & & 0 & \alpha A_{M-1,M-1}^{-1} A_{M-1,M-2} & 0 & & 0 \\ 0 & \cdots & \cdots & & 0 & \alpha A_{M,M}^{-1} A_{M,M-1} & 0 \end{pmatrix}$$

$$= \mathcal{J}(\alpha).$$

Lösung zu Aufgabe 10.15. Hier sind nur die numerischen Ergebnisse für den Fall $N = 200$ angegeben. Sie sehen folgendermaßen aus:

ω	Anzahl Iterationen n	$\|x^{(n)} - x^{(n-1)}\|_\infty$	$\max\limits_{j=1,\ldots,N-1} |x_j^{(n)} - u(z_j)|$
0.1	2000	1.17923e−05	1.95169e−02
0.2	2000	2.26469e−05	1.81992e−02
0.3	2000	3.34807e−05	1.71494e−02
0.4	2000	4.46236e−05	1.62188e−02
0.5	2000	5.63158e−05	1.53484e−02
0.6	2000	6.87520e−05	1.45057e−02
0.7	2000	8.20550e−05	1.36684e−02
0.8	2000	9.62224e−05	1.28187e−02
0.9	2000	1.11136e−04	1.19400e−02
1.0	2000	1.26566e−04	1.10157e−02
1.1	2000	1.42147e−04	1.00277e−02
1.2	2000	1.57235e−04	8.95621e−03
1.3	2000	1.70625e−04	7.77967e−03
1.4	2000	1.80087e−04	6.47609e−03
1.5	2000	1.81569e−04	5.03003e−03
1.6	2000	1.68136e−04	3.45422e−03
1.7	2000	1.29671e−04	1.84898e−03
1.8	2000	6.08328e−05	5.27825e−04
1.9	1671	9.97165e−06	3.65800e−05
2.0	2000	4.07149e−02	4.51215e−02
2.1	2000	2.58146e+164	3.52190e+164

11 Verfahren der konjugierten Gradienten, und GMRES-Verfahren – Lösungen

Lösung zu Aufgabe 11.1. Nach Lemma 11.31 in [26] gilt $x_* \in \mathcal{K}_{n_*}(A,b)$, und die Matrix A ist, aufgefasst als Abbildung $A : \mathcal{K}_{n_*}(A,b) \to \mathcal{K}_{n_*}(A,b)$, symmetrisch bezüglich des inneren Produkts $\langle \cdot, \cdot \rangle_2$. Daher besitzt $\mathcal{K}_{n_*}(A,b)$ eine Basis bestehend aus Eigenvektoren der Abbildung $A : \mathcal{K}_{n_*}(A,b) \to \mathcal{K}_{n_*}(A,b)$.

Lösung zu Aufgabe 11.2. Elementare Rechnungen zeigen

$$\mathcal{J}(x+h) = \tfrac{1}{2} x^\top A x + h^\top A x + \tfrac{1}{2} h^\top A h - x^\top b - h^\top b$$

$$= \mathcal{J}(x) + (Ax - b)^\top h + \tfrac{1}{2} \overbrace{h^\top A h}^{= \mathcal{O}(h^2)},$$

so dass der Zeilenvektor $(Ax - b)^\top$ die Jacobi-Matrix der reellwertigen Funktion $\mathcal{J}$ und damit $Ax - b \in \mathbb{R}^N$ der Gradient von $\mathcal{J}$ ist.

Lösung zu Aufgabe 11.3.
(a) Für die Iterierten des Verfahrens der konjugierten Gradienten gilt $x_n \in \mathcal{K}_n(A,b)$ mit

$$\mathcal{K}_n(A,b) = \operatorname{span}\{b, Ab, \ldots, A^{n-1}b\} = \left\{ \sum_{k=0}^{n-1} c_k A^k b : c_0, c_1, \ldots, c_{n-1} \in \mathbb{R} \right\}$$

$$= \{q_n(A) b : q_n \in \Pi_{n-1}\} \subset \mathbb{R}^N \quad \text{für } n = 0, 1, \ldots, n_*,$$

wobei die erste Identität per Definition gilt und die beiden anderen Identitäten offensichtlich richtig sind. Damit gelten die in der Aufgabenstellung angegebenen beiden Darstellungen $x_n = q_n(A) b$ für ein Polynom $q_n \in \Pi_{n-1}$ beziehungsweise für $r_n = A x_n - b = A q_n(A) b - b = -p_n(A) b$ mit dem Polynom $p_n = 1 - t q_n \in \Pi_{n-1}$.
(b) Die Iterierte $x_n \in \mathbb{R}^N$ des Verfahrens der konjugierten Gradienten genügt per Definition den beiden Bedingungen

$$x_n \in \mathcal{K}_n(A,b), \quad A x_n - b \in \mathcal{K}_n(A,b)^\perp \quad \text{für } n = 0, 1, \ldots, n_*.$$

Der Ansatz $x_n = \sum_{k=0}^{n-1} c_k A^k b$ mit den Unbekannten $c_0, c_1, \ldots, c_{n-1} \in \mathbb{R}$ und Verwendung der Basis $b, Ab, \ldots, A^{n-1}b$ für das Überprüfen der Eigenschaft $A x_n - b \in \mathcal{K}_n(A,b)^\perp$ führt auf die Bedingungen

$$\left(A \Big[\sum_{k=0}^{n-1} c_k A^k b \Big] \right)^\top A^j b = \sum_{k=0}^{n-1} b^\top A^{j+k+1} b \stackrel{!}{=} b^\top A^j b \quad \text{für } j = 0, 1, \ldots, n-1,$$

was mit dem in der Aufgabenstellung angegebenen linearen Gleichungssystem übereinstimmt.

Lösung zu Aufgabe 11.4.

(i) Im Fall $n \geq 1$ gilt $d_n = -r_n + \beta_{n-1}d_{n-1}$ und damit

$$r_n^\top d_n = -r_n^\top r_n + \beta_{n-1}\underbrace{r_n^\top d_{n-1}}_{=0} = -\|r_n\|_2^2.$$

Außerdem gilt $d_0 = -r_0$ und damit trivialerweise $r_0^\top d_0 = -\|r_0\|_2^2$.

(ii) Diese zweite Identität weist man mittels vollständiger Induktion über n nach. Die Aussage ist im Fall $n = 0$ trivialerweise richtig, und im Folgenden nehmen wir an, dass für einen Index n mit $1 \leq n \leq n_* - 1$ die Identität

$$d_{n-1} = -\|r_{n-1}\|_2^2 \sum_{k=0}^{n-1} \frac{r_k}{\|r_k\|_2^2}$$

gilt. Dann erhält man

$$d_n = -r_n + \beta_{n-1}d_{n-1} = -r_n - \overbrace{\frac{\|r_n\|_2^2}{\|r_{n-1}\|_2^2}}^{=\beta_{n-1}} \overbrace{\|r_{n-1}\|_2^2 \sum_{k=0}^{n-1} \frac{r_k}{\|r_k\|_2^2}}^{=-d_{n-1}}$$

$$= -\|r_n\|_2^2 \frac{r_n}{\|r_n\|_2^2} - \|r_n\|_2^2 \sum_{k=0}^{n-1} \frac{r_k}{\|r_k\|_2^2} = -\|r_n\|_2^2 \sum_{k=0}^{n} \frac{r_k}{\|r_k\|_2^2}.$$

(iii) Eine Anwendung von Teil (ii) dieser Aufgabe liefert

$$\|d_n\|_2^2 = d_n^\top d_n = \left\langle \|r_n\|_2^2 \sum_{j=0}^{n} \frac{r_j}{\|r_j\|_2^2},\, \|r_n\|_2^2 \sum_{k=0}^{n} \frac{r_k}{\|r_k\|_2^2} \right\rangle_2$$

$$= \|r_n\|_2^4 \sum_{j,k=0}^{n} \left\{ \frac{1}{\|r_j\|_2^2 \|r_k\|_2^2} \underbrace{r_j^\top r_k}_{=\,0\text{ für }j \neq k} \right\} = \|r_n\|_2^2 \sum_{k=0}^{n} \frac{r_k^\top r_k}{\|r_k\|_2^4}$$

$$= \|r_n\|_2^2 \sum_{k=0}^{n} \frac{1}{\|r_k\|_2^2},$$

wobei noch die paarweise Orthogonalität der auftretenden Residuen verwendet wurde.

(iv) Der Nachweis wird für fixierten Index k mit vollständiger Induktion über $n = k, k+1, \ldots, n_*$ geführt. Für $n = k$ liegt offensichtlich Gleichheit vor. Im Folgenden sei die Identität für einen Index n mit $k \leq n \leq n_* - 1$ erfüllt. Wegen der Eigenschaft $r_{n+1} \in \mathcal{K}_n(A,b)^\perp$ gilt insbesondere $r_{n+1}^\top d_k = 0$. Außerdem gilt nach Definition $\beta_n = \|r_{n+1}\|_2^2 / \|r_n^2\|_2$, und so ergibt sich

$$d_{n+1}^\top d_k = (-r_{n+1} + \beta_n d_n)^\top d_k = 0 + \frac{\|r_{n+1}\|_2^2}{\|r_n\|_2^2} d_n^\top d_k$$

$$\stackrel{(*)}{=} \frac{\|r_{n+1}\|_2^2}{\|r_n\|_2^2} \frac{\|r_n\|_2^2}{\|r_k\|_2^2} \|d_k\|_2^2 = \frac{\|r_{n+1}\|_2^2}{\|r_k\|_2^2} \|d_k\|_2^2,$$

wobei die Identität $(*)$ aus der Induktionsannahme resultiert.

(v) Es gilt offensichtlich $x_{n+1} - x_0 = x_n - x_0 + \alpha_n d_n$ und daher

$$\|x_{n+1} - x_0\|_2^2 = \|x_n - x_0 + \alpha_n d_n\|_2^2$$
$$= \|x_n - x_0\|_2^2 + 2\alpha_n (x_n - x_0)^\top d_n + \overbrace{\alpha_n^2 \|d_n\|_2^2}^{\geq 0}$$
$$\geq \text{«} \qquad .\qquad \text{(L-11.1)}$$

Zur Abschätzung des verbliebenen inneren Produktes verwendet man die Darstellung $x_n - x_0 = \sum_{k=0}^{n-1} \alpha_k d_k$ und erhält

$$(x_n - x_0)^\top d_n = \sum_{k=0}^{n-1} \alpha_k d_k^\top d_n \stackrel{(*)}{=} \sum_{k=0}^{n-1} \alpha_k \frac{\|r_n\|_2^2}{\|r_k\|_2^2} \|d_k\|_2^2 \geq 0, \qquad \text{(L-11.2)}$$

wobei in der Identität (∗) Teil (iv) dieser Aufgabe verwendet wurde. Aus den beiden Abschätzungen (L-11.1) und (L-11.2) erhält man schließlich die geforderte Abschätzung $\|x_{n+1} - x_0\|_2 \geq \|x_n - x_0\|_2$.

(vi) Die Lösung ergibt sich folgendermaßen:

$$\|r_n\|_2^2 \stackrel{(*)}{=} -r_n^\top d_n = (d_n - \beta_{n-1} d_{n-1})^\top d_n = \|d_n\|_2^2 - \overbrace{\beta_{n-1} d_{n-1}^\top d_n}^{\geq 0}$$
$$\stackrel{(**)}{\leq} \|d_n\|_2^2,$$

wobei die Identität (∗) und die Abschätzung (∗∗) aus Teil (i) beziehungsweise Teil (iv) zu dieser Aufgabe folgen.

Lösung zu Aufgabe 11.5. Es gilt

$$A\mathbf{e}_k = \mathbf{e}_{k+1} \quad \text{für} \quad k = 1, 2, \ldots, N-1, \quad A\mathbf{e}_N = \mathbf{e}_1, \qquad \text{(L-11.3)}$$

wobei $\mathbf{e}_j \in \mathbb{R}^N$ den j-ten Einheitsvektor bezeichnet. Damit gilt

$$\mathcal{K}_n(A, b) = \text{span}\{\mathbf{e}_1, \mathbf{e}_2, \ldots, \mathbf{e}_n\} \quad \text{für} \quad n = 1, 2, \ldots, N,$$

und zur Bestimmung der n-ten Iterierten $x_n \in \mathcal{K}_n(A, b)$ des GMRES-Verfahrens macht man nun den Ansatz $x_n = \sum_{k=1}^{n} c_k \mathbf{e}_k$. Für die Norm des zugehörigen Residuums ergibt sich dann im Fall $n \leq N-1$

$$\|Ax_n - b\|_2^2 = \left\| \sum_{k=1}^{n} c_k \mathbf{e}_{k+1} - \mathbf{e}_1 \right\|_2^2 = 1 + \sum_{k=1}^{n} c_k^2,$$

was für verschwindende Koeffizienten minimal wird und somit $x_1 = x_2 = \ldots = x_{N-1} = 0$ gilt. Da es sich bei dem GMRES-Verfahren um ein direktes Verfahren handelt, muss es dann notwendigerweise im letzten Schritt die Lösung des vorgegebenen linearen Gleichungssystems liefern.

12 Eigenwertprobleme – Lösungen

Lösung zu Aufgabe 12.1.

(a) Es genügt, die Aussage

$$\det(A) = (-1)^N \det(B) \tag{L-12.1}$$

nachzuweisen. Die Lösung zur Aufgabenstellung folgt daraus unmittelbar, indem man in den Matrizen A und B jeweils die Diagonaleinträge d_j durch $d_j - \lambda$ ersetzt für $j = 1, 2, \ldots, N$. Die Aussage (L-12.1) erhält man, indem in der Matrix A zunächst die Zeilen mit geraden Nummern und anschließend die Spalten mit ungeraden Nummern jeweils mit dem Faktor -1 multipliziert werden. Die Nummerierung der Zeilen erfolgt dabei von oben nach unten bei eins beginnend, und die Nummerierung der Spalten geschieht von links nach rechts, ebenfalls bei eins beginnend. Die resultierende Matrix sei mit $C \in \mathbb{C}^{N \times N}$ bezeichnet. Insgesamt sind im Zuge der Transformation N Zeilen und Spalten mit einem negativen Vorzeichen versehen worden, so dass sich die Determinante der resultierenden Matrix $C \in \mathbb{C}^{N \times N}$ um den Faktor $(-1)^N$ von der Zahl $\det(A)$ unterscheidet. Diese resultierende Matrix C stimmt mit der Matrix B überein, wie sich im Folgenden herausstellt. Mit der Schreibweise $A = (a_{jk})$ gilt

$$a_{j,j-1} = b_j, \quad a_{j-1,j} = c_j \quad \text{für} \quad j = 2, 3, \ldots, N,$$
$$a_{jj} = d_j \quad \text{für} \quad j = 1, 2, \ldots, N.$$

Für gerade Indizes j ist $j-1$ ungerade, und umgekehrt ist für ungerade Indizes j der Index $j-1$ gerade, so dass die Nebendiagonaleinträge $a_{j,j-1} = b_j$ beziehungsweise $a_{j-1,j} = c_j$ bei der genannten Transformation entweder nicht verändert werden oder mit $-1 \cdot (-1) = 1$ multipliziert werden und damit den ursprünglichen Wert annehmen. Die Diagonaleinträge $a_{jj} = d_j$ werden bei der genannten Transformation in jedem Fall, sowohl für gerade als auch für ungerade Werte von j, mit dem Faktor -1 multipliziert. Damit ist $C = B$ nachgewiesen.

(b) Mit der Permutationsmatrix

$$P = \begin{pmatrix} & & 1 \\ & \ddots & 1 \\ 1 & & \end{pmatrix}$$

berechnet man

$$AP = \begin{pmatrix} & & & b_2 & d_1 \\ & & \iddots & d_2 & b_2 \\ & \iddots & \iddots & \iddots & \\ b_N & d_{N-1} & \iddots & & \\ d_N & b_N & & & \end{pmatrix},$$

$$PAP = \begin{pmatrix} d_N & b_N & & & \\ b_N & d_{N-1} & \ddots & & \\ & \ddots & \ddots & \ddots & \\ & & \ddots & d_2 & b_2 \\ & & & b_2 & d_1 \end{pmatrix} = \begin{pmatrix} -d_1 & b_2 & & & \\ b_2 & -d_2 & \ddots & & \\ & \ddots & \ddots & \ddots & \\ & & \ddots & -d_{N-1} & b_N \\ & & & b_N & -d_N \end{pmatrix} =: B.$$

Die Matrix B ist aus der Matrix A durch eine Ähnlichkeitstransformation entstanden und besitzt demnach die gleichen Eigenwerte wie A. Die Aussage dieses Teils (b) der vorliegenden Aufgabe folgt nun unmittelbar aus Teil (a) dieser Aufgabe.

(c) Für jeden Eigenwert λ der Matrix A ist auch $-\lambda$ ein Eigenwert von A, was man unmittelbar aus Teil (a) angewandt mit $d_k = 0$ erhält. Dies liefert die angegebene Symmetrie des Spektrums $\sigma(A)$ bezüglich der Zahl null. Für den Nachweis der zweiten Aussage über die spezielle Form der Determinante wird das folgende Lemma benötigt.

Lemma. Für die Determinanten der Matrizen

$$T_s = \begin{pmatrix} a_1 & c_2 & & 0 \\ b_2 & a_2 & \ddots & \\ & \ddots & \ddots & c_s \\ 0 & & b_s & a_s \end{pmatrix} \in \mathbb{R}^{s \times s}, \qquad s = 1, 2, \ldots, N,$$

gilt der folgende rekursive Zusammenhang:

$$\det(T_{s+1}) = a_{s+1} \det(T_s) - b_{s+1} c_{s+1} \det(T_{s-1}) \qquad \text{für} \quad s = 2, 3, \ldots, N-1.$$

BEWEIS. Eine Entwicklung der Determinante der Matrix T_{s+1} nach der letzten Zeile liefert

$$\det(T_{s+1}) = \underbrace{(-1)^{2s+1}}_{=-1} b_{s+1} \det \begin{pmatrix} a_1 & c_2 & & & & \\ b_2 & a_2 & \ddots & & & \\ & \ddots & \ddots & c_{s-1} & & \\ & & \ddots & a_{s-1} & c_s & \\ & & & b_s & a_s & c_{s+1} \\ \hline & & & & b_{s+1} & a_{s+1} \end{pmatrix}$$

$$+ a_{s+1} \det \underbrace{\begin{pmatrix} a_1 & c_2 & & & & \\ b_2 & a_2 & \ddots & & & \\ & \ddots & \ddots & c_{s-1} & & \\ & & \ddots & a_{s-1} & c_s & \\ & & & b_s & a_s & c_{s+1} \\ \hline & & & & b_{s+1} & a_{s+1} \end{pmatrix}}_{=\det(T_s)}$$

$$= -b_{s+1} \det \begin{pmatrix} a_1 & c_2 & & & \\ b_2 & a_2 & \ddots & & \\ & \ddots & \ddots & c_{s-1} & \\ & & b_{s-1} & a_{s-1} & \\ & & & b_s & c_{s+1} \end{pmatrix} + a_{s+1} \det(T_s)$$

$$= -b_{s+1} c_{s+1} \det \underbrace{\begin{pmatrix} a_1 & c_2 & & & \\ b_2 & a_2 & \ddots & & \\ & \ddots & \ddots & c_{s-1} & \\ & & b_{s-1} & a_{s-1} & \\ \hline & & & b_s & c_{s+1} \end{pmatrix}}_{=\det(T_{s-1})} + a_{s+1} \det(T_s)$$

für $s = 2, 3, \ldots, N-1$. Dies komplettiert den Beweis. □

Anwendung des Lemmas mit

$$a_s = 0, \quad c_s = \overline{b_s}$$

liefert $\det(T_{s+1}) = -|c_{s+1}|^2 \det(T_{s-1})$ für $s = 2, 3, \ldots, N-1$. Wegen

$$T_N = A, \quad \det(T_1) = \det((0)) = 0, \quad \det(T_2) = \det \begin{pmatrix} 0 & \overline{b_2} \\ b_2 & 0 \end{pmatrix} = -|b_2|^2,$$

erhält man so die in Teil (c) dieser Aufgabe angegebene Darstellung für die Determinante der vorgegebenen Matrix A.

Lösung zu Aufgabe 12.2. Die Annahme ist gleichbedeutend mit $(Ax)_j = d_j x_j$ für $j = 1, 2, \ldots, N$ beziehungsweise

$$Ax = Dx, \quad \text{mit} \quad D = \operatorname{diag}(d_1, d_2, \ldots, d_N).$$

Im Fall $\mu \in \sigma(A)$ ist die Aussage der Aufgabenstellung offensichtlich richtig, und im anderen Fall $\mu \notin \sigma(A)$ geht man so vor:

$$\|(A - \mu I)^{-1}\|_2^{-1} \|x\|_2 \leq \|(A - \mu I)x\|_2 = \|(D - \mu I)x\|_2 \leq \|D - \mu I\|_2 \|x\|_2$$

beziehungsweise

$$\min_{\lambda \in \sigma(A)} |\lambda - \mu| = \left(\max_{\lambda \in \sigma(A)} \frac{1}{|\lambda - \mu|} \right)^{-1} = \|(A - \mu I)^{-1}\|_2^{-1} \leq \underbrace{\|D - \mu I\|_2}_{= \max_{j=1,\ldots,N} |d_j - \mu|}.$$

Damit ist die vorliegende Aufgabe gelöst.

Lösung zu Aufgabe 12.3. (a) Allgemein gilt für jede Diagonalmatrix $D = \operatorname{diag}(d_1, d_2, \ldots, d_N)$ mit nichtverschwindenden Diagonaleinträgen und für jede Matrix $F = (f_{jk}) \in \mathbb{R}^{N \times N}$ die Identität $D^{-1}FD = (f_{jk}d_k/d_j) \in \mathbb{R}^{N \times N}$. Eine Ähnlichkeitstransformation der fehlerbehafteten Matrix $A + \theta B$ mit der Diagonalmatrix $D_\theta = \operatorname{diag}(1, \theta^{1/N}, \theta^{2/N}, \ldots, \theta^{(N-1)/N})$ führt demnach auf die Matrix

$$C(\theta) := D^{-1}(A + \theta B)D = \begin{pmatrix} \lambda & \theta^{1/N} & & 0 \\ & \lambda & \ddots & \\ & & \ddots & \theta^{1/N} \\ 0 & & & \lambda \end{pmatrix} + \theta b_{jk} \theta^{(k-1)/N} \theta^{-(j-1)/N}$$

$$\underline{\text{«}} + \theta b_{jk} \theta^{(k-j)/N}$$

$$\underline{\text{«}} + b_{jk} \theta^{(N+k-j)/N}.$$

Mit dem Satz von Gerschgorin erhält man nun

$$\sigma(C(\theta)) \subset \bigcup_{j=1}^N \mathcal{G}_j$$

mit den Gerschgorin-Kreisen

$$\mathcal{G}_j = \left\{ z \in \mathbb{C} : |z - \lambda - \theta b_{jj}| \leq |\theta|^{1/N} + \sum_{\substack{k=1 \\ k \neq j}}^N |b_{jk}| |\theta|^{(N+k-j)/N} \right\}$$

$$\subset \left\{ z \in \mathbb{C} : |z - \lambda| \leq |\theta|^{1/N} + \sum_{k=1}^N |b_{jk}| |\theta|^{(N+k-j)/N} \right\}$$

$$\subset \left\{ z \in \mathbb{C} : |z - \lambda| \leq |\theta|^{1/N} (1 + \underbrace{\sum_{k=1}^N |b_{jk}|}_{\leq \|B\|_\infty}) \right\}, \quad j = 1, 2, \ldots, N.$$

Damit ist Teil (a) der vorliegenden Aufgabe gelöst.

(b) Für den Nachweis dieses Teils betrachtet man die Matrix $B = (b_{jk}) \in \mathbb{R}^{N \times N}$ mit $b_{N1} = 1$ und $b_{jk} = 0$ sonst und erhält die fehlerbehaftete Matrix

$$A + \theta B = \begin{pmatrix} \lambda & 1 & & 0 \\ & \lambda & \ddots & \\ & & \ddots & 1 \\ \theta & & & \lambda \end{pmatrix}.$$

Zur Bestimmung der Eigenwerte dieser fehlerbehafteten Matrix $A + \theta B$ wird das Polynom $p_\theta(\mu) := \det(A + \theta B - \mu I)$ herangezogen, dessen Nullstellen offensichtlich mit den zu bestimmenden Eigenwerten übereinstimmen. Durch Determinantenentwicklung entlang der ersten Spalte erhält man

$$\begin{aligned}
p_\theta(\mu) &= \det \begin{pmatrix} \lambda - \mu & 1 & & & 0 \\ & \lambda - \mu & 1 & & \\ & & \ddots & \ddots & \\ & & & \lambda - \mu & 1 \\ \theta & & & & \lambda - \mu \end{pmatrix} \\
&= (\lambda - \mu) \det \begin{pmatrix} \lambda - \mu & 1 & & 0 \\ & \lambda - \mu & 1 & \\ & & \ddots & \ddots \\ & & & \lambda - \mu & 1 \\ & & & & \lambda - \mu \end{pmatrix} \\
&\qquad + (-1)^{N+1} \theta \det \begin{pmatrix} \lambda - \mu & 1 & & 0 \\ & \lambda - \mu & 1 & \\ & & \ddots & \ddots \\ & & & \lambda - \mu & 1 \\ & & & & \lambda - \mu \end{pmatrix} \\
&= (\lambda - \mu) \det \begin{pmatrix} \lambda - \mu & 1 & & \\ & \ddots & \ddots & \\ & & \lambda - \mu & 1 \\ & & & \lambda - \mu \end{pmatrix} + (-1)^{N+1} \theta \det \begin{pmatrix} 1 & & & \\ \lambda - \mu & 1 & & \\ & \ddots & \ddots & \\ & & \lambda - \mu & 1 \end{pmatrix} \\
&= (\lambda - \mu)^N + (-1)^{N+1} \theta, \qquad \mu \in \mathbb{C}.
\end{aligned}$$

Aus $p_\theta(\mu) = 0$ folgt also $|\lambda - \mu|^N = |\theta|$ beziehungsweise $|\lambda - \mu| = |\theta|^{1/N}$. Damit liegen alle Nullstellen des Polynoms p beziehungsweise alle Eigenwerte der Matrix $A + \theta B$ notwendigerweise auf einem Kreis mit Radius $|\theta|^{1/N}$ um den Mittelpunkt λ. Dies liefert das gewünschte Beispiel.

Lösung zu Aufgabe 12.4. Nach Annahme gilt

$$|\lambda - a_{jj}| \geq \sum_{\substack{k=1 \\ k \neq j}}^{N} |a_{jk}| \quad \text{für} \quad j = 1, 2, \ldots, N. \tag{L-12.2}$$

Sei nun $0 \neq x \in \mathbb{C}^N$ ein Eigenvektor zum Eigenwert λ, $Ax = \lambda x$. Man betrachtet dann die beiden Indexmengen

$$\mathcal{J} = \{1 \leq j \leq N : |x_j| = \|x\|_\infty\}, \qquad \mathcal{K} = \{1 \leq k \leq N : |x_k| < \|x\|_\infty\}.$$

In dieser Situation gelten für jeden Index $j \in \mathcal{J}$ die Ungleichungen

$$|\lambda - a_{jj}| \leq \sum_{\substack{k=1 \\ k \neq j}}^N |a_{jk}| \frac{|x_k|}{|x_j|} \leq \sum_{\substack{k=1 \\ k \neq j}}^N |a_{jk}| \overset{(*)}{\leq} |\lambda - a_{jj}| \qquad \text{(L-12.3)}$$

und damit notwendigerweise $|\lambda - a_{jj}| = \sum_{k=1, k \neq j}^N |a_{jk}|$. Die Ungleichung $(*)$ ergibt sich hierbei aus den Ungleichungen in (L-12.2).

Außerdem ist die Indexmenge $\mathcal{K}$ leer. Wäre nämlich $\mathcal{K} \neq \emptyset$, so gäbe es wegen der Irreduzibilität der Matrix A Indizes $j \in \mathcal{J}$ und $k \in \mathcal{K}$ mit $a_{jk} \neq 0$. Damit ergäbe sich in der vorletzten Ungleichung von (L-12.3) eine echte Ungleichheit und somit der Widerspruch $|\lambda - a_{jj}| < |\lambda - a_{jj}|$.

Lösung zu Aufgabe 12.5. Es werden zwei Lösungsmöglichkeiten vorgestellt. Zu den reellen Eigenwerten $\lambda_1, \lambda_2, \ldots, \lambda_N$ der symmetrischen Matrix $A \in \mathbb{R}^{N \times N}$ existieren paarweise orthonormale Eigenvektoren $u_1, u_2, \ldots, u_N \in \mathbb{R}^N$. Mit der Darstellung eines Vektors $x \in \mathbb{R}^N$ als Linearkombination $x = \sum_{k=1}^N c_k u_k$ mit den reellen Koeffizienten $c_1, c_2, \ldots, c_N$ gilt dann für das Bild Ax die Identität $Ax = \sum_{k=1}^N c_k \lambda_k u_k$. Dies führt auf Folgendes:

$$\|Ax - \mu x\|_2^2 = \left\|\sum_{k=1}^N (\lambda_k - \mu) c_k u_k\right\|_2^2 = \sum_{k=1}^N (\lambda_k - \mu)^2 c_k^2$$

$$\geq \min_{k=1,\ldots,N} (\lambda_k - \mu)^2 \underbrace{\sum_{\ell=1}^N c_\ell^2}_{= \|x\|_2^2}.$$

Damit ist die vorliegende Aufgabe durch den ersten Lösungsansatz gelöst. Es folgt nun der zweite und allgemeinere Lösungsansatz:

$$r_\sigma((A - \mu I)^{-1}) = \max_{\lambda \in \sigma(A)} \frac{1}{|\lambda - \mu|} = \left(\min_{\lambda \in \sigma(A)} |\lambda - \mu|\right)^{-1},$$

$$\|B^{-1}\| = \max_{0 \neq y \in \mathbb{R}^N} \frac{\|B^{-1} y\|}{\|y\|} \overset{y=Bx}{=} \max_{0 \neq x \in \mathbb{R}^N} \frac{\|x\|}{\|Bx\|} = \max_{x \in \mathbb{R}^N, \|x\|=1} \frac{1}{\|Bx\|}$$

$$= \left(\min_{x \in \mathbb{R}^N, \|x\|=1} \|Bx\|\right)^{-1} \quad \text{für} \quad B \in \mathbb{R}^{N \times N},$$

wobei $\|\cdot\|$ sowohl eine Vektornorm als auch die induzierte Matrixnorm bezeichnet. Aufgrund der Identität $r_\sigma(B) = \|B\|_2$ für symmetrische Matrizen $B \in \mathbb{R}^{N \times N}$ erhält man dann wiederum die Aussage der Aufgabe, was den zweiten Lösungsansatz komplettiert.

Eine Möglichkeit zur Lösung der nachfolgenden Aufgabe beruht auf der Verwendung der *positiven Quadratwurzel* von symmetrischen, positiv definiten Matrizen, die zunächst kurz allgemein eingeführt werden soll. Für eine symmetrische, positiv definite Matrix $B \in \mathbb{R}^{N \times N}$ mit den positiven reellen Eigenwerten $\lambda_1, \lambda_2, \ldots, \lambda_N$ und den zugehörigen paarweisen orthonormalen Eigenvektoren $u_1, u_2, \ldots, u_N \in \mathbb{R}^N$ gilt bekanntermaßen die Darstellung

$$B = UDU^\top \quad \text{mit} \quad D := \operatorname{diag}(\lambda_1, \ldots, \lambda_N), \quad U = \left(u_1 \middle| \cdots \middle| u_N \right),$$

und dann ist die Matrix $B^{1/2} \in \mathbb{R}^{N \times N}$ erklärt durch

$$B^{1/2} = UD^{1/2}U^\top \quad \text{mit} \quad D^{1/2} := \operatorname{diag}(\lambda_1^{1/2}, \ldots, \lambda_N^{1/2}).$$

Diese Definition ist unabhängig von der Sortierung der Eigenwerte und der speziellen Auswahl der zugehörigen orthogonalen Eigenvektoren. Die Matrix $B^{1/2} \in \mathbb{R}^{N \times N}$ ist selbst eine symmetrische, positiv definite Matrix mit den positiven reellen Eigenwerten $\lambda_1^{1/2}, \lambda_2^{1/2}, \ldots, \lambda_N^{1/2}$ und den zugehörigen paarweise orthonormalen Eigenvektoren $u_1, u_2, \ldots, u_N \in \mathbb{R}^N$. Die bedeutendste Eigenschaft ist $B^{1/2} B^{1/2} = B$, was die Bezeichnung Quadratwurzel begründet. Im Folgenden wird für die Matrix $(B^{-1})^{1/2}$ die naheliegende Kurzform $B^{-1/2}$ verwendet.

Lösung zu Aufgabe 12.6. Bei den beiden Aussagen handelt es sich um Varianten des Satzes von Courant und Fischer, der auch zur Herleitung dieser beiden Aussagen verwendet werden kann. Beispielsweise berechnet man

$$\begin{aligned}
\lambda_{k+1} &= \min_{\substack{\mathcal{L} \subset \mathbb{R}^N \text{ linear} \\ \dim \mathcal{L} \leq k}} \max_{0 \neq x \in \mathcal{L}^\perp} \frac{x^\top A x}{x^\top x} = \min_{\substack{\mathcal{M} \subset \mathbb{R}^N \text{ linear} \\ \dim \mathcal{M} \geq N-k}} \max_{0 \neq x \in \mathcal{M}} \frac{x^\top A x}{x^\top x} \\
&\stackrel{(*)}{=} \min_{\substack{\mathcal{U} \subset \mathbb{R}^N \text{ linear} \\ \dim \mathcal{U} = N-k}} \max_{0 \neq x \in \mathcal{U}} \frac{x^\top A x}{x^\top x}.
\end{aligned}$$

Hierbei ist in der Identität $(*)$ die Ungleichung "$\leq$" offensichtlich richtig ist, und die Ungleichung "$\geq$" ergibt sich aus der Tatsache, dass es zu jedem linearen Unterraum $\mathcal{M} \subset \mathbb{R}^N$ mit $\dim \mathcal{M} \geq N - k$ einen linearen Unterraum $\mathcal{U} \subset \mathcal{M}$ mit $\dim \mathcal{U} = N - k$ gibt, und dann gilt $\max_{0 \neq x \in \mathcal{M}} \frac{x^\top A x}{x^\top x} \geq \max_{0 \neq x \in \mathcal{U}} \frac{x^\top A x}{x^\top x}$. Aus der hergeleiteten Darstellung für den Eigenwert λ_{k+1} erhält man nach einer Umindizierung die Identität (12.2) der vorliegenden Aufgabe.

Die Identität (12.1) lässt sich im Grunde ganz entsprechend herleiten, jedoch wird im Folgenden noch eine weitere elegante Vorgehensweise vorgestellt. Für die vorgegebene symmetrische Matrix $A \in \mathbb{R}^{N \times N}$ mit den reellen Eigenwerten $\lambda_1 \geq \lambda_2 \geq \ldots \geq \lambda_N$ wählt man einen Parameter $\gamma > 0$ hinreichend groß, so dass die Matrix $A + \gamma I \in \mathbb{R}^{N \times N}$ symmetrisch und positiv definit ist. Dann ist auch die Matrix $(A + \gamma I)^{-1} \in \mathbb{R}^{N \times N}$ symmetrisch und positiv definit und besitzt die Eigenwerte $(\lambda_N + \gamma)^{-1} \geq (\lambda_{N-1} + \gamma)^{-1} \geq \ldots \geq (\lambda_1 + \gamma)^{-1}$. Die bereits verifizierte Identität

(12.2) angewandt auf die Matrix $(A + \gamma I)^{-1} \in \mathbb{R}^{N \times N}$ liefert dann

$$(\lambda_k + \gamma)^{-1} = \min_{\substack{\mathcal{U} \subset \mathbb{R}^N \text{ linear} \\ \dim \mathcal{U} = k}} \max_{0 \neq y \in \mathcal{U}} \frac{y^\top (A + \gamma I)^{-1} y}{y^\top y} \stackrel{(*)}{=} \min_{\substack{\mathcal{M} \subset \mathbb{R}^N \text{ linear} \\ \dim \mathcal{M} = k}} \max_{0 \neq x \in \mathcal{M}} \frac{x^\top x}{x^\top (A + \gamma I) x}$$

$$= \min_{\substack{\mathcal{M} \subset \mathbb{R}^N \text{ linear} \\ \dim \mathcal{M} = k}} \max_{0 \neq x \in \mathcal{M}} \left(\frac{x^\top A x}{x^\top x} + \gamma \right)^{-1}$$

$$= \left(\max_{\substack{\mathcal{M} \subset \mathbb{R}^N \text{ linear} \\ \dim \mathcal{M} = k}} \min_{0 \neq x \in \mathcal{M}} \frac{x^\top A x}{x^\top x} + \gamma \right)^{-1},$$

was die gewünschte Identität (12.1) liefert. Die verwendete Identität (*) erhält man nach der Substitution $x = (A+\gamma I)^{-1/2} y$, wobei noch zu beachten ist, dass die Menge der linearen Unterräume der Dimension k unter einer bijektiven linearen Abbildung auf sich selbst abgebildet wird.

Lösung zu Aufgabe 12.7. Für Teil (a) wählt man einfach $\Delta A = 0$, und Teil (b) erhält man mit der Abschätzung aus Teil (a) unter Verwendung der Eigenschaft $\lambda_N(\Delta A) \geq 0$.

Lösung zu Aufgabe 12.8. Nach Annahme an die vorgegebene Matrix $A = (a_{jk})$ gilt

$$\mathbf{e}_j^\top A \mathbf{e}_k = a_{jk} = 0 \quad \text{für alle } j, k \text{ mit } j + k \leq N,$$

wobei $\mathbf{e}_j$ den j-ten Einheitsvektor im Vektorraum $\mathbb{R}^N$ bezeichnet. Es wird nun der lineare Unterraum

$$\mathcal{M} = \text{span}\{\mathbf{e}_1, \mathbf{e}_2, \ldots, \mathbf{e}_{\lfloor N/2 \rfloor}\}$$

herangezogen. Für jeden Vektor $x \in \mathcal{M}$ erhält man ausgehend von der Darstellung $x = \sum_{k=1}^{\lfloor N/2 \rfloor} c_k \mathbf{e}_k$ die Identität

$$x^\top A x = \sum_{j,k=1}^{\lfloor N/2 \rfloor} c_j c_k \underbrace{\mathbf{e}_j^\top A \mathbf{e}_k}_{= a_{jk} = 0} = 0.$$

Die Identitäten (12.1) beziehungsweise (12.2) auf Seite 64 liefern nun

$$\lambda_{\lfloor N/2 \rfloor} \geq \min_{0 \neq x \in \mathcal{M}} \frac{x^\top A x}{x^\top x} = 0,$$

$$\underbrace{\lambda_{N - \lfloor N/2 \rfloor + 1}}_{= \lceil N/2 \rceil + 1} \leq \max_{0 \neq x \in \mathcal{M}} \frac{x^\top A x}{x^\top x} = 0.$$

Damit ist die vorliegende Aufgabe gelöst.

13 Numerische Verfahren für Eigenwertprobleme – Lösungen

Lösung zu Aufgabe 13.1. Allgemein gilt für jede Diagonalmatrix $D = \mathrm{diag}(d_1, d_2, \ldots, d_N)$ mit nichtverschwindenden Diagonaleinträgen und für jede Matrix $A = (a_{jk}) \in \mathbb{R}^{N \times N}$ die Identität $D^{-1}AD = (a_{jk}d_k/d_j) \in \mathbb{R}^{N \times N}$. Die Erfüllung der Forderung $a_{j+1,j}d_{j+1}/d_j \in \{0,1\}$ für $j = 1, 2, \ldots, N-1$ wird also erreicht mit den Setzungen

$$d_1 = 1, \qquad d_{j+1} = \begin{cases} d_j/a_{j+1,j}, & \text{falls } a_{j+1,j} \neq 0, \\ 0 & \text{sonst.} \end{cases}$$

Lösung zu Aufgabe 13.2. Es besitzt offensichtlich die Matrix T^{-1} genau dann eine LR-Faktorisierung, wenn eine Faktorisierung der Form

$$T \stackrel{(*)}{=} RL$$

existiert mit einer regulären oberen Dreiecksmatrix $R \in \mathbb{R}^{N \times N}$ und einer skalierten unteren Dreiecksmatrix $L \in \mathbb{R}^{N \times N}$. Hier geht ein, dass sowohl die Menge der regulären oberen Dreiecksmatrizen $\in \mathbb{R}^{N \times N}$ als auch die Menge der skalierten unteren Dreiecksmatrizen $\in \mathbb{R}^{N \times N}$ bezüglich der Matrizenmultiplikation jeweils eine Gruppe bilden, vergleiche Aufgabe 4.11. Eine solche Faktorisierung $(*)$ für die Matrix $T = (v_1|\ldots|v_N) \in \mathbb{R}^{N \times N}$ bedeutet ausgeschrieben

$$v_k = r^{(k)} + \sum_{s=k+1}^{N} \ell_{sk} r^{(s)} \quad \text{für } k = 1, 2, \ldots, N, \qquad \text{(L-13.1)}$$

$$\text{mit } \ell_{sk} \in \mathbb{R} \quad \text{für } 1 \leq k < s \leq N,$$

$$r^{(s)} \in \mathbb{R}^N, \quad r^{(s)}_s \neq 0, \quad r^{(s)}_k = 0 \quad \text{für } k = s+1, s+2, \ldots, N.$$

Wir nehmen nun zuerst an, dass eine Darstellung der Form (L-13.1) existiert und weisen

$$\mathrm{span}\{e_1, \ldots, e_m\} \cap \mathrm{span}\{v_{m+1}, \ldots, v_N\} = \{0\} \quad \text{für } m = 1, \ldots, N-1 \quad \text{(L-13.2)}$$

nach. Hierzu betrachtet man für einen beliebigen Index $1 \leq m \leq N-1$ ein Element $x = (x_j) \in \mathrm{span}\{e_1, \ldots, e_m\} \cap \mathrm{span}\{v_{m+1}, \ldots, v_N\}$. Die Eigenschaft $x \in \mathrm{span}\{e_1, \ldots, e_m\}$ bedeutet

$$x_{m+1} = x_{m+2} = \ldots = x_N = 0, \qquad \text{(L-13.3)}$$

und die Eigenschaft $x \in \mathrm{span}\{v_{m+1}, \ldots, v_N\} \stackrel{(**)}{=} \mathrm{span}\{r^{(m+1)}, r^{(m+2)}, \ldots, r^{(N)}\}$ impliziert eine Darstellung der Form

$$x = \sum_{s=m+1}^{N} \beta_s r^{(s)}. \qquad \text{(L-13.4)}$$

Hierbei ist die Identität (∗∗) eine unmittelbare Konsequenz aus der Darstellung (L-13.1). Aus den Identitäten (L-13.3) und (L-13.4) und den Eigenschaften der Vektoren $r^{(m+1)}, r^{(m+2)}, \ldots, r^{(N)}$ erschließt man nun sukzessive

$$0 = x_N = \sum_{s=m+1}^{N} \beta_s r_N^{(s)} = \beta_N \overbrace{r_N^{(N)}}^{\neq 0} \implies \beta_N = 0,$$

$$0 = x_{N-1} = \sum_{s=m+1}^{N-1} \beta_s r_{N-1}^{(s)} = \beta_{N-1} \overbrace{r_{N-1}^{(N-1)}}^{\neq 0} \implies \beta_{N-1} = 0,$$

$$\vdots \qquad \vdots$$

$$0 = x_{m+1} = \beta_{m+1} \overbrace{r_{m+1}^{(m+1)}}^{\neq 0} \implies \beta_{m+1} = 0,$$

und damit $x = 0$. Die Eigenschaft (L-13.2) ist damit nachgewiesen.

Wir nehmen nun umgekehrt an, dass die Eigenschaft (L-13.2) erfüllt ist und konstruieren dann sukzessive Vektoren $r^{(N)}, r^{(N-1)}, \ldots, r^{(1)} \in \mathbb{R}^N$ mit der Eigenschaft (L-13.1). Der erste Schritt ist klar: man setzt $r^{(N)} = v_N$, wobei dann aus (L-13.2) die Eigenschaft $r^{(N)} \notin \mathrm{span}\{\mathbf{e}_1, \ldots, \mathbf{e}_{N-1}\}$ folgt und damit wie gefordert $r_N^{(N)} \neq 0$ gilt. Wir nehmen nun an, dass für ein $1 \leq m \leq N-1$ die Darstellungen in (L-13.1) für $k = N, N-1, \ldots, m+1$ richtig sind und weisen die Darstellung in (L-13.1) für den Index $k = m$ nach. Hierzu wird die Eigenschaft

$$\mathrm{span}\{\mathbf{e}_1, \ldots, \mathbf{e}_m\} \oplus \mathrm{span}\{v_{m+1}, \ldots, v_N\} = \mathbb{R}^N \qquad \text{(L-13.5)}$$

benötigt, die aus Dimensionsgründen direkt aus (L-13.2) folgt. Aus (L-13.5) folgt für den Vektor v_m die Darstellung

$$v_m \in \overbrace{\sum_{s=1}^{m} \alpha_s \mathbf{e}_s}^{=: \, r^{(m)}} + \mathrm{span}\{v_{m+1}, \ldots, v_N\}$$

$$\stackrel{(\bullet)}{=} r^{(m)} + \mathrm{span}\{r^{(m+1)}, r^{(m+2)}, \ldots, r^{(N)}\} \qquad \text{(L-13.6)}$$

mit gewissen Koeffizienten $\alpha_1, \alpha_2, \ldots, \alpha_m \in \mathbb{R}$, wobei die Identität $(\bullet)$ aus den vorausgesetzten Darstellungen in (L-13.1) für $k = N, N-1, \ldots, m+1$ folgt. Die spezielle Setzung von $r^{(m)}$ bedeutet

$$r_s^{(m)} = 0 \quad \text{für} \quad s = m+1, m+2, \ldots, N.$$

Wir weisen abschließend noch

$$r_m^{(m)} \neq 0 \qquad \text{(L-13.7)}$$

nach. Angenommen, es wäre $\alpha_m = r_m^{(m)} = 0$. Daraus folgt dann $r^{(m)} = 0$. Im Fall $m = 1$ ist dies unmittelbar klar, und im Fall $m \geq 2$ gilt ja sowohl $r^{(m)} \in \mathrm{span}\{\mathbf{e}_1, \ldots, \mathbf{e}_{m-1}\}$ als auch $r^{(m)} \in \mathrm{span}\{v_m, \ldots, v_N\}$, und aufgrund von (L-13.2) gilt dann ebenfalls $r^{(m)} = 0$. Aus der Eigenschaft $r^{(m)} = 0$ und (L-13.6) erhält man dann $v_m \in \mathrm{span}\{v_{m+1}, \ldots, v_N\}$, was einen Widerspruch zur linearen Unabhängigkeit der Spaltenvektoren der Matrix T darstellt. Damit gilt tatsächlich (L-13.7).

Lösung zu Aufgabe 13.3. Nach Annahme gibt es eine Darstellung der Form

$$z^{(0)} = \sum_{k=1}^{N} a_k x_k \quad \text{mit} \quad x_k \in \mathcal{N}(A - \lambda_k I), \quad \|x_k\|_2 = 1 \quad \text{für} \quad k = 1, \ldots, N, \quad \text{(L-13.8)}$$

wobei die Vektoren x_k paarweise orthonormal gewählt werden können. Damit erhält man

$$z^{(m)} = A^m z^{(0)} = \sum_{k=1}^{N} a_k \lambda_k^m x_k = \lambda_1^m \overbrace{\sum_{k=1}^{r} a_k x_k}^{=:\, y} + \sum_{k=r+1}^{N} a_k \lambda_k^m x_k \quad \text{(L-13.9)}$$

beziehungsweise

$$\begin{aligned}
r_m &= \frac{(z^{(m)})^\top z^{(m+1)}}{\|z^{(m)}\|_2^2} = \frac{\lambda_1^{2m+1} \|y\|_2^2 + \sum_{k=r+1}^{N} a_k^2 \lambda_k^{2m+1}}{\lambda_1^{2m} \|y\|_2^2 + \sum_{k=r+1}^{N} a_k^2 \lambda_k^{2m}} \\
&= \frac{\lambda_1^{2m+1} \|y\|_2^2 + \mathcal{O}|\lambda_{r+1}|^{2m+1}}{\lambda_1^{2m} \|y\|_2^2 + \mathcal{O}(|\lambda_{r+1}|^{2m})} = \underbrace{\frac{\lambda_1^{2m+1}}{\lambda_1^{2m}}}_{=\lambda_1} \cdot \frac{\|y\|_2^2 + \mathcal{O}(|\lambda_{r+1}/\lambda_1|^{2m+1})}{\|y\|_2^2 + \mathcal{O}(|\lambda_{r+1}/\lambda_1|^{2m})} \\
&= \lambda_1 \left(1 + \frac{\mathcal{O}(|\lambda_{r+1}/\lambda_1|^{2m})}{\|y\|_2^2 + \mathcal{O}(|\lambda_{r+1}/\lambda_1|^{2m})} \right) = \lambda_1 + \mathcal{O}\left(\left|\frac{\lambda_{r+1}}{\lambda_1}\right|^{2m}\right)
\end{aligned}$$

wegen $y \neq 0$. Dies liefert die erste Identität der vorliegenden Aufgabe. Für den Nachweis der zweiten Identität der Aufgabe zieht man die Darstellung (L-13.9) heran und erhält daraus unmittelbar

$$\lambda_1^{-m} z^{(m)} = y + \mathcal{O}\left(\left|\frac{\lambda_{r+1}}{\lambda_1}\right|^m\right) \quad \text{für} \quad m \to \infty$$

beziehungsweise mithilfe des nachfolgenden Lemmas

$$\operatorname{sgn}(\lambda_1)^m \frac{z^{(m)}}{\|z^{(m)}\|_2} = \frac{y}{\|y\|_2} + \mathcal{O}\left(\left|\frac{\lambda_{r+1}}{\lambda_1}\right|^m\right) \quad \text{für} \quad m \to \infty. \quad \text{(L-13.10)}$$

Wegen der bereits nachgewiesenen ersten Identität der vorliegenden Aufgabe gilt notwendigerweise $\operatorname{sgn}(r_m) = \operatorname{sgn}(\lambda_1)$ für hinreichend große Werte von m, was zusammen mit der Identität (L-13.10) die zweite Identität der vorliegenden Aufgabe liefert.

Es ist noch das folgende Lemma nachzutragen:

Lemma. Für eine Folge $x_0, x_1, \ldots \subset \mathbb{K}^N$ sei

$$x_m = y + \mathcal{O}(q^m) \quad \text{für} \quad m \to \infty$$

erfüllt mit einer Zahl $0 < q < 1$ und einem Vektor $y \in \mathbb{K}^N$ mit $y \neq 0$. Dann gilt

$$\frac{x_m}{\|x_m\|} = \frac{y}{\|y\|} + \mathcal{O}(q^m) \quad \text{für} \quad m \to \infty,$$

wobei $\|\cdot\| : \mathbb{K}^N \to \mathbb{R}$ eine nicht näher spezifizierte Vektornorm bezeichnet.

BEWEIS. Die Aussage erhält man unmittelbar durch die nachfolgenden Rechnungen:

$$\left\|\frac{x_m}{\|x_m\|} - \frac{y}{\|y\|}\right\| \leq \left\|\frac{x_m}{\|x_m\|} - \frac{x_m}{\|y\|}\right\| + \left\|\frac{x_m}{\|y\|} - \frac{y}{\|y\|}\right\|$$

$$= \|x_m\| \left|\frac{1}{\|x_m\|} - \frac{1}{\|y\|}\right| + \frac{\|x_m - y\|}{\|y\|} = \|x_m\| \frac{|\|y\| - \|x_m\||}{\|x_m\|\|y\|} + \frac{\|x_m - y\|}{\|y\|}$$

$$= \mathcal{O}(q^m) + \mathcal{O}(q^m) = \mathcal{O}(q^m) \quad \text{für} \quad m \to \infty.$$

Dies komplettiert den Beweis des Lemmas. □

Lösung zu Aufgabe 13.4. Ausgehend von den Identitäten (L-13.8) und (L-13.9), die ebenso für diagonalisierbare Matrizen gültig sind, erhält man

$$z^{(m)} = \lambda_1^m y + \mathcal{O}(|\lambda_{r+1}|^m) \quad \text{für} \quad m \to \infty \qquad \text{(L-13.11)}$$

und berechnet daraus

$$r_m = \frac{z^{(m)\top} z^{(m+1)}}{\|z^{(m)}\|_2^2} = \frac{(\lambda_1^m y + \mathcal{O}(|\lambda_{r+1}|^m))^\top (\lambda_1^{m+1} y + \mathcal{O}(|\lambda_{r+1}|^{m+1}))}{(\lambda_1^m y + \mathcal{O}(|\lambda_{r+1}|^m))^\top (\lambda_1^m y + \mathcal{O}(|\lambda_{r+1}|^m))}$$

$$= \underbrace{\frac{\lambda_1^{2m+1}}{\lambda_1^{2m}}}_{=\lambda_1} \cdot \frac{(y + \mathcal{O}(|\lambda_{r+1}/\lambda_1|^m))^\top (y + \mathcal{O}(|\lambda_{r+1}/\lambda_1|^{m+1}))}{(y + \mathcal{O}(|\lambda_{r+1}/\lambda_1|^m))^\top (y + \mathcal{O}(|\lambda_{r+1}/\lambda_1|^m))}$$

$$= \lambda_1 \frac{\|y\|_2^2 + \mathcal{O}(|\lambda_{r+1}/\lambda_1|^m)}{\|y\|_2^2 + \mathcal{O}(|\lambda_{r+1}/\lambda_1|^m)} = \lambda_1 \left(1 + \frac{\mathcal{O}(|\lambda_{r+1}/\lambda_1|^m)}{\|y\|_2^2 + \mathcal{O}(|\lambda_{r+1}/\lambda_1|^m)}\right)$$

$$= \lambda_1 + \mathcal{O}\left(\left|\frac{\lambda_{r+1}}{\lambda_1}\right|^m\right),$$

wobei in der letzten Identität die Eigenschaft $y \neq 0$ eingeht. Dies liefert die erste Identität der vorliegenden Aufgabe. Für den Nachweis der zweiten Identität der Aufgabe zieht man die Darstellung (L-13.11) heran und erhält daraus unmittelbar

$$z_s^{(m)} = \lambda_1^m y_s + \mathcal{O}(|\lambda_{r+1}|^m) \quad \text{für} \quad m \to \infty$$

beziehungsweise

$$\frac{z_s^{(m+1)}}{z_s^{(m)}} = \frac{\lambda_1^{m+1} y_s + \mathcal{O}(|\lambda_{r+1}|^{m+1})}{\lambda_1^m y_s + \mathcal{O}(|\lambda_{r+1}|^m)} = \underbrace{\frac{\lambda_1^{2m+1}}{\lambda_1^{2m}}}_{=\lambda_1} \cdot \frac{y_s + \mathcal{O}(|\lambda_{r+1}/\lambda_1|^{m+1})}{y_s + \mathcal{O}(|\lambda_{r+1}/\lambda_1|^m)}$$

$$= \lambda_1 \left(1 + \frac{\mathcal{O}(|\lambda_{r+1}/\lambda_1|)^m}{y_s + \mathcal{O}(|\lambda_{r+1}/\lambda_1|)^m}\right) = \lambda_1 + \mathcal{O}\left(\left|\frac{\lambda_{r+1}}{\lambda_1}\right|^m\right) \quad \text{für} \quad m \to \infty,$$

wobei zuletzt noch die Eigenschaft $y_s \neq 0$ eingeht.

Lösung zu Aufgabe 13.5. Nach Annahme gibt es eine Darstellung der Form

$$z^{(0)} = \sum_{k=1}^{N} a_k x_k, \quad \text{mit} \quad x_k \in \mathcal{N}(A - \lambda_k I) \quad \text{für} \quad k = 1, 2, \ldots, N.$$

Damit erhält man

$$z^{(m)} = \lambda_1^m \Big[a_1 x_1 + (-1)^m a_2 x_2 + \sum_{k=3}^{N} a_k \Big(\frac{\lambda_k}{\lambda_1}\Big)^m x_k \Big],$$

beziehungsweise

$$v^{(m)} := \lambda_1^{-2m} z^{(2m)} = a_1 x_1 + a_2 x_2 + \mathcal{O}\Big(\Big|\frac{\lambda_3}{\lambda_1}\Big|^{2m}\Big),$$

$$w^{(m)} := \lambda_1^{-(2m+1)} z^{(2m+1)} = a_1 x_1 - a_2 x_2 + \mathcal{O}\Big(\Big|\frac{\lambda_3}{\lambda_1}\Big|^{2m}\Big) \quad \text{für} \quad m \to \infty.$$

Damit gilt

$$\lambda_1^{-(2m+1)}\big(\lambda_1 z^{(2m)} + z^{(2m+1)}\big) = v^{(m)} + w^{(m)} = a_1 x_1 + \mathcal{O}\Big(\Big|\frac{\lambda_3}{\lambda_1}\Big|^{2m}\Big),$$

$$\lambda_1^{-(2m+1)}\big(\lambda_1 z^{(2m)} - z^{(2m+1)}\big) = v^{(m)} - w^{(m)} = a_2 x_2 + \mathcal{O}\Big(\Big|\frac{\lambda_3}{\lambda_1}\Big|^{2m}\Big)$$

für $m \to \infty$. Mit dem auf Seite 198 vorgestellten Lemma erhält man daraus unmittelbar die Aussage der vorliegenden Aufgabe.

Lösung zu Aufgabe 13.6. Die frobeniussche Begleitmatrix zu dem vorgegebenen Polynom $p(x) = \sum_{k=0}^{n} a_k x^k$ mit $a_n = 1$ besitzt die folgende Form:

$$A := \begin{pmatrix} 0 & & & -a_0 \\ 1 & \ddots & & \vdots \\ & \ddots & 0 & \vdots \\ & & 1 & -a_{n-1} \end{pmatrix} \in \mathbb{R}^{n \times n}.$$

Die Nullstellen des Polynoms p stimmen bekanntermaßen mit den Eigenwerten dieser Matrix A überein, die wiederum identisch sind mit den Eigenwerten der zugehörigen transponierten Matrix

$$A^\top := \begin{pmatrix} 0 & 1 & & \\ & \ddots & \ddots & \\ & & 0 & 1 \\ -a_0 & -a_1 & \cdots & -a_{n-1} \end{pmatrix} \in \mathbb{R}^{n \times n}.$$

Daher können die Nullstellen des Polynoms p beispielsweise näherungsweise mit der Vektoriteration angewandt auf die Matrix $A^\top$ bestimmt werden. Es gilt allgemein

$$A^\top \begin{pmatrix} u_0 \\ \vdots \\ u_{n-2} \\ u_{n-1} \end{pmatrix} = \begin{pmatrix} u_1 \\ \vdots \\ u_{n-1} \\ -\sum_{k=0}^{n-1} a_k u_k \end{pmatrix},$$

Lösungen

so dass die Vektoriteration $z^{(m+1)} = A^\top z^{(m)}$, $m = 0, 1, \ldots$ mit Startvektor $z^{(0)} = (x_0, x_1, \ldots, x_{n-1})^\top \in \mathbb{C}^n$ Folgendes liefert:

$$z^{(1)} = \begin{pmatrix} x_1 \\ \vdots \\ x_{n-1} \\ -\sum_{k=0}^{n-1} a_k x_k \end{pmatrix}, \qquad z^{(2)} = \begin{pmatrix} x_2 \\ \vdots \\ x_n \\ -\sum_{k=0}^{n-1} a_k x_{1+k} \end{pmatrix},$$

beziehungsweise allgemein

$$z^{(m)} = \begin{pmatrix} x_m \\ \vdots \\ x_{m+n-1} \\ -\sum_{k=0}^{n-1} a_k x_{m+k} \end{pmatrix} \quad \text{für} \quad m = 1, 2, \ldots .$$

Für hinreichend allgemeine Startwerte gilt nach Aufgabe 13.4 auf Seite 66

$$\frac{z_s^{(m+1)}}{z_s^{(m)}} = \frac{x_{m+s}}{x_{m+s-1}} = \lambda_1 + \mathcal{O}\Big(\Big|\frac{\lambda_2}{\lambda_1}\Big|^m\Big) \quad \text{für} \quad m \to \infty \qquad \text{(L-13.12)}$$

für einen Index $1 \leq s \leq n$, und nach einer Umindizierung in (L-13.12) erhält man die Aussage der Aufgabe:

$$\frac{x_{m+1}}{x_m} = \lambda_1 + \mathcal{O}\Big(\Big|\frac{\lambda_2}{\lambda_1}\Big|^m\Big) \quad \text{für} \quad m \to \infty.$$

Die Bedingung an die hinreichende Allgemeinheit der Startwerte bedeutet dabei, dass der Anteil des Startvektors $z^{(0)}$ im Eigenraum zum Eigenwert λ_1 der Matrix $A^\top$ nicht verschwindet.

Lösung zu Aufgabe 13.7. Es sind die Ergebnisse jeweils für ausgewählte Werte von m angegeben:

m	ε_m ($N = 50$)	ε_m ($N = 100$)
5	2.214	4.930
10	0.573	0.860
15	0.268	1.050
20	0.159	2.514
25	0.123	1.725
30	0.535	0.491
35	0.265	0.465
40	0.141	0.269
45	0.153	0.383
50	0.101	0.208
55	0.123	0.205
59	0.048	0.145
70	—	0.077
78	—	0.048

Im Fall $N = 50$ sind die gewonnenen Näherungen 1033.660713700 beziehungsweise 0.256. Zum Vergleich sind noch der exakte größte Eigenwert und der kleinste Eigenwert angegeben: $\lambda_{max} = 1033.660713759$ beziehungsweise $\lambda_{min} = 0.250$.

Im Fall $N = 100$ sind die gewonnenen Näherungen 4093.560474685 beziehungsweise 0.255. Zum Vergleich sind wiederum der exakte größte Eigenwert und der kleinste Eigenwert angegeben: sie lauten $\lambda_{max} = 4093.560474920$ beziehungsweise $\lambda_{min} = 0.250$.

14 Peano-Restglieddarstellung – Lösungen

Lösung zu Aufgabe 14.1. Der Beweis verläuft genau wie der Beweis von Theorem 14.4 in [26]. Man hat sich nur zu überlegen, dass der Beweisschritt

$$\mathcal{R}_x\left(\int_a^b f^{(m+1)}(t)(x-t)_+^m dt\right) = \int_a^b f^{(m+1)}(t)\mathcal{R}_x((x-t)_+^m) dt \qquad \text{(L-14.1)}$$

seine Gültigkeit behält. Für den Nachweis von (L-14.1) genügt es wegen der Linearität des Fehlerfunktionals, sich von der Richtigkeit der Identitäten

$$\frac{d^k}{dx^k}\left(\int_a^b f^{(m+1)}(t)(x-t)_+^m dt\right) = \int_a^b f^{(m+1)}(t)\frac{d^k(x-t)_+^m}{dx^k} dt \qquad \text{(L-14.2)}$$

$$\text{für } k = 0, 1, \ldots, m$$

zu überzeugen. Aufgrund der Identitäten

$$\frac{d(x-t)_+^k}{dx} = k(x-t)_+^{k-1} \qquad \text{für } k = m, m-1, \ldots, 2$$

sind für jeden Wert von t die Funktionen $(x-t)_+^m$ insgesamt $(m-1)$-mal stetig differenzierbar nach x und die Vertauschungsoperationen in (L-14.2) für $k \leq m-1$ daher zulässig. Außerdem gilt

$$\frac{d}{dx}\left(\int_a^b f^{(m+1)}(t)(x-t)_+^1 dt\right) = \frac{d}{dx}\left(\int_a^x f^{(m+1)}(t)(x-t) dt\right)$$

$$= \int_a^x f^{(m+1)}(t) dt = \int_a^b f^{(m+1)}(t)\frac{d(x-t)_+^0}{dx} dt,$$

so dass die Vertauschungsoperation in (L-14.2) auch für $k = m$ zulässig ist. Abschließend sei noch angemerkt, dass der Peanokern K_s nur stückweise stetig ist und an den Stellen $x_{s0}, x_{s1}, \ldots, x_{sn_s}$ im Falle nichtverschwindender Koeffizienten $\alpha_{s0}, \alpha_{s1}, \ldots, \alpha_{sn_s}$ nicht definiert ist.

Lösung zu Aufgabe 14.2. Es kann o.B.d.A. die Situation $[a, b] = [-c, c]$ betrachtet werden. Als Erstes betrachtet man ungerade Funktionen $f \in C[-c, c]$, das heißt,

$$f(-x) = -f(x) \qquad \text{für } x \in [0, c].$$

Für solche Funktionen gilt mit der Notation aus der Aufgabenstellung $\widehat{f} = -f$ und damit nach Voraussetzung an das Funktional $\mathcal{R}$ notwendigerweise $\mathcal{R}f = -\mathcal{R}f$ beziehungsweise

$$\mathcal{R}f = 0.$$

Nun ist für jede ungerade Funktion $f \in C^{m+1}[-c, c]$ auch die $(m+1)$-te Ableitung $f^{(m+1)} \in C[-c, c]$ ungerade, falls $m+1$ eine gerade Zahl ist. Umgekehrt existiert für solche m zu jeder ungeraden Funktion $g \in C[-c, c]$ eine ungerade Funktion

$f \in C^{m+1}[-c,c]$ mit $f^{(m+1)} = g$. Den Nachweis dieser Umkehrung führt man mit vollständiger Induktion. Man betrachtet hierzu für beliebige gerade beziehungsweise ungerade Funktionen $\psi \in C[-c,c]$ die Stammfunktion $F(x) = \int_0^x \psi(y)\,dy$. Damit gilt für alle ungeraden Zahlen m mit $1 \leq m \leq r$ Folgendes,

$$\int_{-c}^{c} g(x) K_m(x)\,dx = 0 \quad \text{für ungerade } g \in C[-c,c]. \tag{L-14.3}$$

Sei nun ein Punkt $\overline{x}$ mit der Eigenschaft $0 < \overline{x} < c$ fest gewählt. Für $\varepsilon > 0$ mit der Eigenschaft $[\overline{x}-\varepsilon-\varepsilon^2, \overline{x}+\varepsilon+\varepsilon^2] \subset [0,c]$ wähle man nun eine ungerade Funktion $g_\varepsilon \in C[-c,c]$ derart, dass

$$\max_{x \in [-c,c]} |g_\varepsilon(x)| = 2/\varepsilon,$$
$$g_\varepsilon(x) = 2/\varepsilon, \quad x \in [\overline{x}-\varepsilon, \overline{x}+\varepsilon],$$
$$g_\varepsilon(x) = 0, \quad x \notin [\overline{x}-\varepsilon-\varepsilon^2, \overline{x}+\varepsilon+\varepsilon^2]$$

gilt. Dann ergibt sich

$$\left| \int_0^c g_\varepsilon(x) K_m(x)\,dx - K_m(\overline{x}) \right|$$
$$= \left| \frac{2}{\varepsilon} \int_{\overline{x}-\varepsilon}^{\overline{x}+\varepsilon} K_m(x) - K_m(\overline{x})\,dx + \int_{\overline{x}-\varepsilon-\varepsilon^2}^{\overline{x}-\varepsilon} g_\varepsilon(x) K_m(x)\,dx \right.$$
$$\left. + \int_{\overline{x}+\varepsilon}^{\overline{x}+\varepsilon+\varepsilon^2} g_\varepsilon(x) K_m(x)\,dx \right|$$
$$\leq \sup_{x \in [\overline{x}-\varepsilon, \overline{x}+\varepsilon]} |K_m(x) - K_m(\overline{x})| + \frac{2}{\varepsilon} \left(\int_{\overline{x}-\varepsilon-\varepsilon^2}^{\overline{x}-\varepsilon} |K_m(x)|\,dx + \int_{\overline{x}+\varepsilon}^{\overline{x}+\varepsilon+\varepsilon^2} |K_m(x)|\,dx \right)$$
$$\leq \text{―――} \text{«} \text{―――} + \frac{2}{\varepsilon} \cdot \varepsilon^2 \cdot 2 \sup_{x \in [-c,c]} |K_m(x)|$$
$$= \text{―――} \text{«} \text{―――} + 4\varepsilon \sup_{x \in [-c,c]} |K_m(x)| \to 0 \quad \text{für } \varepsilon \to 0.$$

Ganz analog weist man

$$\left| \int_{-c}^{0} g_\varepsilon(x) K_m(x)\,dx + K_m(-\overline{x}) \right| \to 0 \quad \text{für } \varepsilon \to 0$$

nach und erhält daraus zusammen mit der Eigenschaft (L-14.3) die Identität

$$K_m(\overline{x}) = K_m(-\overline{x}). \tag{L-14.4}$$

Diese Identität (L-14.4) gilt für jeden Punkt $\overline{x}$ mit der Eigenschaft $0 < \overline{x} < c$, und wegen der Stetigkeit des Peano-Kerns K_m gilt die Identität (L-14.4) auch für den Randwert $\overline{x} = c$.

Lösung zu Aufgabe 14.3.

(a) Es ist der Peano-Kern

$$K_5(t) = \frac{1}{5!}\left(Q_x((x-t)_+^5) - \int_{-1}^{1}(x-t)_+^5\,dx\right) \quad \text{für } t \in [-1,1] \tag{L-14.5}$$

Lösungen

zu berechnen. Hierbei bedeutet die Verwendung des Indexes x für die Quadraturformel Q, dass das Argument $(x-t)_+^m$ als Funktion von x aufzufassen ist. Das Integral in (L-14.5) berechnet sich zu

$$\int_{-1}^{1}(x-t)_+^5\, dx \;=\; \int_{t}^{1}(x-t)^5\, dx \;=\; \tfrac{1}{6}(x-t)^6\big|_t^1 \;=\; \tfrac{1}{6}(1-t)^6. \tag{L-14.6}$$

Im Folgenden wird zur Vereinfachung der Rechnungen zunächst der Fall $t \in [0,1]$ betrachtet. Für die Quadraturformel in (14.3) erhält man dann wegen

$$\varphi(-1) \;=\; \varphi'(-1) \;=\; \varphi(0) \;=\; 0, \quad \text{mit} \quad \varphi(x) := (x-t)_+^5 \quad \text{für } x \in [-1,1]$$

den Wert

$$Q_x((x-t)_+^5) \;=\; \tfrac{7}{15}(1-t)^5 - \tfrac{5}{15}(1-t)^4 \quad \text{für } t \in [0,1]. \tag{L-14.7}$$

Der Peano-Kern K_5 in (L-14.5) besitzt also die Darstellung

$$K_5(t) \;=\; \frac{(1-t)^4}{5!30}\big(14(1-t) - 10 - 5(1-t)^2\big)$$

$$\;=\; \frac{(1-t)^4}{5!30}(-5t^2 - 4t - 1) \quad \text{für } t \in [0,1]. \tag{L-14.8}$$

Nun gelten mit der Notation $\widehat{f}(x) = f(-x)$ die beiden Identitäten $Qf = Q\widehat{f}$ und $\int_{-1}^{1}\widehat{f}(x)\,dx = \int_{-1}^{1}f(x)\,dx$ und damit auch $\mathcal{R}\widehat{f} = \mathcal{R}f$, und mit Aufgabe 14.2 erschließt man die Symmetrie des Peano-Kerns K_5, das heißt,

$$K_5(-t) \;=\; K_5(t) \quad \text{für } t \in [0,1]. \tag{L-14.9}$$

Der Peano-Kern K_5 ist damit berechnet. Die Darstellungen (L-14.8) und (L-14.9) implizieren zudem die Nichtpositivität des Peano-Kerns K_5 auf dem Intervall $[-1,1]$.

(b) Mit Teil (a) zu dieser Aufgabe erhält man für Funktionen $f \in C^6[-1,1]$ die Darstellung

$$Qf - \int_{-1}^{1}f(x)\,dx \;=\; \left(\int_{-1}^{1}K_5(t)\,dt\right)\cdot f^{(6)}(\xi) \quad \text{für } f \in C^6[-1,1]$$

mit Zwischenstellen $\xi = \xi(f)$. Man berechnet nun noch

$$5!\int_0^1 K_5(t)\,dt \;=\; \int_0^1 \tfrac{7}{15}(1-t)^5 - \tfrac{5}{15}(1-t)^4 - \tfrac{1}{6}(1-t)^6\, dt$$

$$\;=\; -\tfrac{7}{15\cdot 6}(1-t)^6 + \tfrac{1}{15}(1-t)^5 + \tfrac{1}{7\cdot 6}(1-t)^7\Big|_0^1 \;=\; \tfrac{7}{15\cdot 6} - \tfrac{1}{15} - \tfrac{1}{7\cdot 6}$$

$$\;=\; -\tfrac{4}{315}$$

und erhält daraus zusammen mit (L-14.9) die Fehlerdarstellung

$$Qf - \int_{-1}^{1}f(x)\,dx \;=\; -\frac{8}{5!\cdot 315}f^{(6)}(\xi) \;=\; -\frac{1}{4725}f^{(6)}(\xi).$$

15 Approximationstheorie – Lösungen

Lösung zu Aufgabe 15.1. O.B.d.A. sei $[a,b] = [0,1]$. Ein mögliches Beispiel ist

$$f(x) = 1, \qquad g(x) = 1 - x \quad \text{für} \quad x \in [0,1].$$

Hier gilt offensichtlich $\|f\|_\infty = \|g\|_\infty = 1$, und die beiden Funktion f und g stimmen nicht überein. Andererseits gilt für jeden Parameter $\lambda \in [0,1]$

$$(1-\lambda)f(x) + \lambda g(x) = (1-\lambda) + \lambda(1-x) = 1 - \lambda x \quad \text{für} \quad x \in [0,1]$$

und damit $\|(1-\lambda)f + \lambda g\|_\infty = 1$. Der Funktionenraum $C[0,1]$ versehen mit der Maximumnorm kann demnach nicht strikt normiert sein.

Lösung zu Aufgabe 15.2. Nach Theorem 15.24 in [26] ist das Element u^* genau dann ein $\mathcal{U}$-Proximum an ein gegebenes Element $v \in \mathcal{V}$, wenn

$$u^* - v \in \mathcal{U}^\perp \tag{L-15.1}$$

gilt. Für die Lösung der vorliegenden Aufgabe wird noch die Identität

$$\mathcal{U}^\perp = \{w \in \mathcal{V} : \langle w, u_j \rangle = 0 \text{ für } j = 1, 2, \ldots, m\} \tag{L-15.2}$$

benötigt, die im Folgenden nachgewiesen wird. Die Teilmengenbeziehung "$\subset$" in (L-15.2) ist trivialerweise erfüllt, und für den Nachweis der Relation "$\supset$" sei $w \in \mathcal{V}$ ein Element mit der Eigenschaft $\langle w, u_j \rangle = 0$ für $j = 1, 2, \ldots, m$. Nun lässt sich jedes Element $u \in \mathcal{U}$ als eine Linearkombination von $u_1, u_2, \ldots, u_m$ schreiben, das heißt, es gibt reelle Koeffizienten $\beta_1, \beta_2, \ldots, \beta_m$ mit der Eigenschaft $u = \sum_{k=1}^m \beta_k u_k$. Daraus erhält man

$$\langle w, u \rangle = \sum_{k=1}^m \beta_k \underbrace{\langle w, u_k \rangle}_{= 0} = 0,$$

und die Identität (L-15.2) ist damit nachgewiesen. Die Lösung der Aufgabe erhält man nun unmittelbar aus den Darstellungen (L-15.1)–(L-15.2). Die Eigenschaft "$u^* - v \in \mathcal{U}^\perp$" ist wegen der Darstellung (L-15.2) äquivalent zu

$$\langle u^*, u_j \rangle = \langle v, u_j \rangle \quad \text{für} \quad j = 1, 2, \ldots, m,$$

und die gegebene Basisdarstellung des Elements u^* resultiert in dem linearen Gleichungssystem aus der Aufgabenstellung, es gilt also

$$\langle u^*, u_j \rangle = \sum_{k=1}^m \langle u_k, u_j \rangle \alpha_k = \langle v, u_j \rangle \quad \text{für} \quad j = 1, 2, \ldots, m.$$

Lösung zu Aufgabe 15.3. Im Folgenden sei $n \in \mathbb{N}_0$ fest gewählt. Aus der bekannten Darstellung

$$T_m(\cos\theta) = \cos(m\theta) \quad \text{für } 0 \leq \theta \leq \pi \quad (m = 0, 1, \ldots) \quad \text{(L-15.3)}$$

erhält man unmittelbar $T_{2n+1}(t) = -T_{2n+1}(-t)$ für $-1 \leq t \leq 1$. Für den Ansatz $T_{2n+1}(t) = \sum_{k=0}^{2n+1} b_k t^k$ bedeutet dies

$$\sum_{k=0}^{n} b_{2k} t^{2k} + \sum_{k=0}^{n} b_{2k+1} t^{2k+1} = -\sum_{k=0}^{n} b_{2k} t^{2k} + \sum_{k=0}^{n} b_{2k+1} t^{2k+1} \quad \text{für } -1 \leq t \leq 1$$

beziehungsweise $\sum_{k=0}^{n} b_{2k} t^{2k} = 0$ für $-1 \leq t \leq 1$. Damit besitzt das Tschebyscheff-Polynom $T_{2n+1}(t)$ die Darstellung

$$T_{2n+1}(t) = \sum_{k=0}^{n} a_k t^{2k+1} \quad \text{für } -1 \leq t \leq 1,$$

mit gewissen reellen Koeffizienten $a_0, a_1, \ldots, a_n$. Für $0 < t \leq 1$ gilt dann

$$\frac{T_{2n+1}(\sqrt{t})}{\sqrt{t}} = \sum_{k=0}^{n} a_k t^k \in \Pi_n,$$

was die erste Aussage in (15.1) liefert. Die Darstellung (L-15.3) ergibt außerdem

$$\lim_{t \to 0} \frac{T_{2n+1}(t)}{t} = \lim_{t \to 0} T'_{2n+1}(t) = (-1)^n (2n+1),$$

und damit ist auch die zweite Aussage in (15.1) nachgewiesen. Die Identität (15.2) folgt unmittelbar aus der Eigenschaft (L-15.3), und es verbleibt noch die Optimalitätseigenschaft (15.3) nachzuweisen. Hierzu betrachtet man

$$p_n(t)\sqrt{t} = (1 - t q_n(t))\sqrt{t} = (t^{-1} - q_n(t)) t^{3/2},$$

wobei das Polynom $q_n \in \Pi_{n-1}$ durch

$$q_n(t) = \frac{1 - p_n(t)}{t} \quad \text{für } t \in \mathbb{R}$$

gegeben ist. Mit Theorem 15.28 in [26] beziehungsweise der anschließenden Bemerkung dort folgt man nun, dass $p_* = q_n$ ein Π_{n-1}-Proximum an die Funktion $f(t) = t^{-1}$ bezüglich der Gewichtsfunktion $w(t) = t^{3/2}$ für $0 \leq t \leq 1$ darstellt. Die zugehörige Alternante ist

$$s_j = \cos^2\left(\frac{j\pi}{2n+1}\right) \quad \text{für } j = 0, 1, \ldots, n,$$

denn es gilt

$$p_n(s_j)\sqrt{s_j} = \frac{(-1)^{j+n}}{2n+1} \quad \text{für } j = 0, 1, \ldots, n.$$

Lösung zu Aufgabe 15.4. Im Folgenden sei $n \in \mathbb{N}_0$ fest gewählt. Aus der Darstellung (L-15.3) erhält man unmittelbar $T_{n+1}(0) = 1$ und damit die erste Aussage in (15.4). Die zweite Aussage in (15.4) erhält man so:

$$\lim_{t \to 0} \frac{1 - T_{n+1}(1 - 2t)}{2t} \stackrel{(*)}{=} \lim_{t \to 1} T'_{n+1}(t) \stackrel{(**)}{=} (n+1)U_n(1) \stackrel{(\bullet)}{=} (n+1)^2,$$

wobei $U_n \in \Pi_n$ das Tschebyscheff-Polynom der zweiten Art vom Grad n bezeichnet. Dabei resultiert die Identität $(*)$ aus der Darstellung (L-15.3), und die Identitäten $(**)$ und $(\bullet)$ ergeben sich aus Aufgabe 1.16. Die Identität (15.5) folgt unmittelbar aus der Eigenschaft (L-15.3), und es ist nun noch die Nichtoptimalität (15.6) nachzuweisen. Zu diesem Zweck betrachtet man

$$p_n(t)t = (1 - tq_n(t))t = (t^{-1} - q_n(t))t^2,$$

wobei das Polynom $q_n \in \Pi_{n-1}$ durch

$$q_n(t) = \frac{1 - p_n(t)}{t} \quad \text{für} \quad t \in \mathbb{R}$$

gegeben ist. Das Polynom q_n stellt jedoch kein Π_{n-1}-Proximum an die Funktion $f(t) = t^{-1}$ bezüglich der Gewichtsfunktion $w(t) = t^2$ für $0 \le t \le 1$ dar. Der maximale Abstand wird nämlich in den Punkten

$$s_j = \tfrac{1}{2}\left(1 - \cos\left(\frac{(2j+1)\pi}{n+1}\right)\right) \quad \text{für} \quad 0 \le j \le n/2$$

angenommen, mit

$$p_n(s_j)s_j = \frac{1}{(n+1)^2} \quad \text{für} \quad 0 \le j \le n/2.$$

Es existiert also keine Alternante, mit der man aus Theorem 15.28 in [26] beziehungsweise der nachfolgenden Bemerkung dort die Optimalität folgern könnte.

Lösung zu Aufgabe 15.5. Offensichtlich gilt $p_* \in \Pi_{n-1}$ für jedes $n \ge 0$ und $\|f - p_*\|_\infty = 1$. Weiter besteht die Menge der Elemente $s \in [0, 2\pi]$, für die der Abstand der Funktion f zu dem potenziellen Proximum $p_* = 0$ maximal wird, aus den sechs Elementen

$$s_j = \frac{2j+1}{6}\pi \quad \text{für} \quad 0 \le j \le 5,$$

es gilt also

$$\{s_0, s_1, \ldots, s_5\} = \{s \in [0, 2\pi] : |f(s) - p_*(s)| = 1\}.$$

Genauer gilt

$$f(s_j) - p_*(s_j) = (-1)^j \quad \text{für} \quad 0 \le j \le 5.$$

Damit ist auch klar, dass für jedes $0 \le n \le 5$ eine Alternante existiert, bei der der Abstand der Funktion f zu $p_* = 0$ jeweils maximal ausfällt, beispielsweise $\{s_j : 0 \le j \le n\}$. Für $n \ge 6$ existiert eine solche Alternante dagegen nicht mehr.

Lösung zu Aufgabe 15.6. Es wird zunächst die Frage der Eindeutigkeit behandelt. Wenn zwei Funktionen u_1 und $u_2 \in \mathcal{U}$ den Interpolationsbedingungen genügen, so gilt

$$u := u_1 - u_2 \in \mathcal{U}, \qquad u(x_j) = 0 \quad \text{für} \quad j = 1, 2, \ldots, n.$$

Damit besitzt die Funktion $u \in \mathcal{U}$ also mindestens n paarweise verschiedene Nullstellen, so dass nach Annahme notwendigerweise $u = 0$ beziehungsweise $u_1 = u_2$ gilt. Für den Nachweis der Existenz einer interpolierenden Funktion aus $\mathcal{U}$ wird für eine beliebige Basis $\varphi_1, \varphi_2, \ldots, \varphi_n$ des Raums $\mathcal{U}$ der Ansatz

$$u = \sum_{k=1}^{n} \alpha_k \varphi_k$$

betrachtet. Mit diesem Ansatz führen die Interpolationsbedingungen $u(x_j) = f_j$ für $j = 1, 2, \ldots, n$ auf das System von n linearen Gleichungen

$$\sum_{k=1}^{n} \alpha_k \varphi_k(x_j) = f(x_j) \quad \text{für} \quad j = 1, 2, \ldots, n \qquad \text{(L-15.4)}$$

für die n Koeffizienten $\alpha_1, \alpha_2, \ldots, \alpha_n$. Die in (L-15.4) auftretende Systemmatrix ist aufgrund der bereits nachgewiesenen Eindeutigkeit des Interpolationsproblems in haarschen Räumen injektiv und somit auch regulär. Das lineare Gleichungssystem (L-15.4) und damit auch das vorgegebene Interpolationsproblem besitzen also eine Lösung.

Literaturverzeichnis

Abschließend wird noch eine Auswahl von Lehrbüchern angegeben, in denen die nötigen Grundkenntnisse zur numerischen Mathematik vermittelt werden und die auch weitere Übungsaufgaben beinhalten. Zu einem kleinen Teil enthalten diese Lehrbücher auch die in diesem Übungsbuch vorgestellten Aufgaben. So findet man zum Beispiel die Aufgaben 1.4, 3.1, 3.2, 9.1 und 9.14 in [7] und [31] beziehungsweise deren früheren Auflagen.

In [19] werden neben den Übungsaufgaben zur numerischen Mathematik auch Lösungen mitgeliefert. In [5] und [6] finden Sie die benötigten Grundlagen aus der linearen Algebra beziehungsweise der Analysis. In [18] werden noch weitere Grundlagen der Bildkompression vermittelt.

[1] BÄRWOLF, G.: *Numerik für Ingenieure, Physiker und Informatiker*. Elsevier, München, 2007.

[2] DEUFLHARD, P. und F. BORNEMANN: *Numerische Mathematik 2*. de Gruyter, Berlin, 3. Auflage, 2008.

[3] DEUFLHARD, P. und A. HOHMANN: *Numerische Mathematik 1*. de Gruyter, Berlin, 4. Auflage, 2008.

[4] FINCKENSTEIN, K. GRAF FINCK VON: *Einführung in Numerische Mathematik, Band 1 und 2*. Carl Hanser Verlag, München, 1977 & 78.

[5] FISCHER, G.: *Lineare Algebra*. Vieweg/Teubner, Wiesbaden, 17. Auflage, 2010.

[6] FORSTER, O.: *Analysis 1*. Vieweg/Teubner, Wiesbaden, 9. Auflage, 2008.

[7] FREUND, R. W. und R. H. W. HOPPE: *Stoer/Bulirsch: Numerische Mathematik 1*. Springer, Berlin, 10. Auflage, 2007.

[8] FRIEDRICH, H. und PIETSCHMANN, F.: *Numerische Methoden*. de Gruyter, Berlin, 2010.

[9] GOLUB, G. und C. F. VAN LOAN: *Matrix Computations*. The Johns Hopkins University Press, Baltimore, London, 2. Auflage, 1993.

[10] GOLUB, G. und J. M. ORTEGA: *Wissenschaftliches Rechnen und Differentialgleichungen. Eine Einführung in die Numerische Mathematik*. Heldermann Verlag, Berlin, 1995.

[11] GOLUB, G. und J. M. ORTEGA: *Scientific Computing*. Teubner, Stuttgart, 1996.

[12] GRIGORIEFF, R. D.: *Numerik gewöhnlicher Differentialgleichungen, Band 1 und 2*. Teubner, Stuttgart, 1972/77.

[13] GROSSMANN, CH. und H.-G. ROOS: *Numerische Behandlung partieller Differentialgleichungen*. Teubner, Stuttgart, 3. Auflage, 2005.

[14] HACKBUSCH, W.: *Iterative Lösung großer schwach besetzter Gleichungssysteme*. Teubner, Stuttgart, 1991.

[15] HAIRER, E., S. P. NØRSETT und G. WANNER: *Solving Ordinary Differential Equations I, Nonstiff Problems*. Springer, Berlin, 2. Auflage, 1993.

[16] HAIRER, E. und G. WANNER: *Solving Ordinary Differential Equations II, Stiff Problems.* Springer, Berlin, 2. Auflage, 1996.

[17] HÄMMERLIN, G. und K.-H. HOFFMANN: *Numerische Mathematik.* Springer, Berlin, 4. Auflage, 1994.

[18] HANKE-BOURGEOIS, M.: *Grundlagen der Numerischen Mathematik und des Wissenschaftlichen Rechnens.* Vieweg/Teubner, Wiesbaden, 3. Auflage, 2009.

[19] HERZBERGER, J.: *Übungsbuch zur Numerischen Mathematik.* Vieweg, Braunschweig/Wiesbaden, 1998.

[20] HORN, R. A. und C. R. JOHNSON: *Matrix Analysis.* Cambridge University Press, Cambridge, 1. Auflage, Reprint, 1994.

[21] KRESS, R.: *Numerical Analysis.* Springer-Verlag, Berlin, Heidelberg, New York, 1998.

[22] KROMMER, A. und C. ÜBERHUBER: *Computational Integration.* SIAM, Philadelphia, 1998.

[23] MENNICKEN, R. und E. WAGENFÜHRER: *Numerische Mathematik, Band 1 und 2.* Vieweg, Braunschweig/Wiesbaden, 1977.

[24] OEVEL, W.: *Einführung in die Numerische Mathematik.* Spektrum, Heidelberg, 1996.

[25] OPFER, G.: *Numerische Mathematik für Anfänger.* Vieweg/Teubner, Wiesbaden, 5. Auflage, 2008.

[26] PLATO, R.: *Numerische Mathematik kompakt.* Vieweg/Teubner, Wiesbaden, 4. Auflage, 2010.

[27] REINHARDT, H.-J.: *Numerik gewöhnlicher Differentialgleichungen.* de Gruyter, Berlin, 2008.

[28] ROOS, H.-G. und H. SCHWETLICK: *Numerische Mathematik.* Teubner, Stuttgart, Leipzig, 1. Auflage, 1999.

[29] SCHWARZ, H., und N. KÖCKLER: *Numerische Mathematik.* Vieweg/Teubner, Stuttgart, 7. Auflage, 2009.

[30] SCHWETLICK, H. und H. KRETZSCHMAR: *Numerische Verfahren für Naturwissenschaftler und Ingenieure.* Fachbuchverlag Leipzig, 1991.

[31] STOER, J. und R. BULIRSCH: *Numerische Mathematik 2.* Springer-Verlag, Berlin, 5. Auflage, 2005.

[32] STREHMEL, K. und R. WEINER: *Numerik gewöhnlicher Differentialgleichungen.* Teubner, Stuttgart, 1995.

Index

Symbole
$C[a,b]$, 3
$C^r[a,b]$, 3
$C_\Delta^1[a,b]$, Raum der stetigen, stückweise stetig differenzierbaren Funktionen, 5
$f^{[j]}$ mit $f : [a,b] \times \mathbb{R} \to \mathbb{R}$, 41
$\lceil x \rceil$, die kleinste ganze Zahl $\geq x \in \mathbb{R}$, 65
$\lfloor x \rfloor$, die größte ganze Zahl $\leq x \in \mathbb{R}$, 65
$\| f \|_\infty$, Maximumnorm stetiger Funktionen f, 4, 79
$\nabla^k g_\nu$, Rückwärtsdifferenzen, 46
$\| f \|_2$ für eine Funktion $f : [a,b] \to \mathbb{R}$, 5
m-Schrittverfahren, 43
    lineares, 44
$L[y(t),h]$, 45

A
Abtastrate, 14
Abtastung eines Audiosignals, 14
Anlaufrechnung für Mehrschrittverfahren, 43
Audiokompression, 15
aufsteigende Differenzen $\Delta^j f_k$, 2

B
Bandmatrix, 26
    Cholesky-Faktorisierung, 29
    Gauß-Algorithmus, 26
BDF-Formeln, 47
Bildkompression, 22
Bitrate, 14
Bit-Umkehr, 10
Block-Tridiagonalmatrix, 59

C
CD-Qualität, 14, 15
CG-Verfahren, 61
Cholesky-Faktorisierung, 29, 32
    für Bandmatrizen, 29

D
dahlquistsche Wurzelbedingung, 44
Datenglättung, 11
Datenkompression, 11
Dekodierung, 17
Dezibel, kurz dB, 13
diagonaldominante Matrix, 27
Differenzengleichung, 45
    charakteristisches Polynom
Differenzenquotient
    zentral, erster Ordnung, 49
    zentral, zweiter Ordnung, 49, 51
Differenzenschema, 60
Differenzenverfahren, 51
Differenzialungleichung, 54
diskrete Cosinustransformation, 12
    inverse, 11, 12
    zweidimensional, 21
diskrete Fouriertransformation, 8
    eindimensional, 8, 130
    inverse, 11
    zweidimensional, 11, 18
    zweidimensional, Rücktransformation, 20
diskretes Maximumprinzip, 52
dividierte Differenzen, 3
dominante Nullstelle, 67
Dreiecksmatrix, 29
    rechte untere, 65

E
Einfache Kutta-Regel, 41
Einfachschießverfahren, 55
Einschrittverfahren, 39
    Euler-Verfahren, 40
    Runge-Kutta-Verfahren vierter Ordnung, 40, 42
    Verfahrensfunktion, 39
    einfache Kutta-Regel, 41
    Konsistenzbedingung, 40
    Konsistenzordnung, 41
    lokaler Verfahrensfehler, 39

modifiziertes Euler-Verfahren, 40
Schrittweitensteuerung, 41
Taylor-Verfahren, 40
Verfahren von Heun, 40
Energiefunktional
$\mathcal{J}(x) = \frac{1}{2}x^\top Ax - x^\top b$, 61
Gradient $\nabla\mathcal{J}(x_n)$, 61
Enkodierung, 16
erzeugendes Polynom, 43
euler-maclaurinsche Summenformel, 37
Euler-Verfahren, 40
explizit, 55
implizit, 147
modifiziert, 40
Extrapolation, 38

F
Faktorisierung
Cholesky-Faktorisierung, 29, 32
LR-Faktorisierung, 28, 29
QR-Faktorisierung, 31
Fehlerfunktional, 69
Fehlerquadratmethode, 54
Fixpunktiteration, 34
a posteriori-Fehlerabschätzung, 34
a priori-Fehlerabschätzung, 34
fehlerbehaftet, 34
Kontraktionseigenschaft, 34
Konvergenzordnung, 34
Fraunhofer Institut für integrierte Schaltungen, 18
friedrichsche Ungleichung, 162
frobeniussche Begleitmatrix, 67, 200

G
Gauß-Algorithmus, 26, 27
für Bandmatrizen, 26
für symmetrische Matrizen, 27
mit Pivotsuche, 26
Pivotelement, 28
Pivotsuche, 28
Spaltenpivotsuche, 28
Totalpivotsuche, 28

Genauigkeitsgrad einer Quadraturformel, 37
Gerschgorin-Kreis, 64
Gesamtschrittverfahren, 56
GMRES-Verfahren, 62
Gram-Schmidt-Orthogonalisierung, 115
greensche Funktion, 51

H
haarscher Raum, 72
hadamardsche Determinantenabschätzung, 31
Hauptuntermatrizen, 28, 104
Hermite-Interpolation, 1
hermitesches Interpolationsproblem, 70
Hessenbergmatrix, 66
Horner-Schema, 10
Householdertransformation, 32
Huffmann-Kodierung, 16

I
implizites Euler-Verfahren, 147
induzierte Matrixnorm, 56
Interpolationspolynom, 1, 2, 74
hermitesches, 1
Neville-Schema, 2
Newton-Darstellung, 3
invers monotone Abbildung, 52
invers monotone Matrix, 51
irreduzible Matrix, 56, 64

J
Jordanmatrix, 64
jordansche Normalform, 172
JPEG, 23

K
Kilohertz, Anzahl der Schwingungen pro Sekunde/1000, 14
Kompression, 13
Audio, 15
Bild, 22
Video, 24
Konditionszahl einer Matrix, 30, 31
konsistent geordnete Matrix, 59, 60

Konsistenzbedingung, 40
Konsistenzordnung, 45
    der einfachen Kutta-Regel, 41
    des Verfahrens von Milne, 45
    des Taylor-Verfahrens, 41
    eines Mehrschrittverfahrens, 45
    eines Einschrittverfahrens, 40
    Optimalität, 41
    spezieller Mehrschrittverfahren, 45, 47
Kronecker-Symbol, 79
Krylovraum $\mathcal{K}_n(A, b)$, 61

L

lagrangesche Basispolynome, 1, 4
landausche Symbole $\mathcal{O}, o$, 1
lineare Elementarteiler, 56
lineares Gleichungssystem
    fehlerbehaftet, 30
lineares Randwertproblem, 57
Linienmethode, 156
Lipschitzeigenschaft der Verfahrensfunktion φ, 44
logarithmische Norm, 48, 49
lokaler Verfahrensfehler
    eines Mehrschrittverfahrens, 43, 44
    eines Einschrittverfahrens, 39
LR-Faktorisierung, 28, 29, 66
LR-Verfahren, 67

M

M-Matrix, 51, 57, 58
Maskierung, 15
Matrix
    Cholesky-Faktorisierung, 29
    LR-Faktorisierung, 28, 29
    QR-Faktorisierung, 31
    strikt diagonaldominant, 56
    diagonaldominant, 27
    invers monoton, 51
    irreduzibel, 56
    Konditionszahl, 30, 31
    konsistent geordnet, 59, 60
    lineare Elementarteiler, 56
    logarithmische Norm, 48, 49

Quadratwurzel, 193
reduzibel, 56
reguläre Zerlegung $A = B - P$, 52
Singulärwerte, 30
Singulärwertzerlegung, 30
verbindende Kette, 56
zeilenäquilibriert, 31
Mehrschrittverfahren, 43
    dahlquistsche Wurzelbedingung, 44
    erzeugendes Polynom, 43
    globaler Verfahrensfehler, 44
    Konvergenzordnung, 44
    lineares, 44
    lokaler Verfahrensfehler, 43
    Nullstabilität, 43
Minimierungsproblem $\|Ax - b\|_2 \to$ min für $x \in \mathbb{R}^N$, 31
Minimierungsproblem $\|Ax - b\|_2 \to$ min für $x \in \mathbb{R}^k$, 32
MPEG, Motion Picture Experts Group, 18

N

Neville-Schema, 2
Newton-Darstellung des Interpolationspolynom, 3
Newton-Verfahren, 34, 35, 55
    Konvergenzordnung, 34
newtonsche Interpolationsformel, 78
Normalengleichung, 32
Nullstabilität, 43
    der BDF-Formeln, 47
    spezieller Mehrschrittverfahren, 45, 47

O

Online-Service zu diesem Buch, v

P

Parkettierung von Crout, 28
Peanokern, 69
Permutation, 27
Permutationsmatrix, 27
Polynominterpolation

nach Hermite, 70
Prädiktor-Korrektor-Verfahren, 48
von Hamming, 48
von Milne, 48
Proximum, 71, 72

Q
QR-Faktorisierung, 31
Quadraturformel, 37, 38, 70
Genauigkeitsgrad, 37
Taylorabgleich, 37
Quadratwurzel einer symmetrischen, positiv definiten Matrix, 193
Quantisierung
eines analogen Audiosignals, 14
von Amplitudenwerten, 16

R
Rückwärtsdifferenzen $\nabla^k g_\nu$, 46
Randwertproblem, 51
Stabilität, 51
Rayleigh-Quotient, 66
reduzible Matrix, 56
reguläre Zerlegung $A = B - P$ einer Matrix, 52, 53, 178
Relaxationsverfahren, 60
Ritz-Verfahren, 54
Romberg-Schrittweite, 38
Runge-Kutta-Verfahren dritter Ordnung, 41
Runge-Kutta-Verfahren vierter Ordnung, 40, 42, 48

S
Schema von Neville, 2
schnelle Fouriertransformation
eindimensional, 10
zweidimensional, 11
Schrittweitensteuerung, 41
Sherman-Morrison-Formel, 32
simpsonsche Formel, 129
Singulärwerte einer Matrix, 30
Singulärwertzerlegung einer Matrix, 30
sox, 12
Splinefunktion

Approximationseigenschaften, 6
kubisch, 5, 6
linear, 5, 6
lokaler Ansatz, 85
natürliche Randbedingungen, 6
periodische Randbedingungen, 5, 6
quadratisch, 5
vollständige Randbedingungen, 5, 6
Splinekurven, kubische, 7
Störmer-Verfahren, 46
Stützkoeffizienten, 1, 2
strikt diagonaldominante Matrix, 56
strikt normierter Vektorraum, 71

T
Taylor-Verfahren, 40
Testgleichung $y' = \lambda y, \ y(0) = 1$, 47, 48
Theorem
Courant/Fischer, 194
Gerschgorin, 64
Picard/Lindelöf, 133
Weierstraß, 79
Tridiagonalmatrix, 26, 63
Blockgestalt, 59
trigonometrisches Polynom, 8, 37
in zwei Veränderlichen, 11
Interpolation, 10, 11
Tschebyscheff-Polynome
der ersten Art T_n, 4, 10, 71, 145
der zweiten Art U_n, 4, 37, 208
Twain, Shania, 13

V
van der Pol'sche Differenzialgleichung, 40
Vektoriteration, 67
verbindende Kette, 56
Verfahren der konjugierten Gradienten, 61
Verfahren von
Hamming, 48
Heun, 40
Milne, 45, 48

Runge-Kutta, dritter Ordnung, 41
Runge-Kutta, vierter Ordnung, 48
Schulz, 35
Störmer, 46
Verfahrensfunktion, 39
Videokompression, 24

W
Wärmeleitungsgleichung mit Neumann-Randbedingungen, 49

Z
zeilenäquilibrierte Matrix, 31
zentraler Differenzenquotient
    erster Ordnung, 57, 58
    zweiter Ordnung, 57, 58

If you have any concerns about our products,
you can contact us on
ProductSafety@springernature.com

In case Publisher is established outside the EU,
the EU authorized representative is:
Springer Nature Customer Service Center GmbH
Europaplatz 3, 69115 Heidelberg, Germany

Printed by Libri Plureos GmbH
in Hamburg, Germany